삼풍사고 10년 교훈과 과제

삼풍사고 10년 교훈과 과제

1판 1쇄 인쇄 2006년 4월 1일
1판 1쇄 발행 2006년 4월 5일

지은이 | 홍성태 · 안홍섭 · 박홍신 · 한미파슨스
발행인 | 김병계
발행처 | 도서출판 보문당
등록 | 1990년 6월 15일(제1-1066호)
주소 | 서울시 마포구 신수동 448-6 우) 121-110
전화 | 704-7025 / 704-0635
팩스 | 704-2324
홈페이지 | http://www.bomoondang.co.kr
전자우편 | bmdpub@empal.com
표지 · 본문디자인 | 디자인이유 02.3142.9831

값 15,000원

ISBN 89-8413-119-9

*파본이나 잘못된 책은 교환하여 드립니다.

삼풍사고 10년
교훈과 과제

홍성태 · 안홍섭 · 박홍신 · 한미파슨스 공저

普文堂

권두언

2005년, 삼풍백화점 붕괴사고가 일어난 지 10주기를 추모하기 위한 '삼풍사고의 교훈과 건설안전의 과제' 라는 주제의 세미나를 개최하였고 그 자료를 모아 책자를 발간하게 되었다. 건설기술인의 한 사람으로써, 삼풍 사고로 인해 유명을 달리한 분들과 유가족, 그리고 부상자 여러분께 고개 숙여 사죄를 드리고, 이 책이 그날의 아픔을 기억하며, 산업의 발전과 사회의 의식수준을 높이는 계기가 되기를 바란다.

삼풍 사고가 발생된 지 10년이 지난 지금, 우리는 「삼풍의 악몽은 과연 치유되었는가?」, 「우리 주변에서 제 2의 삼풍 사고의 개연성은 완전히 제거되었는가?」라고 심각하게 반문해 보아야 할 것이다. 삼풍 사고 10주기를 기리면서 우리는 다음 세 가지 주제에 대하여 진지하게 고민해 보아야 된다고 생각한다.

그 첫 번째는, 사고 이후 우리 사회의 병폐는 얼마나 해소되었으며, 여기에 모인 우리를 포함한 건설사업 참여자들의 의식수준은 과연 어느 정도 개선되었느냐 하는 것이다. 주지하시다시피, 삼풍 사고는 무려 502명의 무고한 사람들이 소중한 생명을 잃고, 937명이 부상한 전대미문의 안전사고였다. 설계, 시공, 유지관리 등 건설 전 과정에 걸친 총체적인 부실과 인허가 과정에서 검은 돈이 오가는 부패사슬 구조가 초래한 엄청난 재앙이었다. 이를 단순한 백화점 건물 하나의 붕괴사고가 아니라, 우리 사회 전체의 병리현상으로 이해해야 하는 이유가 바로 여기에 있으며, 그 중에서도 특히, 설계 · 시공 · 유지관리에 관여한 기술자들의 "프로페셔날리즘(Professionalism) 상실"과 건축주의 "수단과 방법을 가리지 않는 금전만능주의"는 그야말로 통렬히 지적되어야 할 것이다. 하지만 그로부터 10년이 지난 지금, 프로페셔날리즘이 요구하는 기술자 정신과 장인정신은 오히려 퇴보하고 있으며, 건설 생산과정에서의 부정부패 또한 좀처럼 근절되지 않고 오히려 날이 갈수록 수법은 교묘해지면서 규모는 더 커지고 있다는 생각이다. 밀려오는 자괴감과 함께 이러한 느낌들이 저의 무딘 감각 때문에 비롯된 것이기를 바랄 뿐이다.

두 번째는, 사고로부터 10년이 지난 지금 우리 사회는 과연 안전한지, 그리고 우리의 안전문화와 안전의식 수준은 과연 얼마나 개선되었으며, 이와 더불어 안전을 위한 제도적 장치의 성과 또한 어떠한지도 살펴보아야 한다, 삼풍 사고의 예(例)에서도 볼 수 있듯이, 건설안전을 확보하기 위해 우리가 더 중요하게 여겨야 할 것은 시공단계에서의 안전사고 방지 못지않게 설계와 유지관리의 부실을 방지할 수 있는 제도적 방안이 아닐까 한다. 특히, 설계가 잘못되었을 때 아무리 시공을 잘한다 하더라도 건축물이 온전할 수가 없음은 너무도 자명하다. 우리나라의 건축설계 수준은 10년 전에 비해 외형적으로는 발전을 했음에도 불구하고, 그 질적인 면에 있어서는 그다지 개선되지 못했다는 것이 저의 생각이다. 낮은 용역 수가와 진입장벽 때문에 젊고 유능한 건축가들이 좌절하고 있고, 중소규모 설계사무소들은 일감 부족으로 생존의 문제에 직면하고 있다. 특히 건축물의 안전을 직 · 간접적으로 책임지고 있는 건축 구조설계 업계는 더욱 상태가 심각하여, 많은 사람들이 현실의 벽을 극복하지 못하고 전업을 하거나 설계업무를 포기하는 사태마저 벌어지고 있지만 업계의 상황이 이토록 악화되고 있음에도 불구하고, 정작 정부는 방관자적인 태도로 일관하고 있다. 건설의 Software인 설계나 엔지니어링 산업의 획기적인 육성발전이 전제되지 않는 한 우리나라 건설산업의 발전은 불가능하다고 생각된다.

세 번째는, 삼풍사고 이후 품질과 안전을 확보한다는 명분 하에 제정, 도입된 수많은 법이나 제도들이 과연 얼마만큼의 실효를 거두었는지도 진지하게 성찰해 보아야 한다. 우리나라의 경우, 지키지도 않고 지키려고도 하지 않는 300여 개가 넘는 규제 일변도의 건설 관련법들이 건설산업 관련 주체들을 옥죄고 있다. 급조되어 일관성이 결여되거나, 중복 덧칠이 된 법과 제도는 필연적으로 관련 주체들의 창의적인 생산 활동을 저해하게 되고, 오히려 법이 비리와 부정의 온상을 제공하고, 결국은 건설산업의 발전과 국제 경쟁력을 떨어뜨리는 요인으로 작용할 수밖에 없을 것이다. 삼풍사고의 아픔을 극복하고, 우리 건설산업의 경쟁력 회복을 위해서는 건설 관련법을 과감히 통폐합 및 정비하여, 한국의 법·제도를 글로벌스탠다드화 시키는 것이 시급한 사안이다.

건축은 그 사회의 거울이라는 경구처럼, 건축물은 그 시대의 산물이며 훌륭한 건축주가 훌륭한 건축물을 만든다는 것은 너무도 자명한 사실이다. 이는 곧, 훌륭한 건축물이란 단지 건설 관계자의 의식개혁이나 양심에 호소하는 것만으로는 얻어질 수 없으며, 산업 전반에 걸친 구조 개혁과 혁신, 그리고 사회적 의식수준의 향상에 의해서만 가능하다는 의미일 것이다. 이런 관점에서 본다면, 우리 건설산업이 환골탈태하여 진일보된 모습으로 거듭나는 일만이 삼풍의 쓰라린 기억을 극복하는 길일 것이다. 그리고 삼풍백화점의 붕괴가 단순히 품질 · 안전사고였다는 인식의 범주를 뛰어 넘어야만 우리 사회가 보다 성숙한 단계로 진입할 수 있으리라 생각된다.

모쪼록, 이 책을 통해 삼풍의 아픈 생채기들을 다소나마 치유하고, 더 나아가서는 우리 건설산업이 다시 태어날 수 있는 작은 단초라도 찾아낼 수 있기를 기대하며, 그 동안 헌신적으로 연구활동을 해 주신 세 분과 산업과 건설안전의 발전을 위하여 세미나에 참석해주신 모든 분들께 감사를 드린다.

2005년 12월
한미파슨스 사장 김 종훈

서문

역사학자는 '과거를 쉽게 잊는 민족은 고난을 답습한다' 고 하였으며, '과거는 이로부터 배우고 교훈을 얻기 위해서 있는 것' 이라 하였다. 또한 성장에는 아픔과 고통이 따르게 마련이다.

1995년 6월 29일 오후에 일어난 삼풍백화점 붕괴사고는 이전 해 10월에 발생한 성수대교 붕괴사고의 충격이 채 가시기도 전의 일로서, 건설산업에 직·간접으로 참여하고 있는 사람들뿐만 아니라 일반 시민에게도 엄청난 충격과 고통을 안겨준 것은 사실이지만, 사고를 겪고 난 후 10년이 지난 지금 사고 당시의 각오와 아픔은 대부분 사람들의 기억 속에서 희미해져 가고 있다.

본 책자는 잊혀져 가고 있는 삼풍사고로부터의 교훈을 되새기고자 한미파슨스(주)의 지원으로 '삼풍백화점 붕괴사고 10주기 추념 세미나' 에서 발표된 내용과 토론된 결과를 한데 엮은 것이다.

이 세미나는 삼풍백화점 붕괴사고를 잊지 말고 사고부터의 교훈과 이의 이행을 다짐하고자 하는 취지를 가지고 출발하였다. 이 세미나의 내용은 삼풍사고와 관련된 광범위한 주제를 크게 세 분야로 나누어 종합·정리해 보고자 하였다. 첫 번째 주제에서는 사회학적 측면에서 삼풍사고에 대한 광범위하고 종합적인 접근과 평가를 통해 삼풍사고로부터 우리가 배운 것과 바로잡은 것을 고찰하여 거시적 차원에서의 과제를 제시하고자 하였고, 두 번째 주제에서는 기존에 도출된 사고원인을 재음미하고 분석해 봄으로써 간과되고 있는 사고의 근본원인을 도출하고 이의 해결방안을 제시하고자 하였으며, 마지막으로 세 번째 주제에서는 지금까지 실질적으로 개선된 제도적 장치의 성과를 종합하고 앞으로 더 개선해 나가야 할 제도적 과제를 제시하고자 하였다.

본 책자는 삼풍사고의 중대성에 비하면 지극히 작은 노력일수도 있으나, 제시된 세 주제를 조합한다면 삼풍사고의 교훈과 향후 과제에 대한 기존의 시각을 뛰어넘는 전체적인 시각을 제공할 수 있을 것으로 기대한다.

이 책자가 1년 전인 2004년말부터 한미파슨스(주)의 김종훈 사장님의 각오와 배려로 상당한 준비기간을 거쳐서 탄생하게 되었음을 감사드리며, 세미나를 개최하고 책자를 발간하기까지 여기에 필요한 제반 물적, 행정적 지원을 아끼지 않으신 권오경 상무님께도 감사의 말씀을 드린다.

2005년 12월
저자일동

목차

1. 삼풍 붕괴사고의 사회적 교훈과 과제

2. 삼풍백화점 붕괴사고의 원인에 대한 재조명

4. 패널 발표 자료

5. 세미나 지상중계

1 삼풍 붕괴사고의 사회적 교훈과 과제

– 무엇을 배웠으며 무엇을 바로잡았는가

홍성태(상지대 문화콘텐츠학과)

1. 서 론

1995년 6월 29일 오후 5시 55분, 서울 서초구의 삼풍백화점이 무너졌다. 성수대교가 무너져서 세상을 놀라게 했던 것이 불과 8개월 전인 2004년 10월 21일이었다. 비슷한 사고가 되풀이된 것이었을 뿐만 아니라 그 피해가 훨씬 커졌다는 점에서 사람들은 더욱 더 놀라지 않을 수 없었다. 성수대교 붕괴사고에서는 32명이 죽었으나, 삼풍백화점 붕괴사고에서는 무려 502명이 죽었다(홍성태, 1996). 어떻게 이럴 수 있다는 말인가? 참담한 절망감이 세상을 휩쓸게 되었다. 1995년 6월 30일치 한겨레신문은 사설에서 다음과 같이 이 참담한 절망감을 드러냈다.

> 서울 강남의 중심부에 있는 삼풍백화점이 29일 폭삭 무너져 내렸다. 20여 년 전의 와우아파트 붕괴사고를 연상시키는 이 끔찍한 사고는 처음부터 부실시공의 비판 속에 지어진 시민아파트가 아닌 도심지의 일류 백화점에서 일어났다는 점에서 더욱 충격적이다. 사상자가 천명을 넘을 것이라는 보도나 무너진 건물 잔해가 지하에 매몰되어 있는 처참한 광경, "저 콘크리트 더미 밑에 내 가족이 깔려 있다"는 처절한 절규가 구조에 나선 사람들뿐만 아니라 이를 지켜보는 온 국민의 가슴을 친다. 종업원들에 따르면 삼풍백화점은 이미 5층부터 금이 가고 있었으며, 이날 오전 10시부터 이상한 소리가 나서 자기들은 대피하기 시작했다고 한다. 그런 상황에서

매장의 문을 닫지 않고, 고객들의 안전대책을 세우지 않은 백화점 경영자의 강심장에 혀를 내두를 수밖에 없다. 아직 정확한 붕괴원인은 밝혀지지 않았지만 5층 왼쪽부터 아래로 기울었다는 목격자들의 증언을 토대로 전문가들은 기초가 부실해 지반이 미끄러지는 '전단미끄럼 현상' 일 가능성을 지적하고 있다고 한다. 한마디로 건물을 지탱하던 지반이 짜개져 한쪽은 내려앉고 한쪽은 솟아올라 건물이 위층부터 찢어지듯 갈라져 무너졌다는 것이다. 지진이 나도 무너지지 않는 건물을 짓고 있는 시대에 이 무슨 어처구니없는 부실공사인가.

'어처구니없는 부실공사' 의 문제가 해결되기는커녕 갈수록 큰 피해를 낳는 사태에 이르러 컴퓨터통신에는 대한민국의 헌법 제1조를 '대한망국은 사고공화국이다' 로 바꿔야 한다는 의견이 올라오기도 했다(이재민·이근영, 1995).

삼풍백화점 붕괴사고도 어느덧 10년 전의 일이 되었다. 10년의 세월이 흐르는 동안 한국 사회는 얼마나 바뀌었는가? 삼풍백화점 붕괴사고는 과연 과거의 일이 되었는가? 삼풍백화점 붕괴사고의 문제는 모두 해결되었는가? '대한망국은 사고공화국이다' 는 절망의 외침은 이제 더 이상 울려 퍼지지 않게 되었는가? 502위에 이르는 삼풍백화점 붕괴사고의 원혼은 안식을 찾았는가? 937명에 이르는 삼풍백화점 붕괴사고의 부상자들은 악몽에서 깨어났는가? 삼풍백화점 붕괴사고와 같은 사고는 이제 일어나지 않을 것인가?

삼풍백화점 붕괴사고 10주기를 맞아서 우리는 참담한 절망감을 안겨준 이 사고의 원인과 경과에 대해 찬찬히 되돌아 살펴보아야 한다. 잘못을 바로잡지 않는 한, 사고는 언제라도 되풀이될 수 있기 때문이다. 우리가 뒤를 돌아보는 이유는 앞을 올바로 보기 위해서이다. 삼풍백화점 붕괴사고는 '부패와 부실의 먹이사슬' 이 엄청난 인명과 재산의 피해로 이어진 대표적인 사례이다. 이런 점에서 삼풍백화점 붕괴사고는 건설안전의 차원을 넘어서 사회안전의 차원에서 검토해야 하는 역사적 사례이다. 그것은 한국 사회가 얼마나 깊이 부패했는가를, 따라서 얼마나 취약한가를 처절하게 보여주었다.

이 글에서는 이런 관점에서 삼풍백화점 붕괴사고의 사회적 연원을 살펴보고자 한다.

이 글의 순서는 다음과 같다. 먼저 이어지는 2절에서는 삼풍백화점 붕괴사고에 관한 기존 연구를 검토하고 이 글의 접근법과 분석틀을 제시하고자 한다. 3절에서는 지난 10년 동안에 삼풍백화점 붕괴사고를 둘러싸고 일어난 일들에 관해 살펴볼 것이다. 4절에서는 해방 이후에 일어난 주요 대형사고와 연관지어 삼풍백화점 붕괴사고의 특징을 정리할 것이다. 5절에서는 삼풍백화점 붕괴사고의 사회적 교훈에 대해 정리하고자 한다. 6절에서는 우리가 추구해야 하는 사회적 과제에 대해 살펴보고자 한다. 끝으로 7절에서는 본문에서 살펴본 주요 내용을 정리하는 것으로 글을 맺도록 하겠다.

2. 삼풍 붕괴사고와 위험연구

1) 사고와 위험

일반적으로 '사고'(事故)란 '사람들의 생명이나 건강, 재산에 해를 입히는 뜻밖의 일'을 뜻한다. 사고를 줄일수록 우리는 더욱 더 잘 살 수 있다. 그러나 사고는 '뜻밖의 일'이라서 줄이기가 쉽지 않다. 그렇다면 어떻게 해야 하는가? 아무튼 사고를 줄이기 위해 최선을 다하는 수밖에는 없다. 그러나 그렇게 하자고 해서 그렇게 될 수 있는 것은 아니다. 예컨대 '결의대회'를 여는 것으로 사고를 막을 수는 없다.[1] 무엇보다 중요한 것은 사고에 관한 우리의 상식 자체를 바꾸는 것이다. 사고에 관한 우리의 개념을 다시 정립하고, 사고를 막기 위한 제도를 정비해야 한다.

오늘날 사고는 더 이상 '뜻밖의 일'에 머물지 않는다. 요컨대 사고는 더 이상 비정상

1) "감사원에서는 부실공사를 망국병으로 규정하고 1994년을 '부실공사 추방 원년의 해', 1995년을 '건설환경 개선 및 품질혁신의 해' 그리고, 1996년을 '3불(설계부실, 시공부실, 감리부실) 추방에 의한 안전문화 정착의 해'로 정하고 부실공사 척결을 위하여 감사를 강화하고, 불합리한 제도의 개선과 건설환경개선 방안을 제시하여 왔다"(민병렬, 1998). 1994년에는 공사현장마다 '부실공사 추방 원년의 해'라는 현수막을 내걸었다. 그러나 바로 그 해에 성수대교가 무너졌고, 다음 해에는 삼풍백화점이 무너졌다. 이 때문에 '부실공사 추방 원년의 해'라는 '결의' 자체가 국제적인 야유의 대상이 되고 말았다.

적인 것이 아니라 정상적인 것이기도 하다는 것이다(Perrow, 1984). 이런 '정상적 사고' 의 개념은 현대 사회의 문제를 더욱 깊이 이해할 수 있는 길을 열어준다. 사고가 정상적인 것이라면 사고를 막기 위해서 우리는 더욱 주의하고 애쓰지 않으면 안 된다. 이런 '정상적 사고' 의 개념에서 보았을 때, 삼풍백화점 붕괴사고의 문제는 더욱 더 두드러진다. 사고를 막기 위해 최선을 다하더라도 사고를 완전히 막는 것이 불가능한 상황에서 요행수를 바라고 잘못에 잘못을 거듭한 결과로 일어난 것이 바로 삼풍백화점 붕괴사고이기 때문이다.

위험은 '사고가 일어날 가능성' 이다. 이런 점에서 현대 사회의 위험에 관한 연구는 대단히 중요하다. 오늘날 우리는 크고 작은 수많은 위험을 생산하며 살아가고 있으며, 이 위험이 반드시 사고로 나타난다는 것을 '정상적 사고' 의 개념은 보여준다. 예컨대 가장 널리 퍼져 있는 위험이 교통사고의 위험이라면, 발생확률은 훨씬 낮아도 절대적 위험[2]을 낳는 핵발전소의 위험이 있다. 안전하게 살기 위해서는 절대적 위험은 절대적으로 회피해야 하며, 그렇지 않은 위험은 가능한 한 줄이도록 해야 한다.

서구에서는 1980년대에 들어와서 위험과 사고에 관한 연구가 활발하게 이루어지기 시작했다. 그 계기는 1970년대 말과 1980년대 초에 잇따라 터진 사고들이었다. 1979년에 미국의 쓰리마일섬에서 핵발전소의 원자로가 녹는 사고가 일어났다. 이 사고를 계기로 미국에서는 더 이상 핵발전소를 짓기 못하게 되었다. 1984년에 인도의 보팔에 있는 유니온 카바이드사의 공장에서 독가스가 새어나와 2,800이 넘는 사람들이 죽고 50,000명이 넘는 사람들이 크게 다쳤다. 1986년에 소련의 체르노빌에서 핵발전소의 원자로가 폭발하는 사고가 일어났다. 이런 사고들을 계기로 현대 사회의 위험에 대한 인식이 한층 깊어지게 되었다.

현대 사회의 위험을 연구하는 서구의 대표적인 학자로는 미국의 찰스 페로우와 독일의 울리히 벡을 들 수 있다. 저명한 조직사회학자인 찰스 페로우는 현대 사회의 위험은 현

2) 절대적 위험이란 절대적으로 봉쇄할 수 없으며, 절대적으로 회복할 수 없는 위험을 뜻한다. 미국의 쓰리마일섬 핵발전소 사고(1979년)와 소련의 체르노빌 핵발전소 사고(1986년)가 잘 보여주듯이, 핵발전의 위험은 절대적 위험의 대표적인 예이다.

대 사회의 정상적 산물이라는 점을 강조하고, 또한 현대 사회의 복잡성 자체가 커다란 위험의 원천이라는 사실을 강조한다(Perrow, 1984). 울리히 벡도 페로우와 마찬가지로 위험의 정상성을 강조한다. 그는 현대 사회를 아예 '위험사회' 라고 부른다. 각종 안전기준으로 위험을 용인하고 살아가야 하는 사회가 바로 현대 사회라는 것이다. 그는 위험을 줄이기 위해서는 일반 시민의 적극적인 관심과 참여가 무엇보다 중요하다고 강조한다(Beck, 1992).

2) 삼풍 붕괴사고와 위험연구

삼풍백화점 붕괴사고를 계기로 국내에서도 사고와 위험에 관한 연구가 활발히 이루어지게 되었다. 그러나 삼풍백화점 붕괴사고 자체에 관한 연구는 10년이 지난 지금까지도 결코 많다고 할 수 없는 상태이다. 사실 많기는커녕 여전히 아주 드물다고 할 수 있다. 10년이 지난 지금까지 삼풍백화점 붕괴사고에 관한 단 한 권의 연구서도 발간되지 않았다. 이런 정도의 대형사고에 대해 단 한 권의 연구서도 발간되지 않았다는 것은 그 자체로 한국 사회의 부박함과 위험성을 보여주는 생생한 증거일지도 모른다.

삼풍백화점 붕괴사고에 관한 연구는 직접적으로 관련된 분야인 건축분야에서 가장 활발히 이루어졌다. 그것은 크게 두가지로 나누어 볼 수 있다. 하나는 삼풍백화점 붕괴사고의 건축적 원인을 밝히는 것이고(이리형·지남용, 1997), 다른 하나는 이런 사고를 막을 수 있는 대안을 찾는 것이다(천태삼, 1997). 설계·감리·시공의 모든 과정에서 문제가 있었으나 가장 직접적인 원인은 무리한 구조변경이었다는 것이 밝혀졌으며, 대안은 설계·감리·시공의 모든 과정에서 문제를 확인하고 방지할 수 있도록 하는 것으로 정리되었다.

건축학을 넘어서 삼풍백화점 붕괴사고에 관한 연구가 이루어진 분야로는 사회학 분야를 들 수 있다. 그러나 사회학 분야에서도 삼풍백화점 붕괴사고를 직접적으로 다룬 연구는 아주 드물다. 이런 연구는 홍성태(1997; 2000의 3장과 2005의 3장)를 빼고는 사실상 없으며, 주요 사례로 다룬 것도 이재열(1998)의 연구 정도뿐이다. 다른 분야는 어떤가? 놀랍게도 사실상 모든 분야에서 삼풍백화점 붕괴사고를 본격적으로 다룬 연구는 찾아보기 어렵다. 피해자들의 치료를 다룬 의학 분야의 연구나 관련 제도의 문제를 다룬 행정학 분야의 연구가 겨우 눈에 띌 정도이다. 이렇듯 삼풍백화점 붕괴사고에 관한 이야기는 무성하지만, 정작 그에 관한 본격적 연구는 거의 이루어지지 않고 있다.

그러나 삼풍백화점 붕괴사고가 한국 사회에서 위험연구가 활성화되는 중요한 계기가 되었다는 것은 분명하다. 이것은 대체로 1997년 초부터 본격적으로 나타나기 시작한 변화였다. 먼저 1997년 2월에 독일의 사회학자 울리히 벡의 「위험사회」라는 책이 번역되어 현대 사회의 위험에 관한 이론적 및 대중적 관심을 환기하는 데 이바지했다. 이어서 같은 해 가을에 서울대 사회학과의 임현진 교수가 중심이 되어 한국 사회의 위험문제를 다룬 연구서를 발간했다(임현진 외, 1997). 또한 1998년 가을에 서울대 사회학과의 한상진 교수가 중심이 되어 계간 「사상」의 특집으로 '한국은 위험사회인가?' 라는 주제를 다뤘다. 또한 2003년 1월에 서울대 사회학과의 임현진 교수가 중심이 되어 이번에는 위험문제에 대한 대책에 촛점을 맞춘 연구서를 발간했다(임현진 외, 2003). 그 얼마 뒤인 2003년 2월18일에 대구에서 참혹한 지하철 화재참사가 일어났다. 이 사고를 계기로 같은 해 가을에 계간 「문화과학」은 홍성태의 기획으로 사회학자, 문화연구자, 과학연구자 등이 참여하는 '위험사회' 특집호로 발간되었다.

이런 연구들의 성과는 크게 세가지로 줄일 수 있다. 첫째, 위험문제에 관한 이론적 이해의 수준을 높였다. 서구의 학계에서 현대 위험문제는 무엇보다 현대 공업문명의 내적 한계를 보여주는 것으로 여겨진다. 이것은 현대 과학기술의 문제를 지적하는 것일 뿐만 아니라 현대 사회의 조직적 특성을 지적하는 것이기도 하다. 특히 뒤의 관점에서 앞의 문제를 해석하는 찰스 페로우의 연구(Perrow, 1984)는 사실 울리히 벡의 연구보다도 앞서서 이루어졌으며 사회의 복잡성이라는 문제를 다룬다는 점에서 중요하다. 찰스 페로우의 조직사회학 연구와 울리히 벡의 문명비판적 연구는 위험에 관한 사회학 연구의 두 축을 이룬다.

둘째, 위험문제에 관한 실증적 이해의 수준을 높였다. 삼풍백화점 붕괴사고를 계기로 한국 사회가 안고 있는 여러 위험들을 체계적으로 분류하고 분석하는 연구들이 계속 이루어졌다. 그 결과 한국 사회의 위험문제를 더욱 넓고 깊게 이해할 수 있게 되었다. 예컨대 임현진 외(1997)은 폭력과 범죄, 산업재해, 건설안전, 의료사고, 가스안전, 환경문제, 교통안전 등의 여러 영역으로 나누어 한국 사회가 안고 있는 위험문제를 살펴보았다. 이런 연구는 계간 「사상」의 특집(1998년 가을호)이나 계간 「문화과학」의 특집(2003년 가을호)에서도 이어졌다. 이런 식으로 우리는 한국 사회의 위험문제에 관한 '목록'을 작성하게 되었다.

셋째, 위험문제에 대처하기 위한 여러 개혁과제가 제시되었다. 위험이 더 이상 우발적이거나 비정상적인 것이 아니라면 그것에 대처하는 정책은 훨씬 더 강화되어야 한다. 조심에 조심을 거듭해도 큰 사고가 일어날 수 있기 때문이다.[3] 예컨대 큰 위험을 안고 있는 과학기술의 개발과 이용을 엄격히 규제하고, 위험을 관리하기에 적합하지 않은 조직을 철저히 개혁해야 한다. 이를 위해서 무엇보다 위험을 관리하는 것 자체가 기술적으로나 조직적으로나 대단히 어렵다는 사실을 명확히 이해할 필요가 있다. 그만큼 우리는 더욱 더 신중하고 투명하게 의사결정을 해야 하는 시대에서 살고 있는 것이다.

3) 구조-역사적 접근

이런 연구성과 위에서 이 글은 다음과 같은 구조-역사적 접근법으로 삼풍백화점 붕괴사고를 분석하고자 한다.

첫째, 구조적으로 한국 사회의 위험문제를 살펴보는 것이다. 이것은 한국 사회를 서구사회와 같은 고도 공업사회의 맥락에서 살펴보는 것을 뜻한다. 이를 위해 이 글은 특히 찰

3) 찬핵론자들은 1986년 4월 26일의 체르노빌 핵발전소 폭발사고가 소련의 후진성 때문에 일어났다고 주장한다. 이런 식으로 그들은 미국에서도 1979년 3월 28일에 쓰리마일 핵발전소의 원자로가 녹아버리는 사고가 일어났다는 사실에는 눈을 감는다. 핵발전소가 있는 한 재앙은 피할 수 없다. 또한 1999년 3월 24일에 알프스의 몽블랑터널에서 불이 나 39명이 죽고, 2005년 6월 4일에 알프스의 프레쥐 터널에서 불이 나 최소한 1명이 죽었다. 이런 예들이 보여주듯이 선진국에서도 사고는 빈발한다. 요컨대 위험과 사고는 현대 사회의 체계적 속성이다.

스 페로우의 '정상적 위험' 론과 울리히 벡의 '위험사회' 론에 주목하고자 한다. '정상적 위험' 론은 현대 사회의 위험이 바로 현대 사회의 산물이라는 것을 강조하며, '위험사회' 론은 위험의 체계적 생산이 현대 사회의 본질적 속성이라는 것을 강조한다. 두 이론은 모두 제도적 차원을 넘어서 구조적 차원의 개혁을 추구해야 할 필요성을 잘 보여준다.

둘째, 역사적으로 한국 사회의 위험문제를 살펴보는 것이다. 구조적 접근만으로는 한국 사회가 안고 있는 과제를 제대로 이해하기 어렵다. '위험사회 한국' 의 개혁과제를 올바로 제시하기 위해서는 그 역사적 특수성에 대해 올바로 이해해야 한다. 이에 대해서는 '돌진적 현대화' (한상진, 1998)나 '복합위험사회' (장경섭, 1997) 등의 설명이 제시되어 있다. 한국 사회의 위험문제에 관한 실증적 연구성과 위에서 제시된 이런 개념은 한국 사회의 위험문제가 오랜 시간에 걸쳐 진행된 역사적 변화의 산물이라는 사실을 보여준다.

이 글에서는 특히 1960년대 이래의 근대화가 현재의 한국 사회의 구조를 낳은 직접적 역사라는 사실(박길성 외, 1999; 홍석률 외, 2002; 이병천 엮음, 2003)에 주목하여 '폭압적 근대화와 박정희체계의 형성' (홍성태, 1997, 2001, 2002, 2003ㄱ, 2003ㄴ)이라는 관점에서 '사고공화국' 의 개념을 중심으로 삼풍백화점 붕괴사고를 설명하고자 한다. 이렇듯 이 글은 '사고공화국' 을 하나의 역사적 실체로 이해하며, '위험사회 한국' 을 바로잡기 위해 '사고공화국' 의 개혁을 강조하고자 한다.

3. 삼풍 붕괴사고 이후 10년

삼풍백화점 붕괴사고는 세상을 놀라게 했다. 서울의 강남 한복판에 자리잡고 있는 한국 최고의 '호화백화점'이 '저절로' 무너졌기 때문이었다. 게다가 건국 이래로 가장 많은 사람들이 희생된 대참사였으므로 세상이 놀라는 것은 당연한 일이었다. 이 놀랍고 끔찍한 사건을 둘러싸고 지난 10년 동안 어떤 일들이 일어났는가?

1) 10년의 주요 경과

우선 지난 10년 동안 삼풍백화점을 둘러싸고 어떤 변화들이 있었는가에 대해 간단히 살펴보도록 하자. 다음의 〈표 1〉은 관련된 주요 변화들을 정리한 것이다.

[표 1] 삼풍백화점 붕괴사고 이후 10년

1995년 6월 29일	삼풍백화점 붕괴사고
1995년 7월	건설제도개혁기획단 설치
1995년 7월 18일	재난관리법 공표
1995년 7월 28일	합동 위령제 거행

1995년 11월 8일	서울지방검찰청 『삼풍백화점 붕괴사건 백서』 발간
1995년 12월 6일	자연재해대책법 공표
1995년 12월 20일	실종자 합동 장례식 및 501인 위령제 거행
1996년 2월	건설제도개혁기획단 『부실방지 및 건설산업 경쟁력 강화대책』 발표
1996년 3월 10일	사망자 보상협상의 최종타결
1996년 4월 4일	매월 4일을 '안전점검의 날'로 제정
1996년 6월	서울시 『삼풍백화점 붕괴사고 백서』 발간
1996년 11월	대상그룹이 서울시로부터 삼풍백화점 터를 매입
1997년 2월 27일	'건설인의 다짐' 발표
1997년 11월	IMF 사태
1998년 6월 29일	양재 시민의 숲에 '삼풍사고 희생자 위령탑' 건립
1999년 11월	대상 아크로비스타 분양 시작
2000년 9월	국무총리실 『안전관리 종합대책』 발표
2000년 12월	건설교통부 『건설시공 부실방지종합대책』 발표
2001년	감사원 『부실공사 방지 관련 제도개선 백서』 발표
2001년 11월	대상 아크로비스타 공사 시작
2002년 10월	이한상 사장 출감
2003년 3월 17일	국가재난관리시스템기획단 출범
2003년 10월 4일	이준 회장 사망
2004년 3월 11일	재난 및 안전관리기본법 공표
2004년 6월 1일	소방방재청 개청
2004년 6월 30일	대상 아크로비스타 입주 시작
2004년 12월 14일	소방방재청 『제1차 국가안전관리 5개년 기본계획』 발표
2005년 6월 29일	삼풍백화점 붕괴사고 10주년

〈표 1〉에서 알 수 있듯이 지난 10년 동안 많은 일들이 이루어졌다. 그것은 크게 피해자와 가해자에 관한 것, 삼풍백화점 터에 관한 것, 관련 법과 제도의 개혁에 관한 것으로 나누어 볼 수 있다.

2) 피해자와 가해자

삼풍백화점이 무너지던 때에 안에는 대략 1500명 정도의 사람들이 있었던 것으로 추정되었다. 그 중에서 502명이 죽었고, 937명이 다쳤으며, 6명이 실종되었다. 처음에 희생자는 501명으로 집계되었다. 그러나 1995년 11월 29일을 기해 실종자들에 대한 호적정리를 해서 최종 사망자 수가 502명으로 확정되었다(서울시, 1996: 80). 그리고 502명 중에서 결국 신원을 확인하지 못한 사람이 31명이었다. 1996년 3월에 보상협상이 끝나고, 1998년 6월에 희생자 위령탑을 건립하는 것으로 피해자에 관한 공식적인 위로와 보상은 모두 마무리되었다. 그렇다고 해서 부상자와 가족들의 고통이 끝난 것은 아니었다. 부상자 중에서 600명이 넘는 사람들이 '외상성 스트레스'로 정신과 치료를 받았다. 졸지에 가족을 잃은 유족들의 고통은 더 말할 나위가 없었다. 직접적인 피해자를 넘어서 간접적인 피해자들도 있었다. 이 사고를 보고 일종의 정신적 공황상태에 빠진 사람들도 있었다. 그 중에는 심지어 고통과 불안을 이기지 못하고 자살한 사람도 있었다(서울신문, 1996/5/17).

삼풍백화점 붕괴사고의 가해자는 경영진, 전문가, 공무원, 정치인으로 나뉜다. 이 중에서 경영진의 책임이 가장 크고 전문가의 책임이 가장 작은 것으로 판결되었다. 지금까지도 한국에서 전문가는 경영진에게 사실상 예속된 존재이기 때문이다.[4] 요컨대 경영진이 공무원과 정치인에게 뇌물을 주고 잘못된 공사를 강행하는 것이다. 삼풍백화점 붕괴사고는 '부패와 부실의 먹이사슬'이 얼마나 참담한 결과를 빚을 수 있는가를 생생하게 보여주었다. 이런 결과를 막기 위해서는 엄정한 수사와 처벌이 반드시 필요하다. 부패의 이익이 처벌의 댓가보다 훨씬 클 경우에 부패는 만연하기 쉽기 때문이다.[5] 그렇다면 삼풍백화점 붕괴사고의 가해자들은 어떤 처벌을 받았는가?

〈표 2〉 삼풍백화점 붕괴사고의 처벌 사례

	직위	혐의	1심 판결	대법원 판결
이 준	삼풍백화점 회장	- 업무상 과실 치사상죄 및 특정범죄 가중처벌법	징역 10년 6월	징역 7년 6월
이한상	삼풍백화점 사장 이준 회장의 차남	- 위와 같음	징역 7년	징역 7년
이충우	전 서초구청장	- 1,2차 가사용 승인 - 뇌물 1,300만원 수령	징역 3년	징역 10월 추징금 300만원
황철민	전 서초구청장	- 준공 검사, 골프장 허가 - 뇌물 200만원 수령	징역 2년 6월	징역 10월 추징금 200만원
강덕기	서울시 부시장	- 1989년 11월 삼풍백화점의 일부 개설 허가와 관련하여		

		당시 서울시 산업경제국장으로 재직하면서 뇌물 200만원 수령 - 단순 뇌물죄에 공소시효 만료를 이유로 기소나 추가수사가 이루어지지 않음.		

삼풍백화점 붕괴사고의 수사와 처벌은 제대로 이루어지지 않았다. 정관계의 고위 인사들에게도 뇌물을 주었을 가능성이 제기되었으나 이 부분은 수사조차 이루어지지 않았다. 과장부터 직원까지 모두 삼풍백화점으로부터 뇌물을 받았던 서초구 주택과의 공무원들은 어떤 징계도 받지 않았다. 심지어 당시 서초구 주택과장은 서초구 의회 간부로 영전하기도 했다(이상호, 2003).[6]

3) 삼풍백화점의 변신

지난 10년 동안에 이루어진 가장 두드러진 변화는 삼풍백화점 터에 '아크로비스타'라는 이름의 초고층 호화아파트가 들어선 것이다. 서울시는 두 차례 유찰 끝에 1996년 11월에 대상그룹에게 삼풍백화점 터를 매각했다. 대상은 이곳에 초고층 호화아파트를 세우기로 했다. 이곳에 위령비를 세워달라던 유족과 시민단체의 요청은 거부되었다.

새롭게 들어선 호화아파트는 '도곡동의 타워팰리스와 삼성동의 현대 아이파크에 이어 강남의 "주상복합 삼각형"에 마지막 꼭지점을 찍는 곳'이라고 한다. 그런 만큼 최고급으로 지어졌다. 아크로비스타는 대지 6,800평, 연면적 7만8,147평에 39~94평형 총 757가구가 들어서는 주상복합아파트다. 29층 높이의 A동에 165가구, 37층인 B동과 C동에

4) 그러나 참된 전문가라면 결코 '예속된 존재'에 머물러서는 안 될 것이다. 이 점에서 참된 '전문가주의'의 중요성은 아무리 강조해도 지나치지 않다. 전문가가 제 몫을 제대로 다 했더라면 삼풍백화점 붕괴사고는 일어날 수 없었다.

5) 건축부문의 부패는 여전히 악명이 높다. 이에 대해서는 윤태범(2000)을 참조.

6) 문화방송의 시사프로그램 「신강균의 사실은」 2003년 12월 19일치에서 삼풍백화점 붕괴사고와 관련된 서초구 관리들의 태도를 확인할 수 있다. 그들은 취재하던 이상호 기자를 격렬히 저지했으며 욕설을 내뱉기도 했다. 이 프로그램은 문화방송의 홈페이지에서 다시 볼 수 있다.

각각 295가구와 297가구가 입주할 예정이다.

규모가 가장 작은 A동은 1층에 상가와 은행, 증권사 등이 입점하고, 총 6층인 5,000평 규모의 지하상가엔 할인마트와 명품관, 병원, 식음료점 등 주민편의시설이 들어선다. B동 지하에는 골프연습장, 헬스장, 당구장, 사우나 등 입주자들에게 무상으로 공급되는 특급호텔 수준의 스포츠센터가 꾸며졌고, C동엔 학생들을 위한 독서실과 손님맞이 및 커뮤니티 활동을 위한 클럽하우스, 유아놀이방, 게스트룸 등이 마련돼 있다. 테마파크와 산책로, 벽을 타고 흘러내리는 실개천과 그 곁에서 일광욕을 즐길 수 얕은 호수 등 아크로비스타가 자랑하는 녹지공간도 마치 공원에 들어와 있는 것처럼 근사하게 만들어졌다(박선영, 2004).

서울 최초의 '호화백화점' 이었던 삼풍백화점이 무너지고 그 자리에 이번에는 최신식 '호화아파트' 가 들어선 것이다. 삼풍백화점 붕괴사고를 염두에 두고 '규모 7의 강진'[7]에도 견딜 수 있게 설계했다고 한다. 이것도 삼풍백화점 붕괴사고의 '성과' 라면 성과일 것이다. 제대로 내진설계를 하고 건축된 건물이나 시설물이 거의 없는 상황에서 아크로비스타는 하나의 모범일 수 있다.[8]

아크로비스타는 서울의 초고층화를 보여주는 좋은 예이기도 하다. 그런데 초고층건물은 그 자체로 하나의 도시와 같다. 이런 점을 충분히 고려한 건물안전과 도시안전의 대책

7) 철로가 휠 정도의 심각한 파괴가 일어나는 지진이다.

8) 대림산업에서 시행과 시공을 맡은 아크로비스타는 조망권 침해와 도로 침하를 둘러싸고 주변의 주민들과 분쟁을 일으켰다. 그러나 가장 심각한 분쟁은 일부 입주자들과의 사이에서 발생했다. "진정서에 따르면 대상측은 지난 2001년 4월 분양 당시에는 건물 내에 방공포와 군인 내무반·식당 등 군사시설이 설치된다는 사실을 입주자에게 알리지 않았다. 대상측은 군작전상 필요시 이용할 수 있다는 조건으로 건축허가를 받았지만, 분양 계약서에는 이런 내용이 빠졌다. 대상측은 지난 5월 31일 뒤늦게 이런 사실을 계약자들에게 통보했다. 또, 대상측은 분양에 앞서 건물 내 일부 동(棟)의 조망권을 침해할 수 있는 고층 주차타워가 단지 앞에 들어선다는 사실도 알았지만, 계약자들에게는 제대로 알리지 않아 논란을 빚고 있다. 이 주차타워는 아크로비스타 분양보다 9개월이나 앞선 2000년 7월 건축허가를 받았다. 하지만 대상측은 계약서에 이런 내용을 명시하지 않았고, 일부 분양 안내책자와 분양광고에는 주차타워 부지를 녹지공간으로 표시했다"(조선일보, 2004/6/25). 아무튼 대상은 삼풍백화점 터를 가장 쌀 때 사서는 호화아파트를 건설해서 가장 비싸게 팔아서 많은 이익을 남길 수 있었다. 여기에는 대상과 사돈관계(1998년 이재용 삼성전자 상무와 임세령 대상그룹 장녀 결혼)인 삼성의 지원이 있었던 것으로 알려졌다. 지하에 삼성 홈플러스가 입주하면서 아크로비스타로 사람들이 몰려들게 되었고, 그 결과 아크로비스타의 최고가 분양이 이루어질 수 있었다는 것이다(서종열, 2004).

이 수립되어 운영되고 있는가? 삼풍백화점보다 훨씬 크고 더욱 화려한 겉모습을 뽐내는 초고층건물들이 우후죽순처럼 들어서고 있는 상황에서 삼풍백화점 붕괴사고에 대해 우리는 더욱 깊은 관심을 기울일 필요가 있다.

4) 법과 제도의 개혁

지난 10년 동안에 이루어진 가장 중요한 변화는 삼풍백화점 붕괴사고와 같은 재난을 막기 위한 법과 제도의 개혁이다. 이것은 크게 재난행정의 개혁과 건설행정의 개혁이라는 두가지 내용으로 나타났다.

먼저 재난행정의 개혁을 위해 1995년 7월에 '재난관리법'이 서둘러 제정되었다. 재난관리법은 '재난으로부터 국민의 생명과 재산을 보호하기 위하여 국가 및 지방자치단체의 재난관리체제를 확립, 재난의 예방·수습 및 긴급구조구난과 재난관리에 관한 사항을 규정'한 법으로 이 법에 따라 정부는 삼풍백화점 붕괴사고지역을 '특별재해지역'으로 선포했다. 여기서 재난은 '화재·붕괴·폭발·교통사고·화생방(化生防)사고·환경오염사고 등으로 자연재해를 제외한 모든 사고'를 가리킨다.[9]

이런 점에서 삼풍백화점 붕괴사고는 이른바 '재난행정'의 전기를 가져온 사건이기도 했다. 그러나 이러한 변화가 순탄하게 이루어진 것만은 아니었다. 방재행정과 구난행정으로 나뉜 이원적 체계의 통합을 둘러싸고 관련 부처들 간에 치열한 다툼이 펼쳐지기도 했다.

9) 이 법은 2004년에 '재난 및 안전관리기본법'으로 개정되었다. 그 목적은 "각종 재난으로부터 국토를 보존하고 국민의 생명· 신체 및 재산을 보호하기 위하여 국가 및 지방자치단체의 재난 및 안전관리체제를 확립하고, 재난의 예방·대비·대응·복구 그밖에 재난 및 안전관리에 관하여 필요한 사항을 규정"하는 것이다. 이처럼 새로운 기본법에서는 '예방'이 강조되었으며, 또한 태풍과 같은 자연재해에 대한 대응도 규정되었다. 본래 자연재해에 대해서는 '자연재해대책법'에서 다루는 이원적 체계였다. 개념부터 명확히 달라서 자연적 사고는 '재해'로, 인공적 사고는 '재난'으로 구별했다. 이런 이원적 체계는 새로운 기본법의 제정으로 다소 해결되었으나 근본적으로는 바뀌지 않았다고 할 수 있다.

이처럼 삼풍백화점 붕괴사고를 계기로 본격화한 재난행정의 개혁은 '재난 및 안전관리기본법'의 제정과 소방방재청의 개청으로 귀결되었다. 2004년 6월에 출범한 소방방재청은 불과 6개월 뒤인 2004년 12월에 「제1차 국가안전관리 5개년 기본계획」이라는 거창한 계획을 발표했다. 그 의의를 정부는 다음과 같이 설명했다.

소방방재청이 발표한 국가안전관리 5개년 기본계획은 재난관리가 사고발생 후 처리에서 사전예방으로 바뀌었다는데 커다란 의미가 있다. 이를 위해 앞으로 5년 동안 62조 5000억원이 투입된다. 재난예방사업에 대한 투자가 확대되고, 남북 재난 공동대응 협력체제도 마련된다. 재난발생시 신속한 대응시스템으로 피해를 줄이는 한편, 재발방지를 위해 항구적인 복구가 이뤄진다(국정브리핑, 2004/12/14).

재난행정의 중심을 방재행정으로 옮기는 것은 올바른 것이다. 그러나 이렇게 하기에는 '소방방재청'이라는 부서명 자체가 믿음직스럽지 못하다. '소방'은 재난행정의 한 분야일 뿐인데, 그것이 부서 전체를 대표하고 있기 때문이다. 또한 삼풍백화점과 관련된 부분에 대해서는 '삼풍백화점과 성수대교 붕괴와 같은 참사를 막기 위해 오래된 건축물과 교량을 "측정관리대상시설"로 지정해 보수하고 예방점검을 강화한다'고 설명했다. 그러나 이런 설명은 크게 잘못된 것이다. 삼풍백화점은 백화점을 개장하고 6년, 준공검사를 받고 5년만에 무너졌다. 성수대교는 1977년 4월에 착공해서 1979년 10월에 준공했으며 15년 뒤인 1994년 10월에 무너졌다. 결코 '오래된 건축물과 교량'이 아니었던 것이다. '앞으로 5년 동안 62조 5000억원이 투입'될 참으로 거대한 계획을 너무 '졸속'으로 세운 것은 아닐까?

재난행정의 개혁을 행정자치부가 주도했다면, 건설행정의 개혁은 건설교통부의 주도로 이루어졌다. 삼풍백화점 붕괴사고가 일어난 직후인 1995년 7월에 건설교통부는 '건설제도개혁기획단'을 서둘러 꾸렸다. 그리고 불과 8개월만인 1996년 2월에 「부실방지 및 건설산업 경쟁력 강화대책」을 발표했다. 그 뒤로도 건설교통부는 부지런히 일해서 각종 대책을 계속 발표했다. 그러나 이에 대한 신뢰도도 결코 높지 않은 듯하다.

건교부는 91년 3월 팔당대교 붕괴와 92년 7월 신행주대교 붕괴, 93년 1월 청주 우암아파트 붕괴 사고가 일어나자 정부는 각계인사로 부정방지 대책위원회를 구성해 '건설부조리 실태 및 방지 대책' 을 내놓았다. 96년 2월에는 삼풍백화점 붕괴사고를 계기로 '부실방지 및 건설산업 경쟁력 강화대책' 을 내놓았다.

특히 건교부는 IMF 외환위기를 거친 뒤인 99년 경실련 등 시민단체의 건의를 받아들여 2002년까지 공공건설 예산의 20% 절감을 목표로 '공공사업 효율화 추진단' 을 만들겠다고 했지만 이후 전혀 실천하지 않았다. 심지어 당시 건교부차관으로서 계획안 작성을 주도했던 최종찬 전 건교부장관은 지난해 자신의 장관 재임 시절에도 이같은 방안을 실천하지 않았다. 뿐만 아니라 건교부, 국무총리실, 부패방지위원회, 감사원 등에서는 건설부패 근절과 건설산업 경쟁력 강화 등을 주제로 한 세미나를 수없이 개최하고 많은 용역 보고서를 내놓았다. 내용들은 대부분 지난 해 건설산업진흥 기본계획에 담겨있는 것과 비슷한 것들이다. 결국 건교부는 '정답' 을 알면서도 제대로 실천하지 않고 각종 계획서 작성과 위원회 구성으로 예산만 낭비한 셈이다(선대인, 2004).

열심히 개혁을 추진해 온 것처럼 보이지만 사실은 전혀 그렇지 않다는 것이다. 나아가 건설교통부의 정책은 사실상 낡은 '토건국가' 의 확대재생산정책이었으며(홍성태 엮음, 2005), 그 결과 건설산업의 경쟁력도 결코 향상되지 못했다는 비판도 제기되고 있다(김수삼 외, 2003).

4. 폭압적 근대화와 사고공화국

현대 사회의 위험요소는 갈수록 커지고 있다. 갈수록 더 많은 에너지를 사용하고, 갈수록 더 많은 자동차를 이용하고, 갈수록 더 커다란 건물들이 늘어나기 때문이다. 이런 점에서 1천만명이 넘는 사람들이 모여 사는 메갈로폴리스인 서울은 심각한 위험도시라고 할 수 있다(홍성태, 2004ㄴ). 물론 비단 서울만 위험한 것이 아니다. 전국 곳곳에서 일어나는 대형 사고를 보노라면, 이 나라 전체가 큰 위험에 뒤덮여 있다는 생각을 하게 된다. 이른바 '사고공화국' 이라는 말은 그 심각성을 잘 보여준다. 어떤 사고들이 일어났는가? 그 구조-역사적 원인은 무엇인가?

1) 사고공화국의 실태

사실 사고가 일어나지 않는 사회는 없다. 어떤 사회에서도 크고 작은 사고들이 끊이지 않고 일어난다. 그러나 한국을 유독 '사고공화국' 이라고 부르게 된 까닭은 그만큼 한국에서 다른 곳에서는 볼 수 없는 황당한 사고가 많이 일어났기 때문이다. 다음의 〈표 3〉은 해방 이후 최근까지 일어난 주요 대형사고를 정리한 것이다.

〈표 3〉 해방 이후의 주요 대형사고

사고명	사고일자	사망인원(명)
다대포 창경호 침몰	1953년 1월 9일	사망 362명
태풍 사라호	1959년 9월 17일	사망 929명
순천 폭우 참사	1962년 8월 27일	사망 131명
와우아파트 붕괴	1970년 4월 8일	사망 33명
남영호 침몰사고	1970년 12월 15일	사망 326명
대연각호텔 화재	1971년 12월 25일	사망 166명
서울시민회관 화재	1972년 12월 2일	사망 52명
해군 YTL호 침몰	1974년 2월	사망 157명
대왕코너 화재	1974년 11월 3일	사망 88명
이리역 폭발사고	1977년 11월 11일	사망 59명
현저동 지하철공사장 붕괴	1981년 4월 8일	사망 10명
창녕 경찰관 총기난사	1982년 4월 26일	사망 57명
온산병 발생	1983년	
대한항공기 격추	1983년 9월 1일	사망 269명
대한항공기 폭파	1987년 11월 29일	사망 115명
낙동강 페놀오염	1991년 3월 14일	
신행주대교 붕괴	1992년 7월 31일	
우암상가 아파트 붕괴	1993년 1월 7일	사망 27명
구포역 열차 전복	1993년 3월 28일	사망 78명
아시아나항공기 추락	1993년 7월 26일	사망 66명
서해훼리호 침몰	1993년 10월 10일	사망 292명
성수대교 붕괴	1994년 10월 21일	사망 32명
아현동 도시가스폭발	1994년 12월 7일	사망 12명
대구 지하철 가스폭발	1995년 4월 28일	사망 101명
삼풍백화점 붕괴	1995년 6월 29일	사망 502명
씨 프린스호 침몰	1995년 7월 23일	
고성산불	1996년 4월 23일	
시화호 오염사건	1996년 5월	
영광 핵발전 2호기 파손	1997년 11월	
씨랜드 수련원 화재	1999년 6월 30일	사망 23명
인천 호프집 화재	1999년 10월 30일	사망 56명
파주·홍성 돼지 구제역	2000년 4월 2일	
전봇대 감전사고	2000년 7월 14일	사망 19명
인터넷 대란	2003년 1월 25일	
대구 지하철 화재	2003년 2월 18일	사망 192명
천안초교 화재	2003년 3월 26일	사망8명
태풍 매미	2003년 9월 12일	사망 117명
조류독감	2003년 12월	
폭설 대란	2004년 3월 5일	
전화 대란	2005년 2월 28일	
낙산사 산불	2005년 4월 5일	
종로구 지상개폐기 폭발	2005년 4월 8일	사망1명
이천 GS 물류센터 붕괴	2005년 10월 6일	사망9명

〈표 3〉에서 알 수 있듯이 가장 흔히 일어나는 사고로는 침몰, 화재, 폭발, 붕괴 등을 꼽을 수 있다.[10] 특히 1990년대에 들어와서 이런 사고가 빈발했다. 바로 이 때문에 '사고공화국' 이라는 말이 만들어지게 되었던 것이다. 그러나 다시 살펴보면, 1990년대에 빈발한 사고들이 사실 이미 1960년대부터 나타나기 시작했다는 것을 알 수 있다. 요컨대 1990년대는 '1960년대의 연장' 이라는 성격을 지니고 있는 것이다.[11]

따라서 1990년대의 '사고공화국' 을 이해하기 위해서는 1960년대 이래로 한국 사회가 겪은 변화에 주목할 필요가 있다. 1960년대부터 한국 사회는 큰 위험을 내포하고 있는 현대 기술을 본격적으로 이용하게 되었으나 성장제일주의를 강력히 밀어붙이는 독재체제 아래에서 그것을 체계적으로 관리할 수 있는 사회체계를 세울 수 없었던 것이다. 그 대신에 '부패와 부실의 먹이사슬' 이 만연하면서 위험이 사고로 쉽게 발현하는 '사고공화국' 이 되었다. 이런 점에서 1990년대에 그 실체를 적나라하게 드러낸 '사고공화국' 은 1960년대부터 1980년대까지 이어진 '폭압적 근대화' 의 역사적 산물이다.

2) 폭압적 근대화의 문제

1960년대는 '4·19혁명' 으로 시작되었다. 이것은 독재를 끝내고 민주공화국을 수립하고자 하는 '시민혁명' 이었다. 민주공화국은 모든 시민이 주권자로서 정치에 참여하는 정치체제를 뜻한다. '만민평등' 이라는 근대 사회의 구성원리에 비추어 보자면, 민주공화국은 너무나 당연한 근대 정치체제라고 할 수 있다. 그런데 위험문제와 관련해서 민주공화국은 어떤 의미를 가지는가? 민주공화국은 법치주의 국가이기도 하다. 모든 시민이 동등한 권리의 소유자로서 정치에 참여할 권리를 가지기 때문에 토론과 합의를 통해 법을 정하고, 그 법에 따라 사회의 구성과 운영을 결정하게 되는 것이다. 따라서 민주공화국은 왕정

10) 물론 개별 사례로 보자면, 가장 흔히 일어나는 사고는 '교통사고' 이다. 경찰청 통계에 따르면, 2004년도 교통사고 발생수는 220,755건에 6,563명이 죽었으며 346,987명이 다쳤다.

11) 물론 시대의 변화에 따라 사고의 유형도 변한다. 예컨대 1980년대에는 환경의 오염이 심해진 결과 '온산병' 과 같은 공해병이 발생했으며, 2000년대에는 정보화의 진척에 따라 인터넷 대란이나 전화 대란과 같은 새로운 사고가 일어나게 되었다. 이런 점에서 보자면, 사고는 시대의 변화를 보여주는 '거울' 이기도 하다.

이나 독재에 비해 훨씬 객관적이고 엄정한 방식으로 위험문제를 관리할 수 있다. 이런 점에서도 민주공화국을 수립하고자 했던 '시민혁명'으로서 '4·19혁명'은 중요했다.

그러나 불행하게도 1961년의 '5?16쿠데타'로 말미암아 '4·19혁명'은 좌절되고 말았다. 박정희 정권은 원천적으로 결여된 정치적 정당성을 경제성장을 통해 메우고자 했다(이병천 엮음, 2003). 박정희는 자신을 '민족의 지도자'로 보이기 위해 경제성장에 매진했다. 그의 노력은 큰 성과를 거두었다. 한국은 불과 20년만에 가난한 농업사회에서 부유한 공업사회로 바뀌었던 것이다. 그러나 그것은 엄청난 댓가를 치르고 이룬 성과였다.

박정희 정권이 추진한 '조국 근대화'는 흔히 '압축적 근대화'로 불린다. 빠른 시간에 압축적으로 이루어진 근대화라는 뜻이다. 그러나 그것은 강력한 폭력을 통해 이루어졌다. 이런 점에서 그것은 '폭압적 근대화'였다. 박정희 정권의 '조국 근대화'는 폭력을 통해 빠른 시간에 압축적으로 이룬 근대화였던 것이다. 박정희 정권이 강력한 군사력과 경찰력을 동원해서 탄압한 것은 정치적 반대세력만이 아니었다. 박정희 정권의 정책에 반대하거나 저항하는 일반 시민들도 혹독한 댓가를 치러야 했다. 조상 대대로 살던 땅이 댐 건설로 수몰되거나 도로 건설로 매몰되는 경우에도 반대는 허용되지 않았다. 군사력과 경찰력을 통한 노골적인 국가폭력이 법치의 자리를 대신 차지했다.[12] 이런 상황에서 위험에 대한 합리적 토론과 대응은 원천적으로 불가능했다.

폭압적 근대화의 문제는 '파괴적 개발'과 '군사적 성장주의'로 줄여서 살펴볼 수 있다. 먼저 '파괴적 개발'은 우리의 문화와 자연을 심각하게 파괴하고 이루어지는 개발을 가리킨다. 모든 개발은 파괴의 성격을 갖는다. 따라서 '좋은 개발'은 파괴를 최소화하고 이루어지는 개발이라고 할 수 있다. 선진국에서는 1960년대 초부터 '좋은 개발'에 대한 관심이 높아지기 시작했다. 대표적인 예가 바로 환경문제에 대한 관심이었다. 그러나 박정희

12) 노골적인 국가폭력의 시대는 또 다시 쿠데타를 통해 들어선 전두환의 5공화국으로 이어진다. 노태우의 6공화국은 형식적으로 민주화의 시작이었지만, 내용적으로는 군부독재의 연속으로서 역시 국가폭력의 시대였다. 이런 국가폭력과 이에 대한 투쟁의 역사에 관한 상세한 연구로는 조희연 편(2002)을 참조.

는 '공장 굴뚝의 검은 연기'를 칭송하며 파괴적 개발을 밀어 붙였다(홍성태, 2000).[13] 이와 함께 우리의 문화도 심각하게 파괴되어갔다. 우리의 문화를 열등한 것으로 여겼던 일본 제국주의의 유산에 당시 미국이 주도하던 '제3세계 근대화'의 영향이 겹쳐서 이루어진 결과였다.[14] 이렇게 해서 우리의 자연이 파괴되고 자연과 조화를 이루는 문화가 파괴되었다. 여기서 나아가 파괴를 당연시하는 의식이 만연하게 되었다. 파괴적 개발은 안전에 대한 관심을 형식적인 것으로 만들어 버렸다.

'파괴적 개발'과 짝을 이루는 '군사적 성장주의'는 경제성장을 위해 군사작전을 펼치듯이 개발사업을 밀어붙이는 것을 뜻한다. 군사작전에서는 명령에 따라 일사불란하게 움직여서 수단과 방법을 가리지 않고 목표를 이루어야 한다. 박정희 정권의 폭압적 근대화는 바로 이런 방식으로 경제성장을 이루었다. 그 결과 '종속성장'은 필연적이었다. 전문가의 엄밀한 계획과 투명한 관리가 아니라 박정희 정권의 정치적 목표가 각종 개발사업을 지배했기 때문이다. 결국 '군사적 성장주의'는 '부패와 부실'의 만연으로 이어질 수밖에 없었

13) 미국에서는 1962년에 레이첼 카슨의 「고요한 봄」이 출간되면서 환경문제에 대한 관심이 대중적 사안으로 확대되었다. 그 결과 1970년 4월에는 뉴욕에서 세계 최초로 '지구의 날' 행사가 열렸다. 1970년대 중반에는 유엔에서 '생태적 개발'의 개념을 제시하기에 이르렀다. '조국 근대화'의 파괴적 개발도 이런 변화를 완전히 무시할 수는 없었다. 1977년 12월에 설립한 자연보호협의회나 1978년 10월에 공포한 자연보호헌장은 그 좋은 예이다. 그러나 '자연보호'는 결국 파괴적 개발의 허울에 그치고 말았다(홍성태, 2004ㄱ).

14) 한국 현대문학에서 가장 빛나는 시인인 김수영은 이런 파괴적 개발에 맞서서 「거대한 뿌리」(1964년)라는 시를 발표했다. 다음은 그 세번째 연이다.

전통은 아무리 더러운 전통이라도 좋다 나는 광화문
네거리에서 시구문의 진창을 연상하고 인환네
처갓집 옆의 지금은 매립한 개울에서 아낙네들이
양잿물 솥에 불을 지피며 빨래하던 시절을 생각하고
이 우울한 시대를 패러다이스처럼 생각한다
버드 비숍여사를 안 뒤부터는 썩어빠진 대한민국이
괴롭지 않다 오히려 황송하다 역사는 아무리
더러운 역사라도 좋다
진창은 아무리 더러운 진창이라도 좋다
나에게 놋주발보다도 더 쨍쨍 울리는 추억이
있는 한 인간은 영원하고 사랑도 그렇다

버드 비숍여사는 구한말에 조선을 여행하고 「한국과 그 이웃나라들」이라는 책을 쓴 여행가이다. 탁월한 모더니스트였던 김수영이 이렇게 비장할 정도로 '전통'을 강조하고 나선 것은 '조국 근대화'로 말미암아 우리의 문화가 조직적으로 파괴되고 있었기 때문이었다.

다. 무리한 정치적 목표를 따르자니 개발사업이 겉으로만 그럴 듯하게 이루어지기 일쑤고, 이 사실을 잘 아는 개발업자와 당국자 사이에는 자연스럽게 먹이사슬이 형성되었던 것이다. 군사적 성장주의로 경제성장을 이룰 수는 있었으나, 그것은 '종속성장' 이었으므로 한국 사회는 극히 심각한 위험사회가 될 수밖에 없었다. 1970년의 와우아파트 붕괴사고나 1972년의 대연각호텔 화재사고 등에서 이러한 문제는 이미 적나라하게 드러나고 있었다.

사고공화국은 위험이 쉽게 사고로 발현되는 극히 심각한 위험사회이다. 구조-역사적 접근법에서 보았을 때, '사고공화국 한국' 은 폭압적 근대화의 산물이다. 민주화와 함께 비로소 문제를 바로잡을 수 있는 길이 열렸다. 민주화가 정치적 차원을 넘어서 사회적 및 경제적 차원에서도 중요한 것은 이 때문이다. 폭력과 뇌물로 세워진 사고공화국의 문제를 해결하는 것은 민주화의 핵심적 과제이다.

3) 삼풍 붕괴사고의 역사성

1995년은 세계적으로 인간을 존중하는 새로운 사회발전의 길에 관한 토론이 활발하게 이루어진 때였다. 1995년 3월에는 덴마크의 코펜하겐에서 '사회개발정상회담' 이 열리기도 했다. 이에 대응해서 1995년 2월 23일에 '인간사회발전 한국포럼' 은 '제3차 인간사회발전 한국포럼' 을 열었다. 이 포럼에서 당시 참여연대 정책위원장이었던 김대환 교수는 "한국형 경제개발은 불균형 산업화, 복지를 외면한 성장, 개발의 불균형, 낮은 생활의 질, 권위주의 정치억압 등으로 지속가능한 인간사회발전을 이루지 못했다" 고 평가했다.[15]

삼풍백화점 붕괴사고는 이러한 '한국형 경제개발' 의 문제를 단적으로 보여주는 사건이 아니었을까? 겉으로는 그럴 듯해 보여도 속으로는 붕괴가 진행되고 있던 삼풍백화점은

15) 김대환 교수는 2004년 2월에 참여정부의 노동부장관이 되었다. 그는 노동에 대한 강공을 펼쳐서 노동계는 물론이고 학계에서도 강력한 비판을 받았다. 그는 1995년 2월의 발언으로부터 채 10년도 지나지 않아서 그가 말한 '한국형 경제개발' 의 문제가 다 해결되었다고 생각했던 것일까? 800만명의 비정규직으로 대변되는 '사회양극화' 문제는 '한국형 경제개발' 과 전혀 무관한 것일까? 김대환 장관이 되면서 김대환 교수는 어디론가 사라져 버린 것일까?

폭압적 근대화의 취약성을 그대로 보여준 상징이라고 하지 않을 수 없다. 삼풍백화점 붕괴 사고는 민주화가 폭압적 근대화의 문제를 바로잡는 것으로 나아가야 한다는 것을 분명하게 보여준 역사적 사건이었다.

1995년 7월 6일에 참여연대를 비롯한 13개 시민단체의 회원들은 종묘공원에서 '삼풍백화점 희생자 추도 및 안전한 사회를 위한 시민대회'를 열었다. 이들은 "삼풍백화점의 붕괴가 우리 사회에 만연하고 있는 인명경시풍조와 안전의식의 부재를 폭로해준다"고 비판하고, "황금만능주의에서 벗어나 인간우선주의, 안전제일주의, 생명제일주의, 환경보호주의 등을 실천하여 부실공사와 대형참사 등의 발생가능성을 뿌리뽑기 위해 시민들이 나서야 한다"고 주장했다. 이들의 주장대로 삼풍백화점 붕괴사고는 결코 일회성 사건이 아니었다. 그것은 폭압적 근대화의 역사를 통해 형성된 사고공화국의 구조적 산물이었다.

5. 삼풍 붕괴사고의 교훈

찰스 페로우와 울리히 벡 등의 위험사회론은 우리가 고도로 위험한 문명 속에서 살아가고 있다는 사실을 가르쳐준다. 우리가 사용하고 있는 모든 문명의 이기가 사실은 거대한 파괴의 산물이면서 심각한 위험의 원천이기도 한 것이다. 핵발전소는 말할 것도 없고, 자동차도 그렇고, 심지어 가로등도 그렇다. 이런 사실을 제대로 인식하지 못했을 때, 제대로 인식했더라도 제대로 관리하지 못했을 때, 삼풍백화점 붕괴사고와 같은 참담한 결과가 빚어지는 것을 피할 수가 없게 된다.

1) 실체로서 사고공화국

무엇보다 우리는 사고공화국을 구조적 실체로 받아들여야만 한다. 사고공화국[16]도 자본주의와 공업주의의 구현이라는 점에서 현대 사회의 한 유형이다. 그리고 바로 이런 점에서 위험사회의 한 유형이기도 하다. 그러나 그것은 서구 사회에 비해서 훨씬 더 위험한 위험사회이다. 사고공화국은 현대 사회의 심각한 위험을 관리하기에 턱없이 부실한 사회이기 때문이다.

그 이유는 두가지로 나누어 살펴볼 수 있다. 첫째, 사고공화국은 정치적으로 오랜 독재의 산물이다. 독재는 독재자가 권력과 정보를 독점하고 일방적인 통치를 추구하기 때문에 사회 전체적으로 문제를 발견하고 해결할 수 있는 능력이 극히 약하다. 문제를 문제로 여기는 것조차 독재자의 권한에 속한다. 둘째, 사고공화국은 경제적으로 천민자본주의에 의해 지배된다. 서로가 서로를 적으로 여기는 '난민사회'의 상황을 조성하고 수단과 방법을 가리지 않고 부를 추구하도록 하는 성장제일주의가 천민자본주의의 가장 큰 특징이자 문제이다. 부패와 부실의 먹이사슬은 그 가장 중요한 작동방식이다.

삼풍백화점 붕괴사고는 사고공화국의 문제를 적나라하게 드러내 보여준 극단적 사례이다. 1995년 6월 30일치 한겨레신문의 사설은 이 사실을 다음과 같이 지적했다.

> 최근 우리 사회에서 일어나고 있는 대형 사고들을 대하면서 국민들은 사회 공동체가 생존하기 위한 바탕조차 허물어지고 있다는 우려를 떨칠 수 없다. 백화점이 내려앉듯이 우리의 공동체가 와해되고 있다는 느낌이다. 찢어진 콘크리트 더미는 백화점의 화려한 진열장, 고급 상품들, 그리고 입만 열면 기업의 사회적 책임을 외치는 사업주들의 선전 아래 가려진 우리 사회의 취약한 진면목인 것이다.

안타깝게도 삼풍백화점 붕괴사고 이후 10년이 지났어도 이런 상황은 크게 바뀌지 않은 것 같다. 그것은 무엇보다 부패와 부실의 먹이사슬을 통해 작동하는 사고공화국의 구조를 바꾸지 못했기 때문이다. 여기서 이 나라를 대표하는 기업을 자부하는 삼성재벌이 가장 거대한 정경유착의 주체라는 사실을 상기할 필요가 있다. 부패공화국의 문제를 해결하는 것은 사고공화국의 문제를 해결하기 위한 핵심과제이다. 사고공화국에서 사고는 많은 경우에 부패의 필연적 산물이다.

16) 나는 '사고공화국 한국'의 역사적 뿌리가 박정희 정권의 폭압적 근대화라는 점에서 그 사회적 특징을 '박정희체계'라는 개념으로 포착한다(홍성태, 2003ㄱ과 2003ㄴ). 이것은 '박정희가 만든 사회체계'라는 뜻이다. 여기서 중요한 것은 사람이 죽거나 권력이 바뀐다고 해서 사회체계가 바뀌지는 않는다는 사실이다. 사회체계의 문제를 바로잡기 위해서는 더욱 장기적이고 체계적인 노력이 필요하다.

2) 겉모습 뒤의 참모습

우리는 화려한 겉모습에 속지 말아야 한다. 이 진부한 금언이야말로 삼풍백화점 붕괴사고에서 우리가 얻을 수 있는 가장 명확한 교훈이다.

지상 5층, 지하 4층의 건물이 붕괴되는데 걸린 시간은 1분도 되지 않은 짧은 시간이었지만, 단일 면적(4,154평)에서의 인명피해(사망자 502명, 부상자 900여 명)는 전쟁과 테러를 제외하고는 세계 최대의 피해였다(이광윤, 2002)

'과소비의 1번지'로 비난받을 정도로 화려한 외양 뒤에서 삼풍백화점은 이렇듯 세계 최대의 피해를 준비하고 있었다. 여기서 우리는 삼풍백화점의 건설과 개장의 과정에 주목할 필요가 있다. '호화백화점'으로 알려진 삼풍백화점의 건설과 개장의 과정은 결코 '호화'롭지 않았다.

입점 점포 5백16개(직영 4백38개, 임대 1백18개), 자체 종업원 6백81명으로 삼풍건설산업(주)의 유통사업본부 형태로 운영되고 있으며, 창업주인 이준(72)씨가 회장을, 둘째아들 이한상씨가 91년부터 대표이사 사장을 맡고 있다. 건물은 중간에 구름다리로 붙은 매장시설과 스포츠레저시설 등 A, B동 두 채로 지상 5층, 지하 4층으로 돼 있다. 이 가운데 매장으로 사용하고 있는 연면적은 지하 슈퍼마켓 등을 포함해 8천5백여평이다. 지하 4층에는 기계실 및 전기실이 있으며, 지하 2~3층은 주차장이다. 지하1층에는 판매시설(가정용품·식품·슈퍼마켓·스낵) 및 주차장이 있고, 1층은 잡화·수입상품, 2층은 여성의류, 3층은 남성의류·아동·스포츠용품을 파는 매장이다. 또 이날 영업을 하지 않은 4층에는 문화·가정용품, 5층에는 음식점이 있다.
삼풍은 바로 뒤에 있는 고급아파트단지인 삼풍아파트 단지를 배후상권으로 삼아 고급백화점으로 이미지를 차별화해 왔다. 93년 매출액은 1천3백9억원, 94년 1천5백50억원으로 업계 7위에 올라 있다. 상품별 매출구성비는 의류가 42%로 가장 많고(여성의류 22%), 식품 22%, 잡화 12%, 가정용품 10% 등이다.
삼풍건설산업은 지난 63년 설립된 동경산업(주)을 모태로 지난 67년 토목건설업 면허를 취득해 삼풍건설산업으로 이름을 바꾸고 일반 건설과 군납 등으로 성장했으며, 지난 75년에는 요르단에 진출하기도 했다. 건설업에서의 고속성장을 바탕으로 88년 도소매업에 진출했다. -(중략)- 무너진 삼풍백화점은 기초공사를 우성건설이 맡아 시공하다가 지난 88년 삼풍건설이 전체 공사를 인계받아 완공했다. 서울시에 이르면 이 백화점은 최근 평슬래브 지붕이 기울어져 보수를 하려 했던 것으로 알려졌다. 삼풍건설산업의 납입자본금은 30억원이며, 올해 도급한도액은 96억원, 순위는 858위이다(박태웅, 1995).

즉, 군납으로 돈을 번 이준 회장이 부패와 부실의 먹이사슬을 최대한 활용해서 유통업으로 진출한 결과가 바로 삼풍백화점이었다. 삼풍백화점은 그 건물 자체가 거대한 천민자본주의의 무대였다.

3) 역사적 인식의 중요성

삼풍백화점 붕괴사고는 역사에 대해 다시금 돌아보게 한다. 과거의 문제를 바로잡는 것은 올바른 미래를 준비하는 것이다. 역사의 잘못을 바로잡지 않는 한, 역사의 복수는 되풀이된다.

우리는 삼풍백화점 붕괴사고를 역사적 관점에서 바라보아야 한다. 일본 제국주의의 정보요원 출신으로서 중앙정보부의 창설에 참여하고 중령으로 예편한 정보장교 출신인 이준 회장의 이력과 삼풍백화점 붕괴사고를 둘러싼 부패와 부실의 먹이사슬은 구조적으로 연관되어 있는 것이다(홍성태, 1997: 235).

이준(헤이그 밀사사건의 이준 열사와 혼동하지 말자)은 1941년부터 일본의 북지군에서 군경으로 활약하다가 1943년부터는 베이징 주재 일본 영사관의 정보요원으로 활동했다고 한다. 이 시기는 일본의 패색이 무르익어 가던 시기이고 중국대륙 전역에서 팔로군 등의 항일투쟁이 왕성하게 펼쳐지던 시기이며 조선광복군 등의 활동도 왕성하던 시기이기도 하다. 그런 시기에 일본 영사관의 정보요원이 무슨 일을 했을 지에 대해서는 각자의 상상에 맡긴다. 해방 후, 「반민특위」의 와해로 면죄부를 받은 이준은 일제시대의 '경험'을 인정받아 「육군정보국」의 창설 멤버가 된다. 그리고 5.16쿠데타 이후에는 그런 '경력'을 인정받아 김종필이 주도하던 「중앙정보부」의 창설 멤버가 된다. 그리고 그런 과정을 거치면서 각종 이권에 개입하여 치부를 하였다고 한다. 그리고 그 부의 결과물이 바로 '삼풍'인 것이다(로린마젤, 2001).

역사적 관점으로 보자면, 삼풍백화점 붕괴사고는 역사의 문제가 누적되어 일어난 사건이었다. 식민지와 독재로 이어진 역사 속에서 부패와 부실의 먹이사슬로 작동되는 사고공화국이 만들어지고, 그렇게 해서 삼풍백화점 붕괴사고라는 비극이 연출되었던 것이다. 잘못된 역사를 바로잡는 것은 결국 잘못된 현실을 바로잡고 올바른 미래를 준비하는 것이다. 역사를 단순히 과거의 일로 여기는 것은 현실의 잘못을 은폐하고 잘못된 미래를 육성하는 것이다.

4) 잘못에 끝은 없다

삼풍백화점 붕괴사고의 가장 큰 특징은 '총체적 부실'의 결과라는 데에 있다. 설계, 시공, 감리, 관리의 모든 과정에서 부실이 확인되었다.

사고건물은 사업계획 승인에서 준공에 이르기까지 여러 차례의 설계변경이 이루어져, 완벽한 시공도면이 종합적으로 검토·확정되지 않은 상태에서 공사가 시작되었고, 일관성있는 공정관리가 확립되지 않은 상태에서 공사가 진행되었다. 따라서 구조계산서와 설계도서의 차이로 설계과정에서부터 시공하중이 증가하거나 기둥 단면이 작게 시공되었다. 또한 골조공사에서는 현장관리 및 감독의 소홀로 부실한 철근 배근과 함께 지판 두께가 설계치수보다 작게 시공되거나 누락되어 구조체의 내력 저하가 초래되었다. 특히 골조공사 완성 후 마감공사 과정에서 무단 설계변경 및 용도변경이 이루어져 건물이 과중한 하중을 부담하게 되었는데, 이 과정에서 구조체를 임의로 절단·파쇄하는 등 구조체의 극심한 내력 감소가 건물 붕괴의 시발원인으

> 로 작용했다. 더욱이 설계 당시 반영되지 않았던 냉각탑을 다시 옮겨 설치하는 과정에서 지붕층 슬래브가 크게 손상되었다. -(중략)- 붕괴과정에서 나타난 요인들을 종합해 볼 때 삼풍백화점의 붕괴는 설계하자, 부실시공 및 건축 후 건물 유지·관리상의 과오 등이 복합적으로 상호작용해 발생한 것으로 판단된다. 붕괴의 직접적인 원인은 용도변경으로 인한 과하중(過荷重)의 적재, 구조체의 절단·파쇄, 바닥 슬래브 상단 철근 고임대의 부실(유효두께 감소), 지판의 누락 또는 단면 부족, 부적절한 철근 배근, 철근의 정착길이 부족, 불량 콘크리트 사용, 진동, 누수 등으로 요약할 수 있다. 그외 간접적인 원인으로는 행정 절차상의 결함, 구조해석 및 도서작성상의 결함, 기능공의 숙련도 미숙, 현장감리자의 부실, 건축주의 안전관리 결여 등을 들 수 있다(김덕재, 2000).

요컨대 공식적으로는 결코 일어날 수 없는 일이 일어난 것이 바로 삼풍백화점 붕괴사고이다. 이것은 부패가 말 그대로 극단화될 수 있다는 것을 생생하게 보여주었다.

부패에 대해서는 예컨대 '포청천'과 같은 엄정한 자세로 대응해야 한다. 공무원과 정치인이 주권자인 시민으로부터 위임받은 법적 권한을 특정인에게 밀매하는 행위인 부패는 특정인의 배를 불리고 사회체계를 해체로 몰아가는 반사회적 범죄이기 때문이다. 이런 점에서 흔히 '솜방망이 처벌'이라고 불리는 가해자들에 대한 미미한 처벌은 극히 유감스럽고 우려되는 것이 아닐 수 없다. 부적절한 처벌은 잘못된 정보를 (잠재적) 범죄자들에게 보내서 잘못의 악순환과 확대재생산을 낳게 된다. 사고공화국으로 구조화된 부패와 부실의 먹이사슬을 바로잡으려는 노력을 제대로 벌이지 않는다면, 삼풍백화점 붕괴사고는 언제고 다시 일어날 수 있다.

6. 삼풍 붕괴사고의 과제

삼풍백화점 붕괴사고의 원인은 건축학적으로는 부실공사이지만, 우리는 부실공사의 사회적 원인에 대해 더욱 큰 주의를 기울여야 한다. 부실공사를 막기 위한 제도적 장치들은 다 있었지만, 단 하나도 제대로 작동하지 않았기 때문에 삼풍백화점 붕괴사고라는 처참한 사건이 일어났던 것이다. 이런 점에서 삼풍백화점 붕괴사고는 한국 사회의 문제를 적나라하게 드러내 보여준 사건이었다. 따라서 삼풍백화점 붕괴사고에 대해 우리는 한국 사회의 개혁이라는 관점에서 접근해야 한다. 그 과제는 크게 세가지 차원으로 나누어 살펴볼 수 있다.

1) 구조적 과제

사회 구조는 사회의 구성과 운영을 규정하는 기초와 뼈대를 뜻한다. 삼풍백화점 붕괴사고는 한국 사회의 구조가 대단히 취약하다는 것을 명확하게 보여주었다. 겉으로는 거대하고 화려한 현대 사회의 모습을 띄고 있으나 속으로는 곪을 대로 곪아 있었기 때문에 삼풍백화점 붕괴사고라는 끔찍한 사건이 일어나게 되었던 것이다.

삼풍백화점 붕괴사고를 낳은 문제인 '총체적 부실'은 단지 건축의 차원에만 한정되는 것이 아니라 한국 사회 전반으로 확대되어야 한다. '총체적 부실'의 산물이라는 점에서 보았을 때, 삼풍백화점의 붕괴는 사실상 '예고된 붕괴'였다. 무엇보다 중요한 것은 부패와 부실의 먹이사슬을 개혁하는 것이다. 그러나 그 개혁은 먹이사슬을 넘어서 먹이사슬이 형성되고 작동되는 사고공화국의 거시 구조로 나아가야 한다. 이것은 예컨대 다음과 같은 방식으로 작동한다.

〈그림 1〉 부패와 부실의 먹이사슬과 거시 사회구조

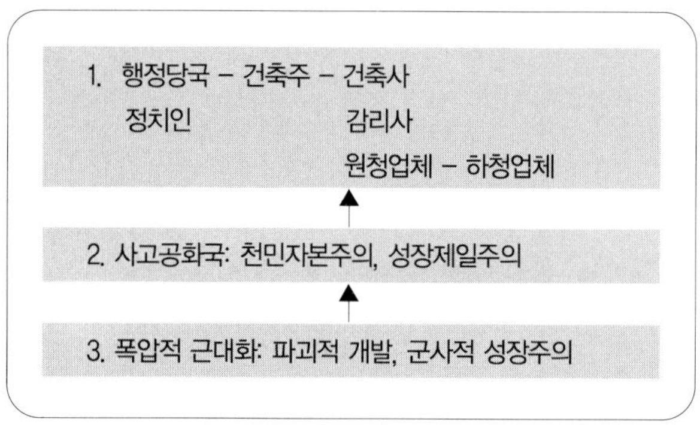

〈그림 1〉에서 1.은 직접적인 부패와 부실의 먹이사슬을 뜻한다. 이것은 제도의 개혁만으로 개혁되지 않는다. 2.로 표시한 제도의 운영과 개혁을 가로막는 사고공화국의 거시 구조가 작동하고 있기 때문이다. 또한 그 뿌리에는 3.으로 표시한 폭압적 근대화의 역사가 자리잡고 있다. 이것은 부패와 부실의 먹이사슬을 바로잡는 것이 대단히 어려운 구조적 과제라는 사실을 보여준다. 그러나 이 과제는 우리의 생존과 관련된 절실한 것이므로 결코 미루어서는 안 된다. 장기적 전망[17]을 세우고 흔들리지 않고 추진해야 하는 과제인 것이다.

여기서 우리가 다시금 확인해야 하는 것은 삼풍백화점 붕괴사고가 결코 일어날 수 없

17) 이와 관련해서 1990년대 중반을 지나며 생태사회와 문화사회의 전망이 제시되었다. 앞의 것이 자연과 조화를 이루는 사회를 뜻한다면(홍성태, 2004와 2005), 뒤의 것은 노동시간이 아니라 자유시간을 중심으로 구성되는 사회를 뜻한다(강내희, 2003; 심광현, 2003). 그런데 이런 새로운 전망의 바탕에는 복지사회가 자리잡고 있다. 무한경쟁과 승자독식의 난민사회에서 자연을 돌보고 내면의 가치를 적극적으로 추구하는 꿈이 자라나기는 사실상 불가능하기 때문이다.

는 사고였다는 사실이다. 안전성이 입증되지 않은 새로운 공법을 사용한 건물도 아니었고, 안전한 설계와 시공과 감리를 보장하는 제도가 없었던 것도 아니었다. 문제는 제도가 결코 작동하지 않았다는 데에 있다. 따라서 제도가 제대로 작동하도록 구조를 개혁하는 것이야 말로 삼풍백화점 붕괴사고가 우리에게 제기한 가장 중요한 과제인 것이다.

2) 제도적 과제

이것은 크게 건설행정과 재난행정을 바로잡는 것과 관련된다. 먼저 건설행정은 설계, 시공, 감리에 관한 미비한 제도를 보완하는 것이다. 재난행정은 다시 방재행정과 구난행정으로 크게 나뉜다.

이러한 제도적 개혁의 과제는 삼풍백화점 붕괴사고 이후 지속적으로 이루어졌다. 그러나 이른바 '따로국밥 현상' 이 여전히 나타나고 있다. 요컨대 제도는 그럴싸하게 만들었어도 현실은 그것과 따로 노는 것이다. 다음의 인용에서 지적하고 있는 위험천만한 '손바닥으로 하늘 가리기' 의 현실을 보자.

> 포스코건설이 부산 해운대구 재송동 센텀시티 내 시공 중인 '포스코 더 샵 센텀파크(센텀파크)' 의 '발코니 확장 직접계약' 의 파문이 확산되고 있다. 시공회사가 수요자에게 불법적 발코니 확장을 권유,계약했다는데 문제의 심각성을 더한다. 확장되는 공간이 실제 아파트 공간인 것처럼 수요자를 현혹시켜 분양을 촉진하려는 시공업체의 공개적이고 교묘한 상술에 아연실색하지 않을 수 없다는 여론이 지배적이다.
>
> —(중략)—
>
> 지난 1968년 5월 16일 영국 런던 로난 포인트에서는 내력벽 부재에 따른 23층 규모의 주상복합 건물 붕괴사고가 발생했다. 18층에 입주해 있던 한 가정에서 가스폭발로 바깥 내력벽이 무너졌다. 아래 위층이 하중을 견디지 못해 2층에서 23층까지 연쇄적으로 붕괴된 참사였다. 95년 삼풍백화점 붕괴사고의 한 원인도 불법 구조변경이었다는 사실은 지금도 화석처럼 기억에 생

생하다(최봉진, 2005).

이것이 비단 부산만의 일이 아니라는 것은 잘 알려져 있다. '아파트공화국 한국' 에서 가장 흔하게 벌어지는 일이 바로 '불법 구조변경' 이다. 부패와 부실의 먹이사슬을 통하지 않고 이런 '불법 구조변경' 이 이루어질 수 없는 것도 잘 알려져 있는 사실이다.[18]

우리는 여전히 '사고공화국' 에서 살고 있다. 다음에는 아마도 초고층 호화아파트가 무너질 것 같은 불길한 예감마저 든다. 이 세상에 완전한 기술이란 없다. 이에 비해 기술의 위험성은 갈수록 커지고 있으며, 또한 지진과 같은 자연조건도 갈수록 악화되고 있다. 이낙연(민주당) 의원이 건설교통부와 지하철건설본부의 자료를 분석한 결과를 보자.

> 30일 국회 건교위 이낙연(민주당) 의원이 건설교통부와 전국지하철건설본부의 자료를 종합분석한 결과에 따르면 작년 말 현재 전국의 건물 총 635만7125개 중 내진설계가 돼 있는 건물은 2.2%인 14만2 442개에 불과했다. 특히 할인점 백화점, 지하철과 전철 등 다중 이용 시설도 95%가 지진에 무방비로 노출돼 있어 자칫 대형참사로 이어질 수 있는 것으로 조사됐다. 현재 운행되고 있는 지하철 및 전철의 경우 총연장 648.36㎞ 가운데 당산철교와 청담대교 구간, 광주지하철 1호선 구간을 제외하고는 내진설계가 돼 있지 않은 것으로 파악됐다. 할인점 백화점 등 판매 영업시설도 5.8%만이 내진설계를 채택하고 있는 것으로 조사됐다(손세호·김은정, 매일경제 2005/3/30).

우리는 부패와 부실의 먹이사슬도 바로잡지 못하고 있고, 악화되는 자연조건에도 제대로 대응하지 못하고 있다. 그저 더 많은 돈을 위해 더 크고 더 높은 건물을 짓는 데에만 골몰하고 있는 실정이다. 한반도도 지진의 안전지대가 아니라는 최근의 각종 연구결과에

18) 2005년 10월에 건설교통부는 고질적인 불법을 양성화하기로 결정했다. 아파트 베란다의 변경을 합법화하기로 한 것이다. 이로써 베란다의 의미 자체가 완전히 사라지게 되었으며, 아파트의 위험성이 한층 더 높아지게 되었다.

19) 이를 위해 '비밀주의' 의 혁파가 대단히 중요하다. 한국은 비밀기록물의 현황조차 비밀로 다루는 '비밀공화국' 이다(황상철, 2005). 이러한 '비밀주의' 가 부패와 부실의 먹이사슬을 지키는 강력한 보호막이라는 것은 다시 말할 필요가 없다. 오늘날 우리는 정보기술을 활용해서 아주 손쉽게 '투명행정' 을 이룰 수 있다. 입찰, 설계, 시공, 감리, 관리의 모든 과정을 인터넷으로 생중계할 수 있다. 부패와 부실의 먹이사슬을 크게 약화할 좋은 기술적 방도가 바로 우리 곁에 있는 것이다.

따른다면, 더욱 더 적극적인 제도의 개혁과 실행이 극히 절실한 과제라고 하지 않을 수 없다. 무엇보다 전문가가 전문가로서 제 구실을 다 할 수 있도록 하고, 시민이 문제를 명확하게 이해할 수 있도록 해야 한다.[19] 이러한 방향으로 제도의 개혁이 이루어진다면, 그것은 구조의 개혁을 이끌어내고 문화의 개혁을 이룰 수 있다.

3) 문화적 과제

한국 사회에는 이른바 '안전불감증'이 만연해 있다. 2003년 3월 26일에 천안초등학교의 축구부 합숙소에서 불이 나서 8명의 어린 선수들이 죽었다.[20] 씨랜드화재사고로 어린 생명들이 세상을 떠나고 4년만에 비슷한 사고가 또 발생했던 것이다. '국가재난관리시스템기획단'이 출범하고 9일만의 일이었다. 이 사고에 관해 교육인적자원부는 2003년 4월에 보고서를 작성했다. 이 보고서에서는 다음과 같이 '안전불감증'의 문제를 지적하고 있다.

- 사회 전반에 안전불감증 만연
  - 삼풍백화점사고, 최근의 대구지하철 참사의 교훈에도 불구하고 사회전반에 안전불감증 팽배
- 관리책임자들의 안전책임의식 결여
  - 시설물의 방화관리자, 화기단속책임자의 안전 경각심 미흡
  - 안전상 취약하고 열악한 시설물에 대한 방화점검 소홀

(교육인적자원부, 2003)

한국 사회에 '안전불감증'의 문제가 있다는 것은 분명하다. 이른바 '인정주의'가 그 알리바이로 활용되고 있다는 것도 분명하다. 그러나 이 문제를 해결하기 위해서는 역시 구

20) 야구선수 이승엽이 삼성에서 뛰던 때인 2003년 가을에 그의 헬멧에는 '20.9'라는 숫자가 쓰여 있었다. 20은 2000년 4월에 그라운드에서 쓰러져 응급조치가 늦은 바람에 식물인간이 된 투수 임수혁의 등번호이고, 9는 2003년 3월에 천안초등학교 화재로 죽은 8명의 어린이와 코치를 뜻했다.

조-역사적 접근이 필요하다. 문화는 그 자체로 나타나는 것이 아니라 구조-역사적 조건 속에서 형성되고 변화하는 것이기 때문이다.

먼저 지적할 것은 군사주의의 영향이다. 한국 사회에서 안전에 대해 원칙적으로 대응하려는 사람은 심지어 '겁쟁이' 취급을 받기도 한다. 이러한 뒤집힌 생각은 문화적으로 군사주의와 밀접한 연관을 맺고 있다. 군사주의는 용기와 만용을 구분하지 않는다. 군사주의가 만연한 사회에서는 무조건 위험을 감수하는 자가 용감한 자이다. 이런 식으로 군사주의는 무조건 위험을 감수하도록 하는 사회적 분위기를 조장한다. 한국은 이런 군사주의가 사회 전체에 공기처럼 스며 있는 사회이다. 한국 사회에서 군사주의의 만연은 남북대치를 배경으로 한 군부독재와 징병제도의 역사적 산물이라는 성격을 크게 갖고 있다(홍성태, 2000). 모진 역사를 지나면서 한국 군대는 무조건 위험을 감수하는 '폭력적 용기'의 온상과도 같은 성격을 갖게 되었다. '안전불감증'의 문제를 해결하기 위해서는 민주화와 군대의 개혁[21]이라는 과제에도 힘을 쏟아야 한다.

또한 군사적 성장주의는 군사주의가 경제운영원리로까지 확장된 것이다. 군사적 성장주의가 지배하는 사회에서 무조건 위험을 감수하는 것은 필수적인 생존의 원리가 되고 만다. 이런 사회에서 안전에 대한 투자는 '생명에 대한 투자'라기보다는 '불필요한 비용'에 가까운 것으로 여겨진다. 한국의 자본주의는 흔히 천민자본주의로 불리지만, 이것은 군사적 성장주의의 역사적 산물이기도 하다. 요컨대 무조건 위험을 감수하고 목표를 달성할 것을 강요하는 군사적 성장주의가 인명을 경시하는 천민자본주의를 만들어낸 것이다. 이런 천민자본주의에서 '안전불감증'은 당연한 문화적 현상일 수밖에 없다. 더 이상 안전을 불필요한 비용으로 여기지 못하도록 구조와 제도의 개혁을 이루어야 비로소 '안전불감증'이라는 문화적 현상은 사라질 것이다.

2004년 6월 1일에 개청한 소방방재청은 '안전문화'의 확립을 '안전사회'의 구현을

21) 상관의 명령으로 똥까지 먹어야 하는 것이 한국 군대의 비참한 실상이다. 한국 군대가 그 존재이유를 지키기 위해서도 개혁은 필수적이다. 또한 징병제로 운영된다는 점에서 한국 군대의 개혁은 국민적 과제이다. 군에서 위궤양 판정을 받았으나 사실은 위암이어서 제대 후 보름만에 세상을 떠난 노충국 씨의 안타까운 죽음은 한국 군대의 비참한 실상을 다시금 확인해주었다. 2005년 봄과 가을에 처절하게 드러난 한국 군대의 무서운 상태는 하루빨리 철저히 개혁되어야 한다.

위한 가장 중요한 과제로 여기고 대대적인 '안전문화운동' 을 벌이고 있다. 이에 따라 모든 지자체마다 획일적인 내용의 '안전문화' 을 벌이고 있는 것을 볼 수 있다. 그러나 과연 이 운동에 대해 알고 있는 사람들이 얼마나 되는가? 또한 그 실효성은 과연 얼마나 큰가? 소방방재청은 "국민과 함께 하는 안전문화운동 재난없는 안전사회 구현의 지름길입니다" 고 주장한다. 그리고 '안전관리헌장' 이라는 것을 제정해서 다음과 같이 결의를 다질 것을 시민들에게 요구하고 있다.

> 우리의 번영은 안전문화의 터전 위에서 이루어지며,
> 안전을 위한 노력과 투자는 우리와 후손의 행복을 위한 것이다.
> 우리는 안전한 국가를 지향하는 새로운 가치관을 정립하고 성실한 실천을 다짐한다

'우리의 번영' 이 '안전문화의 터전 위에서 이루어진다' 는 것은 틀림없다. 그러나 이것이 '새로운 가치관을 정립하고 성실한 실천을 다짐' 하는 것으로 이루어질 수 있을까? 이렇게 결의를 다지지 않고도 할 수밖에 없으며, 잘 할 수 있도록 해야 하는 것이 아닐까? 우리는 여기서 1994년을 '부실공사 추방 원년의 해' 로 정하고 공사장마다 현수막을 내걸었다가 국제적인 망신거리가 되었던 사실을 다시 떠올리지 않을 수 없다. 이런 점에서 보자면, 정부는 문제를 제대로 인식하지 못하고 있으며, 잘못된 행정의 관성에서 그다지 벗어나지 않은 것으로 보인다.

안전을 비용으로 여기는 천민자본주의와 관련 제도를 제대로 운용하지 못하도록 하는 부패와 부실의 먹이사슬을 타파해야 비로소 새로운 안전문화가 자라나게 될 것이다. 이처럼 문화적 과제는 구조적 과제, 제도적 과제와 밀접한 연관을 맺고 있다. 위험과 안전에 관한 교육은 중요하지만, 그것도 이러한 관점에서 행해져야 할 것이다. 시민의 의식을 바꿔야 한다며 정부가 시민을 가르치려고 하는 낡은 계도적 캠페인은 이제 그만두어야 한다. 이런 캠페인은 삼풍백화점 붕괴사고와 같은 '구조적 사고' 에 관해서는 아무런 말도 하지 않으면서 사실상 시민을 모든 사고의 원인 제공자로 몰아간다는 점에서도 대단히 심각한 문제를 안고 있다.

4) 여섯 주체

삼풍백화점 붕괴사고가 우리에게 던지는 여러 과제들을 제대로 이루기 위해서는 여러 주체들의 적극적인 실천이 필요하다. 이른바 '안전사회'를 이루기 위해서는 다각적인 노력이 필요한 것이다. 시민사회론을 참조해서 다음과 같이 주요 주체들을 제시하고 그 주요 과제를 대략적으로 정리해 보고자 한다. 시민사회론에서는 사회를 국가, 시장, 시민사회의 세 영역으로 크게 나누어 파악한다. 국가는 시민으로부터 위임받은 권력을 행사해서 사회의 안녕을 꾀하며, 시장은 개인과 기업이 사유재산권에 바탕을 두고 생산과 유통의 경제활동을 펼치는 영역이며, 시민사회는 시민이 국가와 시장을 감시하고 견인할 뿐만 아니라 적극적으로 대안을 제시해서 사회의 안녕과 발전을 꾀하는 자구적 활동을 펼치는 영역을 뜻한다.

〈그림 2〉 '안전사회'의 주체들

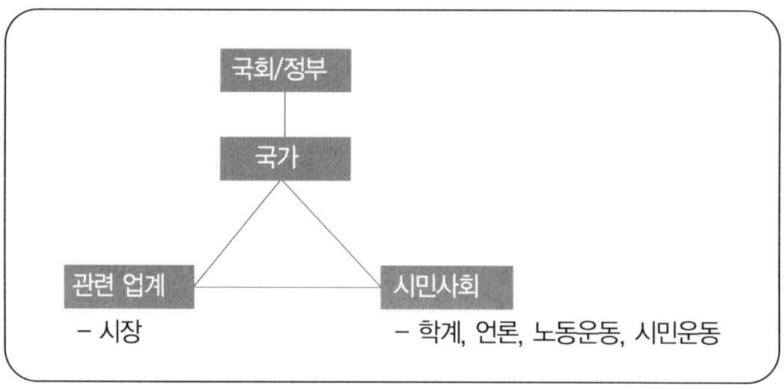

전체적으로 여섯 주체를 망라하게 되었는데, 이 중에서 당연히 국가의 책임이 가장 크다. 국민의 건강과 생명과 재산을 지키는 것이 국가의 존재이유이기 때문이다. 이런 점에서 국가가 부패와 부실의 먹이사슬의 핵심적 주체라는 것은 극히 유감스럽고 위험천만한 일이 아닐 수 없다. 사실 제도의 운용이라는 점에서 보자면, 삼풍백화점 붕괴사고의 주범은 바로 부패한 관리들이었다. 이윤을 추구하는 기업가들은 더 많은 이윤을 위해 그야말로 별 짓을 다한다. 그들이 그렇게 하지 못하도록 하는 것이 바로 국가의 가장 큰 책임이다. 이런 점에서 부패한 관리들이 별다른 처벌을 받지 않았다는 사실은 그야말로 경악스러운 일이 아닐 수 없다. 국회와 정부가 제 구실을 다 할 수 있도록 철저한 개혁이 이루어져야 한다. 정보기술을 활용한 '실시간 투명의정/행정의 구현과 포청천식 엄벌주의'는 이러한 개혁의 양대 목표이다. 지난 10년 동안 정부가 발표한 숱한 대책들은 제대로 실천되지 못했다. 많은 일을 하겠다고 외치는 것이 중요한 것이 아니라 올바른 일을 제대로 하는 것이 중요하다.

부패와 부실의 먹이사슬에서 업계는 국회 및 정부와 함께 가장 중요한 주체이다. 정경유착에 관한 비난에 몰리면 기업가들은 정치인과 관리들이 돈을 요구하기 때문에 어쩔 수 없이 돈을 준다고 주장하기도 한다. 그러나 특혜를 바라고 업계에서 먼저 밀어붙이는 '적극적 뇌물'의 경우가 얼마나 많은가? 독재시대와 달리 오늘날 정경유착은 정치권과 경제계의 합의로 이루어지지 결코 정치권의 강요만으로 이루어지지 않는다. 민주화와 함께 정치권력의 힘은 약해진 반면 경제권력의 힘은 갈수록 강해지고 있다. 그만큼 정경유착에서 경제계의 책임이 커지고 있다. 이런 상황에서 기업은 사회적 책임을 제대로 다하는 것이 경쟁력의 핵심적 요소라는 사실을 올바로 이해하고 투명경영과 안전경영을 위해 최선을 다해야 한다. 사회적 책임을 망각한 기업은 사회적 주체가 되기를 거부한 것으로 인식될 것이다.

시민사회는 국가와 시장이 사회적 책임을 다하도록 하기 위한 시민의 자구적 노력으로 이루어진다. 따라서 시민사회를 구성하는 요소들은 대단히 다양하다. 여기서는 학계, 언론, 노동운동, 시민운동 등의 구실을 특히 강조하고자 한다.

학계는 문제와 과제를 객관적으로 연구하고 인력을 양성하는 책임을 지닌다. 그런 만큼 '안전사회'를 위한 학계의 책임은 막중하다. 그러나 안전에 대한 학계의 관심은 대단히 제한되어 있으며, 인력의 양성이라는 점에서도 역시 그렇다. 심지어 일부 학자들은 적극적으로 정경유착의 도구로 활용되기도 한다. 환경영향평가를 비롯한 각종 영향평가를 발주자의 요구에 따라 엉터리로 작성해서 제출하는 것이 그 대표적인 예이다. 이런 해악을 극복하고 학계가 그야말로 학문의 양심에 따라 운영될 수 있도록 해야 한다. 이렇게 하기 위해서는 역시 투명한 감시장치가 작동해야 한다. 예컨대 엉터리 환경영향평가서를 작성한 학자는 후손의 이익까지 포함한 사회의 공익을 심각하게 저해한 '공공의 적'으로 여기고 학계에서 영구히 추방해야 한다. 이런 자들이 학자로 행세하는 사회에서는 사고공화국의 문제를 바로잡는 것은 고사하고 제대로 인식하는 것조차 어렵다.

언론은 '정보사회' 의 핵심적 기초이다. 우리는 언론을 통해 이 세상을 접하고 알게 된다. '정보사회' 는 상당한 정도로 '언론사회' 이다. 그러나 대다수 언론사가 단순히 하나의 기업으로 운영되면서 위험문제와 같은 중대한 사안에서도 선정적 보도를 하는 폐해가 흔히 나타나고 있다(민언련, 2003). 예컨대 삼풍백화점과 같은 구조적 사고의 경우에 그 구조의 문제를 정확히 알리고 바로잡기 위해 최선을 다해야 하지만, 참혹한 죽음이나 천우신조의 생환과 같은 사안에 촛점을 맞춰 '눈길끌기 경쟁' 을 벌이는데 힘을 쏟곤 하는 것이다. 이런 보도는 그 자체로 '안전불감증' 을 낳는 중요한 요인이 될 수도 있다. 참혹한 사고가 되풀이되지만 그 원인은 개선되지 않는다는 인식을 퍼트릴 수 있기 때문이다. 그러나 언론의 심층보도는 문제를 제대로 알리고 개혁을 촉구하는 기폭제가 되기도 한다(원용진, 2003). 개혁의 기폭제로서 언론의 구실이 강화될 때, 아마도 우리는 '선진 한국' 에 더욱 가까이 다가갈 수 있게 될 것이다.

아직까지 한국의 노동운동은 위험과 안전의 문제에 큰 관심을 가지고 있지 않은 것으로 보인다. 물론 산업재해에 대한 대응은 한국의 노동운동이 오래 전부터 큰 관심을 기울여 온 분야이지만, 그것을 사회의 위험과 안전에 관한 대응으로까지 확대하지는 못하고 있다. 그러나 이런 상황은 대단히 잘못된 것이다. 삼풍백화점 붕괴사고에서 가장 큰 피해를 입은 사람들은 다름 아닌 삼풍백화점의 노동자들이었다. 정식직원 47명, 파견직원 221명, 아르바이트 38명으로 모두 306명의 노동자들이 죽었다. 전체 사망자 502명 중에서 61%가 노동자였던 것이다. '안전사회' 는 누구보다 노동자를 위한 것이라고 할 수 있다. 또한 노동자는 위험문제를 누구보다 먼저 알 수 있는 위치에 있기도 하다. 삼풍백화점 붕괴사고의 경우에도 붕괴의 조짐을 가장 먼저 알아차린 것은 노동자들이었다(서울시, 1996: 63-67). 위험을 가능한 줄이기 위해서는 외부의 감시와 내부의 고발이 활성화되어야 한다. 이렇듯 '안전사회' 를 위한 실천은 노동운동의 사회적 책임에서 핵심적 요소이다.

시민운동은 시민사회의 가장 중요한 주체이다. 1990년대 이후 활발히 펼쳐지고 있는 한국의 시민운동은 세계적으로 중요한 사례로 여겨지고 있다. 그런데 한국의 시민운동에서 안전에 대한 관심은 제한적인 상태에 머물러 있다. 이것은 한국의 시민운동이 구체적인 사안을 중심으로 제도의 개혁을 추구하며, 한국의 위험문제가 대체로 부패문제의 산물로 나타나기 때문이다. 그러나 '안전사회'의 과제는 사실 시민사회가 추구하는 한국 사회의 거시적 발전전망과 깊은 연관을 맺고 있다. 이런 점에서 한국의 시민운동은 한국 사회의 위험과 안전에 관해 분야별 틀을 넘어서 좀더 넓은 안목으로 접근할 필요가 있다.

7. 결 론

삼풍백화점 붕괴사고는 처참한 비극이었지만, 그런 만큼 우리에게 많은 것을 가르쳐 준 역사적 사건이었다. 무엇보다 이것이 일회성 사건이 아니라 역사적 사건이었다는 점을 올바로 인식해야 한다. 또한 이것은 흔히 '졸속발전'이나 '졸속성장'으로 표현되는 한국 사회의 내적 한계가 표출된 구조적 사건이었다. 따라서 폭압적 근대화라는 역사적 변화를 통해 형성된 이러한 구조의 문제를 바로잡는 것이야말로 삼풍백화점 붕괴사고가 우리에게 던진 가장 중요한 개혁의 과제이다.

현대 사회의 여러 사고를 계기로 형성된 서구의 위험사회론은 과학기술의 발달과 함께 삶의 편리성이 크게 높아진 동시에 위험성도 크게 높아졌다는 것을 보여주었다. 이것은 우리가 믿고 사용하는 모든 과학기술과 우리가 당연한 것으로 여기는 사회의 구성원리를 근본적으로 검토해야 할 필요성을 제기하는 이론적 통찰이었다. 한국의 경우는 서구와 거의 같은 수준의 위험한 과학기술을 널리 사용하면서도 그것을 관리하는 사회체계는 허술하기 짝이 없다. 새로운 위험문제와 낡은 부패문제가 뒤얽혀 극히 위험한 한국의 사회체계를 형성한 것이다.

한국 사회는 비정상적 위험의 비정상적 악화는 물론이고 정상적 위험의 비정상적 악화라는 심각한 상황에 놓여 있다. 이것은 위험과 안전에 대한 관심이 낮았기 때문이기도 하지만 더 큰 이유는 '부패와 부실의 먹이사슬' 로 말미암아 미비한 제도마저 마비되는 사태에 이르렀기 때문이다. 요컨대 삼풍백화점은 제도가 없어서가 아니라 제도가 작동하지 않아서 붕괴했다. 이러한 삼풍백화점 붕괴사고가 잘 보여주듯이 한국에서 일어난 많은 사고들이 위험문제이기에 앞서서 부패문제였다. 이런 부패문제를 척결하지 않고 위험문제에 대한 정상적 대응은 불가능하며, 따라서 '선진 한국' 의 꿈을 이루는 것도 불가능하다.

전문가주의의 강화도 극히 중요하다. 삼풍백화점 붕괴사고에 이어 IMF 사태를 맞고 한 건설 전문가는 다음과 같이 건설인의 책임을 강조했다.

> 지난 반세기 동안 우리 건설인들은 8.15 해방과 6.25 동란 등 어려운 시기를 거치면서 국가 기간산업 발전을 위하여 엄청난 일을 해 왔으며, 그 누가 뭐라 해도 우리 건설인과 건설산업이 이루어 놓은 많은 일들은 자랑스럽고 보람있는 일임에 틀림이 없다. 그러나, 이러한 찬사와 자부심에도 불구하고 오늘날 우리 건설인들의 자화상은 다른 한편으로는 초라하기까지 하다. 다리가 무너지고, 지하철 공사장이 폭발하고, 백화점이 붕괴되는 대형사고가 발생할 때마다 우리 건설인들은 비난과 분노의 대상이 되고 말았다. 참으로 안타까운 일이 아닐 수 없다. 물론, 이러한 결과에 이른 원인으로는 정치, 관습 등 외적인 요소들이 많이 있지만, 우리 건설인들이 누구보다 직접적인 책임을 느껴야 한다(민병렬, 1998).

전문가가 전문가로 구실하지 못한 데에는 구조-역사적 조건이 크게 작용했다. 그러나 전문가가 전문가로서 제 구실을 하지 못할 때, 현대 사회의 위험성은 극단적으로 강화된다. 이 점에서 이러한 자책의 목소리는 큰 의미를 가진다. 여기서 더 나아가 이러한 자책이 큰 성과를 거두기 위해서는 전문가가 시민운동의 주체로 적극적으로 나서야 한다. 공익의 실현을 위한 전문가의 실천이 강화될수록 전문가의 구실이 커지고 부실한 사회체계의 개혁도 촉진된다.

사회문제를 올바로 이해하기 위해서는 구조적 상상력[22]이 중요하다. 개별 행위자를 넘어서 수많은 행위자들이 형성하고 살아가는 관계로서 구조에 대한 이론적 인식은 사회문제가 어떻게 발생하며 해결될 수 있는가를 인식할 수 있게 해 준다. 삼풍백화점 붕괴사고는 이러한 구조적 상상력의 중요성을 다시 한번 확인해 주었다. 사회에 대해서뿐만 아니라 건축에 대해서도 그렇다. 우리는 보이는 것과 보이지 않는 것의 관계에 주의를 기울여야 한다. 보이는 개인을 넘어서 보이지 않는 사회구조를 이해해야 하며, 보이는 외관을 넘어서 보이지 않는 구조를 파악해야 한다. 보이는 외관도 중요하지만 보이지 않는 구조는 더 중요하다.

구조적 상상력이 요청하는 과제를 실현하기 위해서는 무엇보다 우리 각자가 한 사람의 시민으로서 천민자본주의에 맞서서 '안전사회'를 이룰 수 있도록 최선을 다해야 한다. 부패문제는 물론이고 안전교육이나 안전문화의 확산에서도 그렇다. 우리의 의지와 능력을 모아 위험과 사고의 주범들을 철저히 감시할 수 있을 때, 우리는 비로소 '안전사회'에서 살아갈 수 있게 될 것이다. 이를 위해 가장 큰 책임을 지고 있는 주체는 역시 정부이다. 정부가 실질적인 '안전사회'의 건설자로 거듭나도록 하기 위한 구체적인 실마리를 우리는 정보기술을 최대한 활용한 '24시간 투명행정'의 구현에서 찾을 수 있다. 이것은 사실상 완전히 무시되고 있는 정보공개권과 정보접근권의 실질적 보장이라는 점에서도 가장 중요한 과제이다.

'안전사회'에서 살기 위해 필요한 것은 실질적 개혁이다. 무엇보다 부패와 부실의 먹이사슬을 척결해야 하며, 이를 위해서는 무엇보다 '24시간 투명행정의 구현과 포청천식 엄벌주의의 실행'이 이루어져야 한다. 삼풍백화점 붕괴사고의 희생자들은 우리에게 엄정한 실천을 요구하고 있다.

22) 사실 이러한 구조적 상상력은 사회학이 건축학에서 배운 것이다. 이제 거꾸로 건축학이 사회학의 구조 개념을 받아들여 건물의 보이지 않는 부분에 사람들이 관심을 갖도록 할 필요가 있다.

참고자료

- 강내희(2003), '위험사회, 노동사회, 문화사회', 『문화과학』 35호
- 교육인전자원부(2003), '천안초교 화재참사 관련 제도적 문제점 및 개선방안'
- 김덕재(2000), '삼풍 붕괴와 부실시공', 『브리타니커 백과사전 2000년판』
- 김명준 외(2003), 『미래를 위한 공학, 실패에서 배운다』, 교보문고
- 김수삼 외(2003), 『한국의 건설산업, 그 미래를 건설하자』, 삼성경제연구원
- 로린마젤(2001), '죽거나 혹은 나쁘거나', http://neo.urimodu.com
- 민언련(2003), '대형참사보도 선정주의 여전하다', http://www.ccdm.or.kr/
- 박길룡(2005), 『한국 현대건축의 유전자』, SPACE
- 박길성 외(1999), 『1960년대 사회변화연구: 1963-1970』, 백산서당
- 박선영(2004), '삼풍百 붕괴현장에 "아크로비스타" 이달말 입주', 한국일보 2005/6/21
- 서울시(1996), 『삼풍백화점 붕괴사고 백서』
- 서종열(2004), '삼풍백화점 터 들어선 대상아크로비스타 "삼풍괴담"에 떨어', 일요시사 2004/1216
- 선대인(2004), '해답 알면서도 실천 않는 정부', 미디어다음 2004/7/10
- 손세호김은정(2005), '전국 건물 98% 지진 무방비', 매일경제 2005/3/30
- 심광현(2003), '위험사회를 넘어 문화사회로', 『문화과학』 36호
- 윤태범(2000), '건축부문의 부패 유형과 방지정책 연구', 경상대학교 사회과학연구소 엮음(2000), 『한국의 부패와 반부패정책』, 한울
- 원용진(2003), '위험사회와 커뮤니케이션', 『문화과학』 35호
- 이광윤(2002), '꽃다운 청춘을 앗아 간 7년 전 삼풍백화점 붕괴', 오마이뉴스 2002/6/27
- 이리형·지남용(1997), '삼풍백화점 참사의 원인과 진단결과', 『건축』 217호/1997년 6월호
- 이병천 엮음(2003), 『개발독재와 박정희시대』, 창비
- 이상팔(1996), '위기관리체계의 지능적 실패에 의한 학습효과 분석 : 삼풍백화점 사고 전·후의 제도변화를 중심으로', 한국행정학보, 30권/2호
- 이상호(2003), '삼풍A/S 1 - 책임자 처벌현황', http://leesangho.com/ (문화방송 시사프로그램 『신강균의 사실은』 2003년 12월 19일 방송)
- 이재민·이근영(1995), '"백화점마저" 사고공화국 개탄/삼풍백화점 붕괴참사 PC통신 반응', 『한겨레신문』 1995/6/30

- 이재열(1998), '대형사고와 위험: 일상화한 비정상성,' 『계간 사상』 1998년 가을호
- 임현진 외(1997), 『한국인의 삶의 질』, 서울대학교 출판부
- _______(2003), 『한국사회의 위험과 안전』, 서울대학교 출판부
- 장경섭(1997), '복합위험사회의 안전권', 임현진 외(1997), 『한국인의 삶의 질』, 서울대학교 출판부
- 정태석(2003), '위험사회의 사회이론', 『문화과학』 35호
- 조희연 편(2002), 『국가폭력, 민주주의 투쟁, 그리고 희생』, 함께읽는책
- 천태삼(1997), '삼풍백화점 참사 이후의 건설제도개선', 『건축』 217호/1997년 6월호
- 최봉진(2005), '손바닥으로 하늘 가리기', 부산일보 2005/5/2
- 한상진(1998), '왜 위험사회인가? 한국 사회의 자기반성', 『사상』 1998년 가을호
- 홍석률 외(2002), 『박정희시대 연구』, 백산서당
- 홍성태(1997), '폭압적 근대화의 붕괴 – 삼풍백화점 붕괴사고를 중심으로', 홍성태(2000), 『위험사회를 넘어서』, 새길
- _____(2000ㄱ), 『위험사회를 넘어서』, 새길
- _____(2000ㄴ), '50년 전쟁체제의 사회적 결과 – 비정상성의 정상화', 『문화과학』 24호/2000년 겨울호
- _____(2001), '군사적 성장주의와 성수대교의 붕괴', 이병천 외 편(2001), 『20세기 한국의 야만』, 일빛
- _____(2002), '근대화에서 근대성으로', 『문화과학』 31호/2002년 가을호
- _____(2003ㄱ), '근대화와 위험사회 – 박정희체계를 넘어서기 위한 생태적 개혁의 모색', 『문화과학』 35호/2003년 가을호
- _____(2003ㄴ), '폭압적 근대화와 위험사회', 이병천 엮음(2003), 『개발독재와 박정희시대』, 창비
- _____(2004ㄱ), 『생태사회를 위하여』, 문화과학사
- _____(2004ㄴ), 『서울에서 서울을 찾는다』, 궁리
- _____(2005), 『생태문화도시 서울을 찾아서』, 현실문화연구
- 홍성태 엮음(2005), 『개발공사와 토건국가』, 한울
- 황상철(2005), '비밀공화국① 한국정부 비밀은 몇 건? 절대 몰라!', 한겨레신문 2005/6/9

- '특집: 한국은 위험사회인가?', 계간 『사상』 1998년 가을호
- '특집: 위험사회', 계간 『문화과학』 35호/2003년 가을호

- 울리히 벡(1992), 홍성태 옮김(1997), 『위험사회』, 새물결
- Charles Perrow(1984), Normal Accidents, Basic Books

2 삼풍백화점 붕괴사고의 원인에 대한 재조명

안홍섭(군산대학교 건축공학과)

1. 서론

우리 사회는 1990년대 초에 집중적으로 발생한 대형사고의 영향으로 사고방지를 위한 국가적인 노력이 경주되었으며, 그 결과 안전수준에 많은 개선이 있었다. 삼풍백화점 붕괴사고도 이러한 대형사고중 가장 피해가 컸던 사고였다.

우리 사회가 최근에 겪은 대형 사고는 모두가 인재로서 막대한 인명의 희생과 경제적 손실을 초래하였으며, 사회적 불신과 불안감을 고조시키고 건설업뿐만 아니라 국가의 위신을 실추시켰다. 막대한 손실의 대가로 국민과 자원에 대한 국가의 책무로서 정부와 정치권의 관심 증가, 안전에 대한 사회적 공감대 형성, 예방활동에 대한 사회적 여건의 성숙, 시설물의 유지관리 등 사고예방 비용의 당위성에 대한 인식의 개선 등의 효과가 있었다. 또한 정부를 비롯한 사회 각 분야에서 다각적인 사고예방 노력을 촉진시키는 중요한 계기로 작용하였다.

선진국에서는 대형사고가 발생한 경우 전문적인 조직을 가동하여 수년간에 걸쳐서 원인을 조사하는 것으로 알려져 있다. 미국의 경우 9.11사태 발생 직후는 오히려 국가적으로 냉정하였다는 평을 들었으며, 유사한 테러방지를 위한 조치는 사고 후 시간이 흐를수록 강도가 더해지고 있으며, 후속 조치가 최근에도 계속 강화되고 있는 것으로 알려지고 있다. 이는 2차세계대전중 일본으로부터 진주만 기습을 받은 후 완벽한 준비를 통하여 원자폭탄으로 빚을 갚았던 전례와 일관된 습성을 보이고 있다.

하지만 우리 사회 경우는 과거를 쉽게 잊는다는 비난을 자주 받아왔으며, 삼풍백화점 붕괴사고 이후에 발생한 화성 씨랜드 화재사고나 인천의 호프집 사고 등의 재발에서 보는 바와 같이, 사고 발생의 근원이 크게 다르지 않음에도 우리 사회는 기억되어야 할 중요한 사건이 사고 당시의 컸던 충격이나 반응에 비해 짧은 시간에 관심의 밖으로 사라져 잊혀져 가고 있다. 사고 원인의 제거를 위한 노력의 강도도 시간이 흐를수록 약해져 사고로 치른 대가를 충분히 활용하지 못하지 않고 있지는 않은지 우려되고 있다.

나아가서 작금의 우리 사회에는 안전을 도외시하고 생산성 추구만을 위한 경제적 발상이 아직도 사회 곳곳에 잠복해 안전한 사회를 위협하고 있다. 특히 건설업을 비롯한 산업현장에서 규제개혁에 편승하여 안전을 위한 사회적 책무가 완화되고, 영업상의 편의를 위하여 시설물의 품질확보를 위한 건설기업의 기술자 보유기준이 완화되었으며, 건설관련 기업의 편의를 위해 한시적으로 시행했던 인정기술자제도도 시행 후 10여년이 지났음에도 폐지되지 않고 존속되고 있다. 이와 같이 우리 사회의 일각에는 아직도 안전을 위협하는 잠재적 요소로 국민의 안전과 생명을 도외시한 생산성의 추구, 집단의 편의를 추구하거나 기득권을 수호하려는 발상이 근절되지 않고 있다. 2005년은 삼풍백화점 붕괴사고가 발생한지 10 주기가 되는 해로서, 그동안의 사고방지를 위한 노력의 실효성과 성과를 다시 점검해 보아야 할 중요한 시점에 와있다.

삼풍백화점 붕괴사고의 경우 총체적 부실이라 하여, 많은 사고요인이 복합적으로 작용되었다고 하나, 개별 사고요인간의 상관관계나 인과관계에 대한 규명은 미흡하였던 것으로 사료된다. 또한 사고 직후에 규명된 사고의 원인들 외에도 아직 규명되지 못한 근본원인들이 빙산의 일각처럼 수면아래 도사리고 있을 수도 있다.

역사학자는 '과거를 쉽게 잊는 민족은 고난을 답습한다' 고 하였다. 과거의 사고로부터 충분히 배우지 못했다면 다시 그 대가를 치루어야 한다. 사고로 치른 손실은 사고로부터 충분한 교훈을 얻고 이를 이행했을 경우에만 유사한 사고의 재발을 막을 수 있으며, 치른 대가도 제구실을 했다고 볼 수 있다. 또한 명확한 원인의 규명이 없이 유효한 대책이 있을 수 없으며, 사고로부터 충분한 교훈을 얻는 전제조건은 사고원인의 명확한 규명을 전제로 한다.

현 시점에서 사고발생 직후의 사고원인에 대한 규명작업과 방지대책들을 되짚어보고 우리 사회가 유사한 사고발생의 원인을 제대로 치유하였는지 점검해 보는 것은 매우 의미 있는 일이라 생각된다. 본고에서는 기존에 밝혀진 삼풍백화점 붕괴사고의 원인을 다시 정리하고 재조명해 봄으로써, 사고예방에 취약했던 분야를 점검해보고, 이로부터 누락된 원인과 이에 대한 대책의 재정립 방안을 강구해 보고자 한다.

삼풍백화점 붕괴사고에 대하여 논의해야 할 분야는 예방부터 사고의 수습까지 방대한 영역이지만 본고에서는 사고발생이전까지 주로 사고의 원인과 예방을 위한 노력으로 논의의 범위를 한정하고, 사고의 원인으로는 붕괴의 직접적인 원인보다는 이러한 원인을 제공한 간접적인 요인에 비중을 두어 다루고자 한다.

이를 위하여 먼저 각 분야에서 출간된 기존의 삼풍백화점 붕괴사고 보고서에 나타난 사고원인을 안전과학에서 보편적으로 활용되고 있는 사고발생 메카니즘을 이용하여 재조명 해보고, 사고원인에 대한 분석이 미흡했던 분야를 도출해 보고자 한다. 나아가서 사고원인의 분석이 미흡했던 분야에 대한 보완책으로서 외국의 사례로부터 시사점을 도출하고, 이를 통하여 건설사업의 근원적 안전 확보 방안을 제시하고자 한다. 외국의 사례로는 10 여년 전부터 건설사업에 근원적인 안전책임체제를 시행하고 있는 영국의 사례와 일본의 건설공사현장의 사고방지를 위한 정부차원의 기본 방침 등을 고찰해 보고자 한다.

본고가 비록 시설물의 붕괴사고를 직접적인 논의의 대상으로 하나, 사고원인의 규명과 대책 방안은 모든 유형의 사고방지에도 보편적으로 적용이 가능하므로 다른 분야의 사고 방지에도 유효하며, 필자의 짧은 소견이나 오류에 대해서는 지적과 함께 지속적인 논의가 이루어지기를 기대한다.

2. 기존의 사고방지 노력의 성과와 현 수준

1) 기존의 사고방지 노력

우리나라의 사고방지에 대한 노력은 〈표 2-1〉에 정리된 바와 같이 90년대 초에 여객선 침몰, 항공기 추락 등 대형사고를 계기로 사회적인 관심과 함께, 국가적으로 강력한 노력을 기울이게 되었다. 시설물의 경우는 독립기념관 화재사고로 감사원과 관련부처에서 본격적으로 부실방지를 위한 노력을 기울이기 시작하였으며, 성수대교 붕괴 및 삼풍백화점 붕괴사고는 기존의 각종 제도를 정비하거나 새로운 제도를 도입, 시행하는 계기로 작용하였다.

이후에도 지속적으로 건설관련 부실방지를 위한 대책이 수립되었으며, 토론회 등이 개최되었다. 범정부차원에서는 국무총리실 안전관리심의관실 등에서 안전관련 문제를 종합적으로 다루고자 하였으며, 부분적으로 기업규제완화차원에서 느슨해진 경우도 있었다. 이러한 노력은 최근에 감사원의 부실방지백서[23]로 종합되었다.

이와 같이 국가차원의 안전수준의 개선을 위한 노력으로 감시, 감독기능이 강화되어 왔다. 이러한 건설공사의 사업추진 단계별 원인과 정부의 정책 및 제도개선 노력은 최근에

23) 감사원, 부실공사 방지 관련 제도개선 백서, 2001

종합적으로 다시 재정리 되었음에도 불구하고[24], 자본주의 사회의 근본 속성인 생산성 위주의 경쟁을 기초로 한 이윤 추구와 건설저가입찰과 같은 건설산업 본연의 수주행태 등에 따른 부실 위험은 여전히 상존하고 있다.

〈표 2-1〉 주요 붕괴사고 및 대형사고 일지

발생일	사고개요	인명손실
1970. 4. 8	서울 와우아파트 붕괴	사망 33명
1981. 4. 8	서울 현저동 지하철공사장 붕괴	사망 10명, 부상 42명
1983. 6.13	대구 금호대교 교각 붕괴	사망 2명, 부상 4명
1989. 4. 8	서울올림픽대교 건설공사중 접속교 붕괴	사망 1명, 부상 2명
1991. 3.26	팔당대교 중앙탑 4개중 1개균열로 공사재중단	
1992. 7.30	경남 남해군 창선대교 붕괴	
1992. 7.31	신행주대교 붕괴	
1993. 1. 7	청주 우암상가아파트 붕괴	사망 28명, 부상 48명
1993. 4.11	제주도 추자교 붕괴	사망 2명
1993. 11. 4	경남 함양군 읍정교 신축중 붕괴	사망 3명, 부상 2명
1994. 3. 8	서울 강동구 고덕동 빗물펌프장 2층 천장 붕괴	사망 2명, 부상 8명
1994. 5.23	경기도 고양시 행신동 시영아파트 공사장에서타워크레인 붕괴	사망 3명
1994.10.21	서울 성수대교 붕괴	사망 32명
1995. 4.28	대구 지하철공사장 도시가스 폭발	사망 100명, 부상 43명
1995. 6.29	서울 삼풍백화점 붕괴	사망 502, 부상 937명, 실종 6명
1998.10.29	부산 냉동창고 화재	사망27명, 부상 9명
1999. 6.30	경기 화성군 씨랜드 청소년수련원 화재	사망 23명
2003. 2.18	대구 지하철 화재	사망 192명, 부상 20명

이와 같이 건설사업의 부실방지를 위한 대책이 정부차원에서는 국무총리실, 건설교통부, 감사원 등에서 수백 건 이상이 과제로 채택되었으며, 민간차원에서도 대책이 건의되어 기존의 법령이 정비되거나 시설물 안전관리에 특별법과 같은 새로운 법령의 제정이 이루어졌다. 이러한 대책중의 일부는 지금도 진행 중이지만, 다수의 전문가는 기존의 제도가 제도로서의 한계를 가지고 있는 것처럼 안전이 확보되었다고 쉽게 인정하지 못하고 있는 것이 현실로서, 단순하면서도 실효성 있는 근본적인 시스템의 구축이 요구되고 있다.

24) 건설교통부 기술안전국, 건설공사 부실방지종합대책, 2000.12.

시설물과 관련된 안전관리체제는 개별 시설물 차원과 이를 규제하고 있는 국가 차원의 시스템으로 나누어 각각의 실효성을 고찰한 필요가 있으며, 특히 건설산업의 경우 다수의 이해 당사자가 참여하며 건설물은 이들 이해당사자의 상호작용의 결과물이라고 할 수 있으므로, 시공자이외의 의사결정에 관여하는 모든 참여자와 이해당사의 역할 책임을 재정립할 필요가 있다.

2) 우리 사회의 안전수준

목표를 달성하기 위해서 먼저 알아야 할 두 가지 조건중 하나는 현재의 위치를 알고 있어야 한다는 것이며, 다른 하나는 도달하고자 목적지가 분명해야 한다는 것이다. 따라서 본고에서는 본격적인 삼풍백화점 붕괴사고의 논의에 앞서 우리 사회의 현재의 안전수준을 가늠해 볼 수 있는 척도로서, 일상생활, 생산현장 및 행정 차원의 세 분야에 대표적인 사고지표를 선정하여 알아보고자 한다. 먼저 일상생활의 안전수준을 나타내는 지표로는 교통사고 통계를, 생산현장의 안전수준으로는 산업안전 분야 통계를, 그리고 정부의 안전수준을 나타내는 지표로는 공무원의 청렴도를 나타내는 부패지수를 통해서 우리 사회의 안전도를 점검해 보고자 한다.

가. 일상생활의 교통안전 수준

안전의식이나 태도가 일상생활에 배어들어 있는 상태를 안전문화라고 할 때, 안전문화의 수준을 가장 잘 나타내는 지표중의 하나가 교통사고 관련 통계다. 최근 10년간의 교통사고 발생추이를 살펴보면, 〈표 2-2〉와 같이 자동차 보유대수의 꾸준한 증가에도 불구하고 사고 발생건수는 전반적으로 감소 추세에 있어, 자동차 100대당 사고발생건수 및 부상자수, 1,000대당 사망자수 등은 지속적으로 감소하였다. 1994년도와 2004년도를 비교하면 위 세 가지 지표는 모두 절반에서 1/3 수준으로 감소하여, 자동차의 성능, 도로시설 개선 등의 요인도 있겠으나 안전수준에는 전반적인 개선이 있었다고 사료된다.

〈표 2-2〉 최근 10년간 교통사고 발생 추이

년도	1994	1995	1996	1997	1998	1999
자동차 보유대수	7,404,304	8,468,901	9,553,092	10,413,427	10,469,599	11,163,748
교통사고건수	266,107	248,865	265,052	246,452	239,721	275,938
100대당 발생건수	3.59	2.94	2.77	2.37	2.29	2.47
사망자수	10,087	10,323	12,653	11,603	9,057	9,353
1,000대당 사망자수	1.36	1.22	1.32	1.11	0.87	0.84
부상자수	350,982	331,747	355,962	343,159	340,564	402,967
100대당 부상자수	4.74	3.92	3.73	3.30	3.25	3.61
년도	2000	2001	2002	2003	2004	
자동차 보유대수	12,059,276	12,914,115	13,949,440	14,586,795	14,934,092	
교통사고건수	290,481	260,579	230,953	240,832	220,755	
100대당 발생건수	2.41	2.02	1.66	1.65	1.48	
사망자수	10,236	8,097	7,224	7,212	6,563	
1000대당 사망자수	0.85	0.63	0.52	0.49	0.44	
부상자수	426,984	386,539	348,184	376,503	346,987	
100대당 부상자수	3.54	2.99	2.50	2.58	2.32	

이러한 개선에도 불구하고 우리나라의 최근 교통사고 지표를 외국과 비교하면 아직도 개선의 여지가 많음을 알 수 있다. 2001년도 기준으로 우리나라 교통사고 통계를 주요 국가들과 비교해보면 〈표 2-3〉과 같이 비교 대상국가들 보다 차량 10만 대당 발생건수는 2배 이상, 만 대당 사망자수는 3-5배, 10만대 당 부상자수도 2-3배 수준에 있다. 운전습관은 그 나라의 국민성과도 밀접한 관련이 있겠으나, 지표상으로 우리나라의 경우 일상생활에서 비교대상 국가들에 비해 교통사고를 당할 위험이 3배 이상 높다고 할 수 있다.

〈표 2-3〉 교통사고 수준의 국제비교(2001)[25]

건수 \ 국가명		한 국	미 국	일 본	영 국
자동차보유대수 (대)		12,879,661	216,327,092	73,546,840	28,865,400
교 통 사 고 건 수 (건)		260,579	2,040,795	947,169	229,014
100대당발생건수 (건)		2,02	0.94	1.29	0.79
사 망 자 수 (명)		8,097	42,116	10,060	3,450
만대당 사망자 수 (명)		6.29	1.95	1.37	1.20
부 상 자 수 (명)		386,539	3,033,000	1,180,955	309,859
100대당 부상자 수 (명)		3.00	1.400	1.61	1.07
연간 총주행거리(억km)		2,739	44,609	7,908	4,689
1대당 1일 평균 주행거리(km)		58,2	56.5	25.5	44.5
1억 주행 거리당	사고건수(건)	95.2	45.8	119.8	48.8
	사 망 자(명)	3	0.9	1.3	0.7
	부 상 자(명)	141.2	68	149.3	66.1

나. 일터의 안전수준

생산현장의 안전수준을 나타내는 지표는 산업안전관련 통계로서, 국가차원에서 다양한 지표가 생산 및 관리되고 있다. 삼풍백화점 붕괴사고의 사망자 직업별 분포를 보면 전체사망자 502명 중 정식직원, 파견 직원 및 아르바이트생이 306명[26]으로 60%이상을 차지한 산재사고였다.

[그림 2-1]은 '80년대 중반부터 최근까지 발생한 산업재해 지표중 재해율, 강도율, 사망만인률, 도수율을 하나의 그림에 나타낸 것으로, 산재발생 빈도를 나타내는 재해율과 도수율은 '98년도 이후 감소추세가 정체되고 있으며, 사망만인률은 기복이 있으나 '80년대 말과 비슷한 수준을 유지하고 있다. 여기서 사망재해가 일반재해와 비슷한 수준으로 감소하지 않은 이유로 재해율은 산재처리를 기피하여 수치적으로만 낮아진 측면이 큰 것으로 추정되며, 현재의 재해율은 실질적인 산업현장의 안전수준을 정확히 반영하지 못하고 있다고 볼 수있다.

[그림 2-1] 우리나라의 최근 산업재해 발생 추이

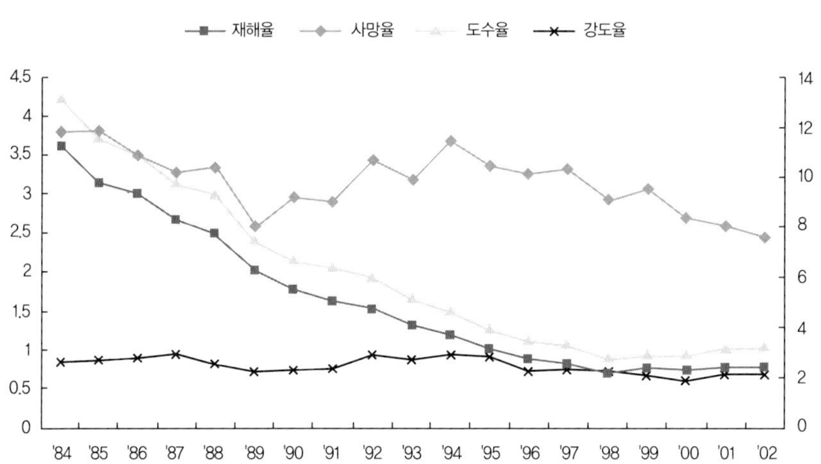

25) http://www.kotsa.or.kr(교통안전공단)의 자료를 재가공 하였음.

26) 서울시, 삼풍백화점 붕괴사고 백서, 1996. 6, p.81.

생산현장의 안전수준을 나타내는 산업안전통계는 국가마다 정부의 책무로 철저하게 관리하고 있어 국가간 비교가 가능하다. 산업안전 통계중 국가간에 유사한 방식으로 산정되는 지표가 근로자 만인당 사망자수를 나타내는 사망만인율과 사고의 경중을 나타내는 지표로 강도율이 있다.

먼지 2001년노의 각국의 사망만인률을 보면 [그림 2-2]와 같이 우리나라의 1.48에 비해 가장 낮은 영국은 0.08로서, 우리나라는 영국의 18.5배에 달하고 있다.

[그림 2-2] 주요 국가의 산재 사망만인률(2001)

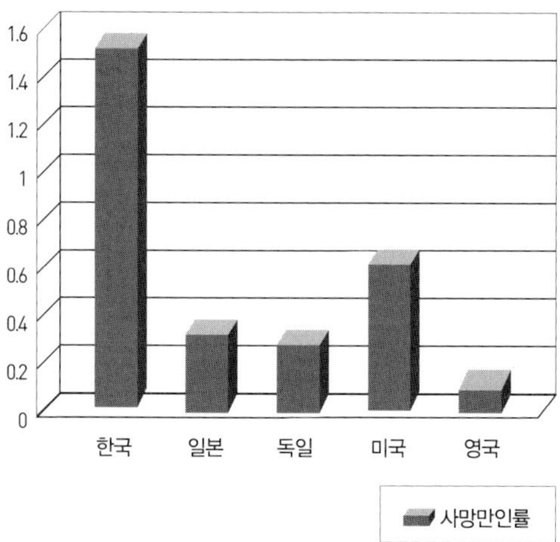

사망만인율이 비교 대상 국가와 유사한 수준에 도달하는데 소요되는 기간을 추정해보면, 〈표 2-4〉와 같이 우리나라가 2001년도에 달성한 1.48은 일본이 1975년에 달성한 1.02보다 높은 수치로서 30여년의 격차가 있다. 사고율이 낮을수록 감소시키기가 더 어려운 점을 감안한다면, 우리나라의 현 주준을 선진국 수순으로 끌어올리는 데는 상당한 시일이 소요될 것이다.

〈표 2-4〉 한국과 일본의 사망만인률 비교

한국		일본	
년도	사망만인율	년도	사망만인율
'65	8.99	'55	4.31
'70	8.29	'60	3.32
'75	5.48	'63	2.77
'85	3.82	'75	1.02
'90	2.96	'80	0.76
'95	3.27	'90	0.53
'98	2.92	'97	0.39
'01	1.48	'01	0.33

산업재해 지표중 강도율은 근로시간 1,000시간당 재해로 인한 손실일수를 나타내는데, 근로손실일수를 연근로시간으로 나눈 값에 1,000을 곱한 수치로서, 산업재해로 인한 손실의 강도를 나타낸다. 미국과 우리나라의 강도율을 비교하면 〈표 2-5〉와 같이 우리나라가 최근에 달성한 2.0대는 미국이 1930년에 달성한 1.97과 비슷한 수준으로서, 70여년의 격차를 보이고 있다.

〈표 2-5〉 미국과 우리나라의 강도율 비교

한국		미국	
년도	강도율	년도	강도율
'90	2.16	'26	2.5
'95	2.10	'29	2.25
'96	2.19	'30	1.97
'97	2.32	'40	1.44
'98	2.29	'50	0.94
'00	1.88	'60	0.73
'03	2.35	'70	0.67

사망만인률과 강도율의 경우 선진국과 30년에서 70여년의 격차가 있는 셈이며, 수치가 낮을수록 달성하기가 어렵다는 점을 감안한다면, 선진국의 수준에 이르는 데는 앞으로도 상당한 시간이 소요될 것임을 예상할 수 있다.

다. 정부 행정의 안전도

부패는 정상적인 과정을 기피한 비정상적인 업무처리로서 사고원인의 근원으로 작용하게 된다. 부패는 부실의 근원으로서, 사고의 직접원인에 대한 근본원인에 해당한다. 최근에 부패방지위에서 조사한 결과를 보면 정부 중앙부처의 검사, 점검업무와 지방자치단체의 공사계약 건설업 등록, 주택인허가 업무는 여전히 부패에 취약한 분야로 꼽히고 있다.[27]

최근 경제정의실천연합회에서 조사한 결과에서도 건설분야의 부패는 여전히 심각한

27) 부패방지위원회, 정부부처-공공기관-지자체 청렴도 조사, 동아일보, 제26085호, 2005.6.3.

수준으로 조사되었다. 문민정부 출범이후 12년간 뇌물사건 보도내용을 조사한 결과, 뇌물사건중 건설부문이 차자하는 비중이 건수로는 55.3%, 명수로는 64.2%를 차지한 것으로 나타났다.[28]

또한 우리나라 국민 10명중 3명 가량은 건설·건축분야의 부패를 가장 심각하게 생각하고 있는 것으로 조사됐나. 부패방지위원회가 지난해 말 경기도내 시민 500명과 공무원 300명 등 총 800명을 대상으로 '부패실태 및 유발요인' 설문조사를 실시한 결과, 전체 응답자의 27.6%가 건설·건축분야를 부패 1순위로 응답한 것으로 나타났다.

이와 같이 우리 사회는 아직도 일상생활, 일터, 정부행정 차원 등에서 개선의 여지가 크며, 사회 전반에 걸쳐 안전한 나라를 만들기 위한 국가적인 노력이 경주되어야 하며, 특히 건설분야의 경우는 투명성의 확보가 더욱 절실히 요구되고 있다.

라. 안전수준 개선의 원동력; 위험에 대한 인식 수준

안전수준 개선의 동인은 위험에 대한 인식에서 비롯되며, 위험수준에 대한 인식 정도는 그 사회나 개인의 안전수준과 비례한다. 어느 해외 입찰장에서 벌어진 일로서, 안전의식 수준의 격차가 어떻게 나타나는지를 보여주는 사례이다. 우리나라의 기업과 외국의 기업들이 입찰에 참여하는 과정에서 한국의 모기업 담당임원이 서류순서가 바뀐 것을 발견하고 서류철이 된 스테이플러 철심을 이빨로 뜯는 장면을 목격한 원청기업의 경영주가 즉시 이 기업을 서류심사도 하지 않고 입찰장소에서 퇴장시켰다. 퇴장시킨 사유는 경영주의 안전의식이 없기 때문에 그 기업에 물품제작을 맡겨도 근로자의 안전관리가 소홀할 뿐 아니라 불량제품이 납품될 것이기 때문에 결국 원청기업에도 손실을 미칠 것이기 때문이라고 해명하였다는 사례가 있다.

28) 뇌물은 구속 불구속 시점의 혐의와 법원의 추징액을 근거로 산출한 결과 총 1383억4000만원으로 이 중 건설 부문은 43.4%인 546억2900만원이었다. 건설 종류별로 살펴보면 뇌물을 받은 사람 673명 중 42.5%가 정부 지자체 공기업이 발주한 공공시설이었으며 뇌물액도 211억3700만원으로 가장 많았다. 이어 아파트 건설과 관련한 사람이 19.6%였다. 소속별로는 50.7%가 지자체 소속 공무원으로 분석됐으며 중앙 부처 소속이 11.9%로 뒤를 이었다. 직급으로는 국장급(3급) 이상 고위공직자가 23.3%나 차지했다.(http://www.auric.or.kr/)

또 하나의 사례로 1995년도에 국내 업체가 괌에서 공사를 하던 중 용접공이 1명이 추락하여 사망한 사고로 수주금액 650만 달러보다 많은 826만 달러의 과태료를 부과 받았으며, 소송을 통하여 안전보건프로그램의 이행을 약속하고 과태료를 185만 달러로 경감 받은 사례가 있다.

필자는 10여 년 전에 독일에서 자문역으로 파견된 안전전문가와 상위건설업체의 대단위 건설현장을 방문한 적이 있었는데, 그 당시 우리 시각으로는 이 현장이 비교적 안전수준이 높았던 대형 현장이었음에도 불구하고 이 자문역은 현장입구에 도착하자 현장에 입장을 거부하였는데, 이유를 물어본 즉 현장의 상황이 매우 위험하여 들어갈 수 없다고 하였다.

이와 같이 안전수준이 낮을수록 비정상적인 상태가 정상상태로 오인될 수 있으며, 극단적으로는 위험사회에서는 이러한 행태가 도리어 장하고 용감한 일로 치부될 수도 있는 바, 과연 우리 사회의 현재 수준이 어느 정도인지 가늠해 볼 필요가 있다. 건설산업도 우리 사회의 한 단면으로서 사회적 안전수준의 범주를 벗어날 수 없으며, 단지 건설물이 만인을 담는 그릇이기 때문에 사회적 책임과 규제가 많다는 차이가 있을 뿐이기 때문이다. 이상의 안전지표는 우리 사회의 안전에 대한 인식수준이 반영된 것으로서, 안전의식의 제고로부터 개선의 여지가 많음을 시사해주고 있다.

3) 정부 안전관리 종합대책의 최근 방향

최근의 국무총리실 안전관리 종합대책 보고서[29]에 천명된 정부의 안전관리 종합대책의 방향을 보면, 기존의 문제대응 방식에서 가치관의 변화와 새로운 윤리규범으로 국민적 참여를 통한 안전문화의 중요성을 강조하여, 근원적인 접근방식을 천명하고 있는 것은 진일보한 변화로 생각된다. 이 보고서상의 구체적인 내용은 다음과 같다.

29) 안전관리대책기획단, 국무총리실 안전관리 종합대책 보고서, 2000. 9.

(1) 가치관의 변화와 새로운 윤리규범

현대문명은 산업사회를 탄생시켰으며 시민사회로 발전하였다. 이같은 산업사회를 구성하고 운영하는 사회의 기본이 되는 가치관과 윤리관은 전통사회의 가치관과 윤리관과는 크게 다르다.

현대산업 이전사회에 있어서의 가치관과 윤리관은 인간과 자연 그리고 인간과 인간관계에 기초했으나, 현대산업사회의 기초는 기계와 인간의 관계라는 새로운 사회적 구성요건을 탄생시켰다. 따라서 인간은 기계문명을 수용할 수 있는 새로운 가치관과 윤리강령을 만들었다. 기계문명의 발달에 의한 이와 같은 윤리강령은 이제까지 인간활동의 기준이었던 인간척도를 초월하는 기계척도를 뜻하며 행동원리가 여기에 수반되어야 하는 것이다. 기계문명을 고도로 발전시킨 사회적 가치관은 합리주의로서 인간성을 배제하는 물질주의 사상을 발생시켰으며, 물성을 인간생활에 활용하는 것을 원칙으로 하고 있다.

이같은 산업문명의 발달은 우리에게 풍요로운 물자소비와 자유로운 활동수단을 주었으나, 풍요 속에서 오는 역기능으로 인간생활을 저해하는 인위재난을 관리하여야 하는 과제를 안겨주었다. 그러나, 우리는 이 새로운 과제를 감당할 수 있는 규범을 아직 체질화하지 못한 실정이다. 따라서 우리는 인간척도와는 차원이 다른 산업환경을 관리할 수 있고 우리 국민이 수용할 수 있는 새로운 제도를 체질화하도록 해야 한다.

(2) 안전문화와 새로운 가치관의 패러다임

문화는 인간이 창조하는 지혜이며, 인간의 욕구는 끊임없이 새로운 과제를 찾아내어 관계를 정립하고 생활의 일부로 받아들일 때 문화 그 자체로 발전된다. 인간관계가 지속되는 바탕은 믿음이다. 그러므로 협업사회는 서로가 믿음을 통해 협업이 이루어진다.

오늘날의 풍요로운 물질문명 사회가 우리의 삶을 풍요롭게 하는 반면, 우리는 반드시 지켜야 할 생활규범을 성실하고 정확하게 이행하여야 한다. 따라서 흐트러진 행동과 약속을 제대로 안 지키는 신용이 낮은 시민들은 산업 사회를 재난 없이 운영할 수 없다. 이 같은 맥락에서 볼 때 우리의 안전문화 발전 대책은 당연히 역사의 흐름을 정확히 인식하여 마련되어야 한다. 그 이유는 새 천년 열린 사회의 패러다임이 서로를 믿을 수 있는 신용 그 자체가 가치척도가 된다는 사실이다. 수 백년간 산업사회를 이끌어온 가치관과 윤리규범으로는 지식정보산업이 지배하는 열린사회를 제대로 운영 할 수 없어 새로운 가치관과 규범으로 대처해야만 하기 때문이다. 새 천년 열린사회는 문화가 지배하는 산업사회를 지향하고 있으며 이 같은 흐름을 수용하려는 노력의 일환으로 새로운 패러다임을 정립하려는 과정이라 할 수 있다. 「안전한 사회」로 발전할 수 있는 가장 필수적인 조건은 구성원간의 신뢰성 구축이다. 우리나라는 현재 고도의 분업조직으로 비대 성장하였다.

정부 역시 이와 같은 사회구조 변화에 부응하여야 한다는 행정관료들의 주장 속에서 기능의 분업화는 이루어졌으나, 기능간의 협업노력을 하지 못하고 있다. 단지 부처 이익의 대변을 위한 또는 기득권의 수호 차원에서 수많은 제도만을 양산하는 우를 범한 것이다. 이는 마치 머리만 굴리는 성실성 없는 숙련공의 작업 모습과도 같다. 이 같은 사회분위기가 팽배하여 우리나라는 약 15,000종의 직종으로 선진국과 같은 고도의 분업사회로 구성되었으나, 집 한 채 성실하게 짓지 못하고 튼튼한 교량 하나 건설하지 못하는 아주 낙후된 협업문화를 가지고 있다.

고도산업 사회는 안전문화가 지탱해야 하나 서로 믿지 못하여 협업이 제대로 안되며, 시민의 불신풍조가 안전문화 발전을 저해하고 있다. 이 같은 시민의 정서를 개선할 수 있는 대책마련이 시급하며, 그 바탕 위에서 안전관리 제도의 개선대책을 실행하여야만 안전사고를 줄일 수 있다.

(3) 안전대책은 국민적 과제

우리나라는 빠른 산업화를 통해 괄목할만한 경제성장을 이룩하였다. 그러나 믿음을 바탕으로 하는 사회환경을 만들지 못하여 시민들은 충분히 마음을 열지 못하는 사회가 되기도 하였다.

이러한 사회의 특징은 인간을 도외시하는 분위기가 지배하며 안전을 경시하는 위험한 사회가 되는 것이다. 급기야는 「안전불감증」이 도처에 만연하게 된다. 그러므로 정부로서는 사회 곳곳에 산재된 불안한 위험요소들을 제거하는 국민적 운동을 하루속히 시작하여야 한다.

그러나 정부가 이러한 모든 위험요소들을 발벗고 나서서 해결하기에는 우리 사회 구조가 너무 고도화 되었고 다양해졌다. 결국 의식있는 시민 한 사람 한 사람이 스스로 이러한 위험요소를 제거하는데 앞장서야 한다. 특히 중앙정부와 지방자치단체 그리고 기업과 시민 모두의 노력을 결집하여 협력해야만이 오늘날 우리가 처한 안전불감증을 효과적으로, 신속하게 개선할 수 있다.

우리나라의 경우 정부가 해야 할 일은 많지만 최우선적이고 중요한 과제로는

첫째, 엄격한 법 집행이다. 교통이나 부실공사 등의 사고는 정부의 허술한 법과 규정 관리가 큰 원인이 되고 있다.

둘째, 어설픈 분업조직으로 기득권 세력을 키워 변화에 저항하는 일부 집단이기주의를 가차없이 극복해 내야 한다.

셋째, 변화에 적극 동참하는 의식 있는 시민들에 대한 사회적 인정을 크게 높이는 제도의 마련이다.

그래야만 우리 정부가 작은 정부가 되고 신뢰받는 정부가 된다. 작은 정부, 신뢰받는 정부가 되기 위해서는 정부가 하는 일을 맡아 처리할 수 있는 시민참여가 우선적이다. 이와 같은 사회발전과제의 추진은 높은 정치적 이상과 구호만 앞세운 교도적 시민집회로는 이룰 수 없다. 적어도 영국의 블레어 총리가 선언한 영국의 개혁방향에서 보듯이, 상식적 혁명 즉, "상식이 통하는 정치", "피부에 와 닿는 행정". "정직하고 근면한 시민"이 다같이 공동목표를 향해 노력할 때만이 가능한 것이다.

분야별로 전문화된 분업의 시대의 전제조건은 상호 신뢰에 있으며, 다수의 안전이 소수에 의해 좌우되는 현대산업사회에서는 개인 모두가 각자의 역할을 충실히 이행하게 하여야 하는 바, 이상에서 천명된 방침은 고무적이다. 그러나 제시된 3대 과제중 엄격한 법 집행의 전제조건은 벌칙 이전에 엄정하고 공정한 책임체제가 정립되고 이에 따라 벌칙기준이 마련되어야 함에도 책임체제의 정립, 즉 핵심 요건에 대한 천명이 없으며, 국가적 과제로 중앙정부, 지방자치단체, 국민이 함께 나서야 한다면, 그 구심점에 불을 지피는 정책적 조치는 아직 일반 국민의 피부에 와 닿지 않고 있는 것으로 보인다.

4) 안전수준 개선의 목표

이상에서 고찰한 바와 같이 우리 사회의 안전수준은 선진국의 안전수준과는 아직도 상당한 격차가 있다. 최근의 사회적 안전을 나타내는 용어로 안전문화가 많이 거론되고 있는데, 안전문화는 글자 그대로 일상생활에 안전이 배어 있는 상태로서 안전의식, 생활습관, 태도 등을 포괄하고 있다. 앞의 사례에서와 같이 우리의 일상생활에서 낮은 안전문화 수준으로 아직도 매우 위험한 행동이나 상황이 당연하거나 용감한 일로 간과되고 있지는 않은지 돌아보아야 할 것이다.

궁극적으로 안전한 사회란 일터, 교통, 일상의 생활 모든 분야에 걸쳐서 불안전한 상태가 없어야 하며 무의식적으로 행동해도 사고의 위험이 없는 사회를 말한다. 안전수준의 개선을 위해서는 이러한 안전한 사회에 대한 필요성의 인식이 선행하며, 사회 구성원 모두가 이러한 필요성을 지속적으로 추구해 나갈 때 안전수준의 개선이 이루어지며 이러한 개선의 결과가 삶의 일부인 안전문화로 나타날 것이다. 본고의 취지인 시설물의 안전 확보의 궁극적인 목표도 이와 같은 무의식 상태에서 저절로 달성될 수 있도록 일상생활에 내재화되는 것이다.

3. 건축물 안전의 요소와 사고원인 분석의 틀

1) 사고의 정의

안전이란 개념은 다양하게 정의되고 있으나, 사고의 반대 개념으로서 사고로부터의 자유를 의미하며, 기본전제는 인간을 중심으로 생각한다는 것이다. 예를 들면 하나의 건물에 화재가 발생했다고 하여도 그곳이 사람이 살지 않는 폐옥이었다면 아무런 피해도 없고, 안전하지도 위험하지도 않다. 즉, 안전이란 피해를 받는 존재가 있어야만 문제가 된다. 또, 물리적 법칙 이외의 현상도 안전의 문제를 크게 좌우한다. 예를 들면, 고층건물 내에서 연기의 유동은 각 실의 문 개폐상태에 따라 변화하는데, 문의 개폐상태는 자동화되어 있지 않은 경우 사람이 닫았는가라는 물리법칙에서는 미치기 어려운 현상에 의존하고 있다. 따라서 안전문제는 물리적 현상으로서의 닫힌 시스템이 아니라 인적 요인과 사회적 요인이 복합적으로 작용하는 열린 시스템으로 파악되어야 한다.

안전의 개념과 마찬가지로 사고에 대해서도 여러 가지 정의가 있을 수 있다. 사회적 안전의식이나 안전수준이 낮을수록 작은 사고나 위험은 대수롭지 않게 간주되는 경향이 있으며, 사고에 대한 정의도 개인이나 사회적 차원에서 다른 수준으로 받아들여지고 있다. 우리는 이제까지 사고를 육안으로 볼 수 있는 붕괴와 같은 외형적 사고만을 사고로 간주해 왔다. 사고와 사건을 구분하는 가장 큰 특징은 사건의 급작성과 – 계획되지 않았으며 원하지 않았고 예상할 수 없었던 – 시스템의 상태나 기능에 대한 손상을 초래한다는데 있다.

이러한 관점에서 시설물의 사고도 구현된 시스템이 시방과 상이하거나 설계가 기대했던 것과 일치하지 않은 모든 것들이 사고로 간주되어야 한다. 이러한 차원에서 우리는 이제까지 수많은 사고를 직접적인 피해가 없다는 이유로 간과하여 왔다고 볼 수 있다. 앞으로는 불안전한 조건에서 발생한 '기대했던 안정된 상태와 일치하지 않는 거동' 또는 '보수가 필요한 상태 또는 완전한 시스템으로서 기대할 수 있는 성능을 발휘하지 못하는 모든 상태' 는 사고로 정의되어야 한다. 피터 드러커 교수의 말처럼 사고는 ' 안전규칙을 위반한 것 '으로 정의되고 받아들여질 때 진정한 안전이 확보된 수준으로 볼 수 있을 것이다.

이장에서는 삼풍백화점 붕괴사고의 원인에 대한 본격적인 논의를 위한 예비적 고찰로서 사고발생이론의 틀을 이용한 사고원인 접근방법에 대하여 고찰하고자 한다.

2) 건축물 안전의 요소

토목이나 건축분야를 불문하고 시설물은 인간의 삶을 담는 그릇으로서 공통점을 가지며, 단지 사회기반시설인 토목구조물은 불특정 다수를 대상으로 하며, 건축물의 경우는 용도에 따라 이용자가 제한적이라는 점만이 다르다. 따라서 이하에서 사용하는 용어로서 건설상품이나 시설물을 건축 및 토목 구조물을 포괄하는 용어로 사용하며, 건축분야에 국한할 경우는 건축물이나 건축분야로 기술하고자 하나, 근본적으로 동일한 속성을 가진 것으로 간주한다.

건축물은 환경의 급격한 변화로부터 인간을 보호하기 위한 피난처의 역할로부터 비롯되었으며, 인간의 활동을 유지시키는 생산, 휴식 등에 필요한 공간을 제공하는 가장 기본적인 기능을 담당하고 있다. 그러나 오늘날과 같이 고밀화된 고도산업사회의 건축물의 규모는 대형화, 기능은 집중화, 고도화 되었으며, 건축물의 기능유지를 위해 다양한 에너지를 대량으로 사용하게 됨에 따라 건축물 자체가 외적환경으로서 인간에게 위험요인으로 작용하기에 이르렀다.

건축물이 구비하여야 할 보편적 가치로는 [그림 3-1]과 같이 구조(안전성), 기능(환경조절) 및 미(예술적 가치)를 꼽고 있으며, 이 세 가지 요소는 이 순서에 따라 우선시 되어야 한다. 삼풍백화점의 경우는 기능이나 미를 우선하여 구조 즉 안전성을 훼손시켜 발생한 사고라 할 수 있다.

[그림 3-1] 건축물의 3요소

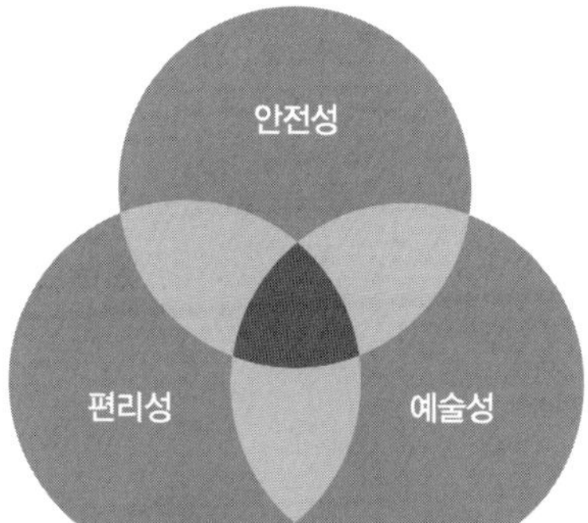

[그림 3-2] 시설물 안전확보의 세 주체

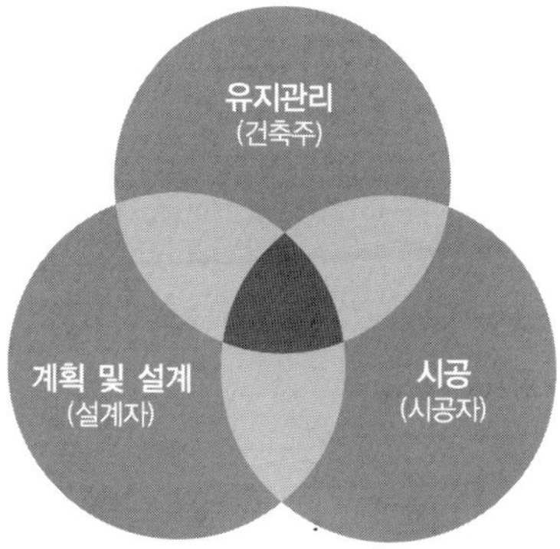

건축물 자체가 갖추어야 할 가장 중요한 요건은 구조적 안전성이지만 편리성이나 예술성 등 모든 요건의 유지를 위해서는 [그림 3-2]에 나타낸 바와 같이 유지관리의 책임이 있는 발주자/건축주, 계획 및 설계를 담당하는 설계자와 시공자 모두가 각자의 역할에 충실하여야 한다.

현대의 안전대책이 직면한 문제점으로는 도시공간 발달, 비효율적인 안전투자, 안전시설의 다중화 및 복잡성 증대, 안전의 사회적 경직성, 시민 입장의 안전유지 형태 변화와 타율성 증가 및 사회적 비용 증가 등이 거론되고 있다. 사고의 원인이 하나뿐인 경우도 있지만 대부분의 사고는 여러 가지 조건 즉 오류, 간과, 오해, 무지, 무능력 등의 중첩에서 발생한다. 비록 원인이 하나라 하더라도 그 한 원인에서조차 몇 가지 요인이 상호 연관성이 있음을 알 수 있다. 건축물의 안전문제도 닫힌 시스템으로서 구조, 설비 등의 물리현상과 인적 요인과 사회적 요인이 복합적으로 작용하는 열린 시스템으로 파악되어야 한다.

건축물의 안전대책은 건축법규에 의한 건축물 개체에 대한 대책과 사회적 대책으로 구분할 수 있으며, 이러한 대책은 다시 건축물의 생애주기별 즉, 건축단계별 안전대책과 대상별 안전대책으로 구분할 수 있다. 건축물 안전의 요건과 유지기구로서 사회적 안전대책에는 사회적 이념 및 사회적 필요성, 행정 및 안전관련 제반 제도, 건설기술, 기초연구 및 설계계획 등, 생활 및 사회 등의 요소가 있으며, 건축단계별로는 기획, 설계, 감리 및 시공, 유지관리 단계로 구분할 수 있다. 또한 대상별로는 건축물 자체, 건축기술, 기술자와 기술단체, 건축주와 관리자, 공공기관, 이용자 등의 역할이 요구되며, 이하에서는 각각의 요인에 대하여 알아보고자 한다.[30]

가. 사회적 안전대책

건축물의 안전 확보 수단은 크게 건축법규나 건설관련 법규에 의한 건축물 자체의 안전성 확보와 건축물 이외의 다른 수단으로서 사회적 안전대책으로 구분할 수 있다.

(1) 건축법규에 의한 건축물의 안전성 확보

건축법은 우리나라의 건축물 형상과 유지관리에 관한 기술기준 및 절차를 규정한 법령이다. 그 내용의 대부분은 안전성과 환경보전에 의한 조항으로 구성되어 있으며, 여기에 규정되어 있는 주요 항목은 다음과 같다.

1) 구조·내력에 관한 것

: 고정·적재·풍·적설 하중, 토압, 수압, 지진, 진동, 충격 등에 대한 안전성

2) 화재대책

: 건축방화·도시방화

3) 이용상의 안전성

: 일상 사고를 막기 위한 안전기준

4) 보건 환경상의 안전성

: 채광·통풍·환기 등의 보건 기준

5) 내구성·내후성

: 건축물의 수명, 유지관리에 관한 기준

이러한 안전요건에 관한 기술수준은 국가마다 고유한 건축규정(building code)으로 가지고 있다. 그러나 건축법이 건축물의 안전성에 관한 중심적인 법규이나 건축안전을 모두 망라하고 있지는 않으며, 다른 관련법규나 설계규범에 따라 유지되는 분야도 많다. 우리나라의 경우, 최근의 보도에 의하면 건축물 관련 법령이 방대하고 복잡하여 건축물을 지으려면 16개 부처 212개 법령의 규제를 받아야 하는 것으로 보도되고 있다.[31] 궁극적으로 이러한 다원화와 복잡성의 증대 경향은 감시, 감독을 어렵게 하고 사각지대 발생의 우려가 있어, 종합적 목표달성의 실패위험을 높이는 부작용을 가져올 수 도 있다.

(2) 사회적 안전대책

건축물의 안전에 관계되는 사회적 대책은 다원적, 중추적으로서, 건축안전의 사회적 요소와 범위도 광범위 하다. 건축물 안전의 요건과 유지기구로서 사회적 안전대책의 구성요소는 사회적 이념 및 사회적 필요성, 행정 및 안전관련 제반 제도, 건설기술, 기초연구 및 설계계획 등, 생활 및 사회 등으로서, 이들의 상호관계는 [그림 3-3]과 같다. 각 요소별로 현재 우리나라에서 실시되고 있는 사회적 대책의 형태와 수준을 개괄하면 다음과 같다.

1) 사회 이념 및 사회적 필요성

생활환경의 안전에 대한 사고방식은 지역, 민족, 시대 등에 따라 상이하며, 주로 문명의 발달 수준과 같이 한다고 볼 수 있다. 그 실체는 그 나라, 민족 고유의 생활, 생활 가치관, 사회적 가치관에 투영되어 있다. 우리나라의 경우 안전은 국가적 정책 목표나 통일적인 사회이념으로서 정착되어 가는 단계로 파악된다. 그러나 아직 사회적 안전이념이 확고하게 뿌리내리지 못한 상태에서 IMF의 시련을 겪으면서, 안전규제완화의 추세 속에서 사회적 규제와 경제적 규제의 혼돈으로 안전관련 규제조차 풀리는 현상은 경계되어야 할 것이다.

30) 이하의 내용은 "建築安全論, 新建築學大系 12, 東京, 彰國社, 1983.'을 골자로 필자가 재구성하였음.

31) KBS 1TV 2005.6.9 21:00 뉴스

[그림 3-1] 건축물 안전대책의 구성요소 사이의 상호관계[32]

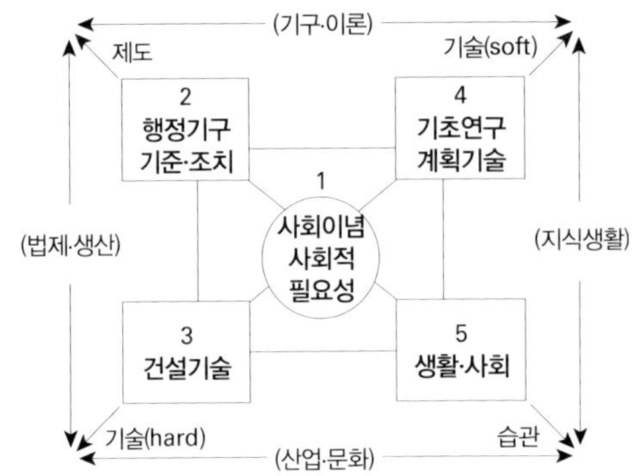

2) 행정 및 안전관련 제반 제도

우리나라는 전국적 규모로 발달된 행정기구와 집행제체가 있지만 안전을 위한 각종 법적 기술기준과 행정조치는 매우 다원화되어 있는 것으로 평가되고 있다. 건축물에 관해서는 행정이 직접 관여하는 제도로서, 건축허가 등의 수속제도, 자격제도, 재료와 부재, 건축구조, 평면계획, 설비 등에 관한 검사·검정 등의 대물적 제도가 규정되어 있다. 건축활동의 절차 전반에는 행정이 깊이 관여하고 있는데 반해 안전성의 확보에 있어서는 소홀한 감이 있으며, 특히 행정력이 모든 법령의 준수 여부를 확실하게 감독할 수 없는 상황에서 비리가 발생하거나 규제 감독의 사각지대가 발생할 가능성은 증가할 수밖에 없다.

3) 건설기술

고차원의 생활공간이나 건축물의 구현은 발달된 건설기술로 가능해졌다. 건축재료의 다양성, 품질 및 공법의 변화와 시공정도, 각종 재료 및 부재의 검정을 위한 시험기관, 건설기술자의 기능, 유통시스템 등은 현대 건축을 성립시키는 요소들로서, 이러한 생산기술과 기술관리의 수준은 건축물의 직접적 안전성을 유지하는 기본조건이다. 건설기술은 지속적으로 발전하고 있으나, 최근 조사에서도 시공기술은 국제 수준에 근접한 반면에 설계, 엔지니어링 등의 분야는 선진국에 비해 상당히 낙후된 것으로 보고되고 있다. 또한 건설재료나 구법 등 건축기술의 발전은 건축물의 대규모화나 성능향상에 기여하는 반면에 고

32) 建築安全論, 新建築學大系 12, 東京, 彰國社, 1983, p.379.

도의 기술에 따른 실패위험 또한 증가하고 있어 신중한 대응이 요구되고 있다. 예를 들면 초고층 건축이나 고강도 콘크리트의 경우 건축물의 성능 개선에 크게 기여하고 있지만, 기존의 콘크리트 강도에 비해 건축과정의 실패는 훨씬 더 위험한 상황을 초래할 수도 있다.

4) 기초연구·설계계획 기술

건축물의 평가방법, 설계방법, 계획기법 등은 안전을 종합적으로 실현시키는 기본 기술이다. 또 건축물의 안전성에 관한 계획측면, 기술측면의 기초적 연구의 누적은 안전성을 확인하고 보장하는 기본요소가 되나, 우리나라의 경우는 내진·방화의 분야뿐 만 아니라 방재에 관해서는 전반적으로 연구활동이나 기술축적이 미흡한 것으로 파악된다.

5) 생활·사회

건축물을 소유, 관리 및 이용하는 사람들과 건축물 및 생활공간과의 연계방법은 안전성을 유지하는 중요한 요소이다. 건축의 형태와 생활양식이 변화하면서 공간의 안전관리와 함께 이용자의 지식, 의식, 습관, 상식 등 지적 수준의 고도화도 생활공간의 안전성을 결정짓는 사회적 요소로 부각되고 있으나, 아직은 이러한 연계성에 대한 접근은 미흡한 것으로 보인다. 특히 건축공간의 용도가 분화, 대규모화되고, 건축주, 사용자, 임차인, 관리인 등 이해 당사자의 상호관계가 복잡해짐에 따라 일관된 책임체제의 유지가 어려운 점은 안전을 저해하는 간접적인 요인으로 중요시되어야 할 것이다.

이상의 요소들은 건축의 성립조건이고, 건축안전에 관련되는 기본적 요소이다. 이들은 사회경제 및 생산기술의 발달과 함께하나, 앞 장의 안전지표에서 비교한 바와 같이 우리나라 사회적 안전대책은 경제적 발전에 비해 사회제도적 측면이나 기술적 측면에서 개선의 여지가 많은 것으로 보여 진다. 합리적인 건축공간을 만들어내는데 개별적 대책이 어떠한 역할을 하고, 대책간의 상호 보완성은 충분한가, 대책의 전체적 균형은 잡혀있는가 등 사회적 대책의 체계를 거시적으로 평가해 볼 필요가 있다. 개별요소의 역할과 균형의 문제는 사회와 기술의 전개와 더불어 이해 당사자의 역할과 함께 계속 탐구되어야 할 사회적 과제이다. 〈표 3-1〉은 건축물의 안전에 관계되는 시회적 요소의 주요 내용을 나타낸다.

나. 대상별 안전대책

다방면에서 건축물에 대한 안전대책이 실시되고 있는데, 법제도와 행정조치가 무엇을 대상으로 하여 안전을 유지하려 하는가는 대책을 구분하는 유용한 척도가 된다. 건축물의 안전 확보를 위한 조치를 대상별로 구분하면, 건축물 자체, 건축기술, 건설기술자 및 집단. 건축주와 유지관리자, 행정기관, 이용자 등이 있으며, 각각의 역할과 현 상황을 개괄하면 다음과 같다.

1) 건축물 자체에 대한 대책

건축법에서 단체규정이라 할 수 있는 건축물의 형태·구조·부재·설비·공간 구성에 관한 것이다. 건축안전은 건축물 자체의 성능에 대한 의존이 크므로 필연적으로 대물규제가 우선하는 안전대책이 된다. 현재 건축기준은 개개 구조물의 내력과 사용되는 재료의 광범위한 발달로 인하여 오늘날에는 방대한 법적 기준체계가 되고 있으며, 이 기술기준의 건축 및 도시공간의 안전에 대한 역할은 심대한 것이다. 그러나 현재 건축기술과 생활공간의 실상황에 비추어 볼 때 이들 기술체계는 극히 복잡하고 난해하며 비합리적으로 보이는 기준도 많이 지적되고 있다.

〈표 3-1〉 건축안전에 관련된 사회적 요소의 주요내용[33]

1. 사회이념·필요성	2. 행정기구·기준·제도·조치	
사회적 이념	행정기구	● 사찰제도
● 정책목표	● 건축행정·소방·경찰	● 표시공표제도
● 기술사상	● 지방자치제	● 평가제도
● 계획이념기 준	● 방재개선	
	● 실체규정(단체규정·집단규정)	조 치
사회적 필요성	● 규격(KS)	● 위반조치
● 대중적 필요성		● 사법적 조치
● 지역적 필요성	제 도	● 재해구제
● 특수한 필요성	● 인허가제도	● 방재융자
	(검사제도, 소방 등)	● 교육·계몽
	● 자격제도	
	● 인정, 검정제도	도시계획
	● 검사·점검제도	● 방화지구제

3. 건설기술	4. 기초연구·계획	5. 생활·사회
●구 법 ●재 료 ●설 비 ●시공기술 ●기술자·기능공 ●유지관리기술 ●복구기술 ●시험기관	기초연구 ●시험법 ●실험법 ●통계연구집단생활 ●재해연구 ●실태조사 응용연구 ●평가기법방범(security) ●설계방법 계획·설계 ●계획기법 ●설계기법 ●의 장	개인생활 ●생활양식(풍속·풍습·행동양식) ●생활기술(지식·도구) ●방재조직 ●지역사회조직 ●관리체제 보험 학습 기타 사회적 시스템

이러한 상황은 급성장하는 사회의 건축안전에 대한 강한 사회적 요구에 대하여 안전성능을 충분히 평가할 수 있는 기술과 연구의 발달이 생활양식이나 새로운 경향에 뒤쳐지고 있다는 지적을 받고 있다. 현 체계에 비합리적인 문제가 있다면 그것은 기술기준 그 자체에 결함이 있는 것이 아니고 현재까지 급성장을 거둔 사회전체의 문화적 소산으로서의 모순이 오늘날 노출되고 있는 것으로 보아야 한다. 최근 지속적인 개선과 안전기준의 강화로 보완되어 가고 있기는 하나, 제도적인 조치는 항상 건설산업이나 건축물의 변화 추세에 뒤쳐지는 것이 현실로서 사각지대는 항상 발생할 수 있다. 최근 건축기준의 특색인 시방기준을 종합적인 평가방법과 연계시킨 성능기준으로 전환의 필요성과, 공사 발주시에도 성능발주 방식에 대한 논의가 이루어지고 있으며, 준공된 건축물에 대한 성능평가 제도도 준비되고 있는 것은 바람직한 노력으로 평가된다.

2) 건축기술에 관한 대책

재료, 구공법, 설비에 관한 성능의 검정·검사, 또 내력과 화재 안전성의 확인을 위한 계산법, 평가방법 등에 관한 것이다. 전자는 재료공학·내진공학·방화공학의 발달에 따라

33) 전게서, p.380.

서 상당히 치밀한 내용으로 정비되고 있으며, 기본적인 것은 KS 등으로 표준화되고 있다. 후자의 계산법, 평가방법에 대해서 내진설계법 등 하드한 기술에 관한 것은 이전보다 체계화되고 있으나 방화 안전성 평가기법, 종합적인 안전설계 기법 등 소프트한 기술에 대해서는 보완의 여지가 많다. 특히 초고층 건축이나 새로운 구조형식에 대한 안전성 문제는 지속적인 연구과제로 떠오르고 있다.

3) 기술자와 기술단체에 대한 대책

국가시험에 의한 건축사제도 등 면허제도는 비교적 빨리 확립되어 건축업의 독립에 기여하였다. 예를 들면 건축사제도는 토목과 기계 등의 공공사업과 공공생산에 관계되는 다른 기술 분야인 기술자집약적인 산업과는 다르다. 건축업은 일반시민과 개개의 건축주와 개별로 대응하여 건축물을 만들어 나가는 대중적 기술로서 기술적 수준의 유지를 위해 면허제도로 규제하고 있다.

복잡화 되어가는 현대사회에서 안전하며 합리적이고 또한 쾌적한 생활공간을 창조하기 위해서는 건축산업 종사자에게 광범위한 기술적 지식과 기능, 사회적 시야의 넓은 교양을 필요로 하는데, 이러한 사회적 역할을 다할 수 있는 자질있는 건축가 및 건축기술자가 요구되고 있다. 그러나 건축물의 구축과정에 따른 다수의 역할 분담에도 불구하고 건설경기의 침체와 건축인력의 과잉이라는 이중고 속에서 건축주를 위하여 건축허가를 대행하고 있는 건축사의 종래 업역에서 설계, 구조, 설비, 시공, 감리, 안전 등 기술적 전문성에 따른 합리적인 역할 분담과 이에 따른 책임의 분담은 합리적이지 못하다. 이는 건축법과 건축사 관련 법령이 다른 제도에 비해 상대적으로 일찍 제정되어 분화된 생산체계에 대한 변화를 제대로 수용하지 못하고 있기 때문으로서, 전문적 영역사이의 역할 분담과 이에 따른 책임체제는 시급히 재정립되어야 할 과제이다.

건축전문가의 자질은 전문교육과정과 실무에서의 보수교육과정으로 구분할 수 있다. 전문교육과정은 최근 건축학 분야와 건축공학 분야로 분리하여 전문성을 높이려는 노력이 이루어지고 있는 바, 이에 따른 합리적인 역할과 책임의 분담이 필요하며, 보수교육의 경우 경제활동의 촉진을 위해 기업규제완화 차원에서 완화되기는 하였으나 더 이상의 완화는 없어야 하며, 유연한 보수교육시스템으로 의무가 아닌 필요에 의해서 전문분야에 필요한 교육을 받을 수 있게 하여야 할 것이다.

4) 건축주, 관리자에 대한 대책

건축물은 일단 완성되면 만인에게 공통되는 사회적 성격이 강하므로 건축물의 건설, 사용 및 유지관리의 전반에 걸쳐 건축주, 소유자 및 관리자에 대해서는 강한 법적규제가 따른다. 건축물의 대규모화와 복합화, 또 구분소유와 공동소유 등, 건축물의 소유형태와 관리형태가 복잡해지고 일상 안전관리와 유지관리, 사고와 재해가 발생한 경우의 책임체제 등도 복잡해져 현대건축의 안전을 위협하는 문제로 부각되고 있다. 과거 사고사례도 많았지만 최근의 조사에서도, 건축물의 사용중에 방범이나 관리상의 편의를 위한 피난로 등의 폐쇄, 실내공기의 질 등 거주자의 안전을 저해하는 요인들이 지적되고 있어, 건축물의 입체화, 공동화, 다기능화, 다용도화 등이 진행되는 현대의 건축공간에서 이러한 관리적 측면의 시스템을 합리적으로 운영되도록 제도의 틀을 마련하고 감시하여야 할 것이다.

5) 공공기관에 대한 대책

공공기관에 관한 대책은 안전과 환경보전에 관한 각 공공기관의 역할 명기와 원활하고 충분한 집행권한의 부여가 관건이다. 우리나라 행정기관은 획일적인 관리체제를 자랑하고 있지만 고도의 기술적 사무를 집행할 수 있는 능력 있는 공무원은 부족한 편으로서, 이제까지 종종 기술적 판단보다는 정책논리가 우선하는 사례를 많이 보아왔다.

한편 사회의 규모가 거대화되고 사회구조가 복잡화되면 필연적으로 행정기구도 대규모, 복잡화되어 말단으로 갈수록 대책이나 소관 부처간에 융통성과 상호협조가 잘 이루어지지 못하는 현상도 나타나고 있다. 합리적인 생활공간을 만들어나가기 위해서는 종적인 대책과 횡적인 대책의 균형과 시민과 전문가 및 기술자 사이의 의견의 수렴, 경직된 기준 운용이 아닌 유연하고 창조적인 조치를 실천하는 건축행정과 안전행정이 요구되고 있으나, 정부부처간의 조율의 실패로 감독체계의 혼선과 함께 국민의 생활에도 많은 불편을 초래하고 있는 것이 사실로서, 최근의 조사에서도 국가별 경제활동의 자유도 평가에서도 우리나라는 최하위 등급으로 평가되었다.

6) 이용자에 대한 대책

안전대책의 중요한 측면의 하나는 시민으로 하여금 공간을 안전하게 이용할 수 있는 습관과 상식을 기르는 것이나, 일반시민에 대한 대책에는 법적으로 의무적인 것은 거의 없으며, 간접적인 대책으로 화재예방운동 등의 연중행사, 대중매체를 통한 홍보활동 등이 있다. 또, 화재와 지진 등에 관한 일반적, 보편적인 지식의 공여와 지역적인 방재대책 정보의 제공 등 지역생활과 보다 광범위한 도시생활 중에서 주민과 시민이 자신의 안전을 자신의 힘으로, 또 자신들이 살아가는 곳을 자신들의 손으로 지켜갈 수 있는 방재의식의 고양을 목표로 한 광고활동도 유용한 수단으로서 이들의 활용 빈도가 증가하고 있는 것은 바람직한 현상으로 생각된다.

교육, 계몽, 훈련, 학습 등은 시민의 안전 유지력 형성의 기반으로서 중요하다. 또, 이러한 기반을 닦고, 사람들의 안전 유지력을 습관화시키기 위해서는 이용자가 공간을 알기 쉽고, 관리하기 쉬운 공간계획과 관리계획의 실현이 필요하다. 의무교육 과정에서는 시설물에 대한 사용, 피난 등 일반적인 사항에 대한 기초 교육을 통하여 이용자로서 최소한의 자기 방어와 사회적 책임을 완수할 수 있도록 하여야 한다. 나아가서 일반시민에게도 안전대책은 시민의 생활과 안전을 보장하기 위한 동시에 거주 또는 이용하는 사람들 자신도 안전확보에 크게 관여하고 있다는 것을 인식시켜야 한다.

다. 건축단계별 안전대책

건축물은 일단 완성되면 수십년, 특별한 것은 수백년이라는 긴 생애를 갖는다. 따라서 긴 생애 중에는 지진, 풍수해, 화재 등의 자연위험과 사회적 위험에 폭로되며, 이러한 위험의 제어가 안전대책의 관건으로서, 이를 건축물의 생애를 주기별로 구분하면 다음과 같다.

1) 지구지정 및 단지계획

건축물이 예정된 토지에 대해 그 토지가 안전상 어떠한 조건을 갖고 있는가를 지리, 지질, 지반적 조건 등과 과거 재해이력, 일반적인 자연조건, 주위 도시 및 사회환경 조건을 조사하고, 이에 따라 건축계획의 적부와 구비해야 할 안전조건을 명확히 하고 부지를 합리적이고 안전하게 이용하여 건축물의 배치계획을 입안하여야 한다. 부지계획의 안전성은 도시계획에 의한 방화구역성, 붕괴와 수해에 대한 위험지구의 지정, 택지조성 규정 등에 따라서 건축계획의 적부와 구비해야 하는 기술조건이 정해지고 있다. 그러나 이러한 기술조건은 거시적 측면에서의 필요조건이고, 개별 건축계획의 안전성을 보증하는 충분조건은 아니다. 따라서 개별의 건축계획이 따로 취급될 여지가 남아 있으며, 이 단계는 부지계획에 따른 공학적 대응보다는 사회문화적 대응이 안전계획상의 관건이 된다.

예를 들면 해당 토지의 상태와 역사적 연속성에 관한 것으로서, 그 토지가 본래 갖고 있는 자연조건과 안전조건이 건설 후에 살아가는 사람들에게 어떤 영향을 미칠 것인가라는 것이다. 신규개발의 경우 택지조성에 따라서 토지가 크게 변화되고, 옛 지명이 새로운 지명으로 변하고, 토지의 자연형상의 인위적 개발로 그 토지의 이용에 관계되는 역사적, 생활 문화적인 흔적이 소멸되어 가는 경우가 많다. 붕괴된 삼풍백화점의 경우도 그 흔적은 찾아볼 수 없게 되었다. 부여된 국토에 안전한 생활공간을 만들어 가기 위해서는 단순히 공학적인 측면의 대책만이 아니고 토지와 지역의 성립에 대한 역사적인 정보와 자연 정보를 풍부하게 하는 건축행정, 문화행정, 예를 들면 토지이력, 재해이력, 생활지, 지명보존, 지역을 아는 시민활동의 육성 등, 공학적인 대책과는 다른 거시적인 지역대책의 전개가 요구된다.

지역, 지구의 여건에 따라 토지의 용도변경은 필요한 것이나, 삼풍백화점의 신축에는 아파트 지구를 지정하고, 주택용지를 지구중심지역으로 변경하는 과정이 선행되면서 의혹이 제기되었던 바, 이러한 더 근원적인 요인에 대해서도 사회적 안전장치가 요구되고 있으며, 최근에 실시되고 있는 지구단지계획 등이 이러한 역할에 도움이 될 것으로 기대된다.

2) 설계단계

개별 건축물의 계획 및 설계단계에서는 창출해야 하는 건축의 기본적인 안전조건을 기본계획의 단계에서 정리하고, 개념을 명확히 하여 계획을 작성한다. 계획작성 시점에서는 안전계획의 측면에서 재검토하여 필요한 조치가 누락되거나 문제점이 남지 않도록 설계를 완성시키고 계획에 대한 일련의 작업을 안전계획으로 정리한다.

이제까지 설계단계에서 안전 확보의 주요 수단은 건축법과 소방법 등의 국가기준에만 의존하여 왔다. 이러한 기준의 준수만으로는 종합적인 안전성 확보는 어렵다. 합리적인 안전계획이 실현되기 위해서는 안전계획론, 안전 평가방법, 설계방법의 확립과 법적기술기준의 합리적인 개선이 요구된다. 또한 참여자의 역할에 있어서도 기존의 건축사 주도의 건축계획 및 설계과정은 다양한 전문분야별 안전성 확보를 위한 수평적 관계가 보장되어야 한다.

3) 시공단계

설계의도를 발판으로 시공하여 건축물을 완성시키는 단계로, 시공 각 단계에서 구조, 재료, 부재, 설비, 공간구성 등이 소정의 안전성능을 구비하고 있는지 여부를 확인하고, 준공시는 유지관리 및 안전계획상 필요한 준공도를 작성하여 건축주에게 인도한다.

행정적인 확인으로는 시공 각 단계에서 중간검사와 준공검사가 있다. 일반적으로 건축허가 시의 설계내용이 그대로 구현되고 있는지 여부를 확인한다. 시공단계의 방화상 문제점으로서 용도가 없는 공간의 문제가 크게 부각되고 있다. 이들은 방화구획으로 설정된 격벽 등에 방화구획 기능을 상실한 곳 - 되메움을 안한 곳, 블록의 잔재, 구획관통부의 방화처리 불안 등 - 이 발생하는 경우가 많다. 건축 안전기능에 관한 기본 지식은 건축기술자 모두가 숙지할 필요가 있고, 기술적 상식에 의하여 유지되어야 할 문제이다.

부실방지 대책으로 그동안 시공단계에 감리제도가 도입되고 계속 강화되어 어느 정도 정착단계에 이른 것으로 평가되고 있다. 하지만 일정규모 이하는 아직도 감리제도의 사각지대에 있어 이러한 건축물에 대한 합리적인 감시 감독 기능의 구현은 앞으로의 과제이다. 특히 건설물은 발주자에 따라 국가에서 발주하는 공공시설물과 민간이 소유 관리하는 민간시설물로 구분되는데, 공공시설물의 경우는 붕괴사고 이후 품질확보를 위한 제반절차가 정립되었지만, 민간시설물의 경우는 아직도 전반적으로 규제, 감독 기능이 허술하다고 할 수 있다. 관공서의 준공검사는 최종적으로 건축물의 안전성을 보증하는 단계이므로, 비전문 공무원에 의한 검사나 형식적인 검사가 이루어지지 않도록 근원적인 방안의 강구가 요구된다.

4) 입주단계

완성된 건축물은 기술자의 손을 떠나서 소유자가 관리하는 것이다. 따라서 안전을 유지하기 위해서는 소유자와 사용자 측이 그 건축물의 안전특성을 충분히 이해하고 안전하게 사용할 수 있는 체제를 만들어 가도록 해야 한다.

설계자와 시공자는 그 건물의 안전특성이 어떠한 것인가를 건축주에게 바르게 전달하는 것이 기본이다. 개인주택이나 자체건물인 경우 설계 진행과정에서 그 의도와 특성이 비교적 쉽게 전달될 수 있다. 그러나 분양주택이나 분양된 주택의 경우 건축물의 소유자와 사용자가 동일하지 않은 경우가 많아서 설계의도와 안전특성이 명확하게 전해지지 않는 경우가 많다. 이 경우 건축의 안전한 사용방법을 알기 쉽게 쓴 안내용 유인물 등도 유용한 수단이 될 수 있으며, 최근에 공동주택의 경우 입주시에 입주자를 위한 관리매뉴얼이 제공되고, 관리가 강화되는 경향은 바람직한 변화이다.

5) 사용단계

건축물은 세월이 경과할수록 구조, 설비 등 여러 측면에서 노후화되어 건축물로서의 물리적 성능이 점차 저하된다. 또 시대의 흐름에 따라서 건축공간의 성격이 변하여 당초의 이용목적과 이용형태에서 크게 벗어나는 경우가 있으며, 사회의 발전과 기술의 진보에 따라서 새로운 안전기준이 정비되고, 이러한 기준에 비추어 기존 건축물의 경우 안전성능이 부적합한 경우도 발생한다. 따라서 건축물의 경과 연수에 따라 적절한 안전대책의 보완이 필요하게 된다.

최근 다중 공공시설물은 안전진단이 의무화되었지만, 대부분의 건축물의 유지관리는 거의가 소유자, 소유자가 위임한 관리주체 또는 사용자에게 위임되어 있다. 법령에 따라 새로운 안전기준이 도입되는 경우 이 기준을 기존 건축물까지 소급하여 적용할 것인가 하는 문제가 발생한다. 안전상 중요한 개정인 경우는 소급 적용되어야 하지만 부지와 건축구조상의 제약으로 개선이 사실상 곤란한 경우는 신기준의 소급 적용이 유보되는 경우, 대체조치 등의 행정지도를 통한 보완이 필요하다. 오래된 건축물을 새로운 안전기준에 의하여 개수할 경우를 방재개선이라 부르는데, 개수계획을 위한 비용 조성 등의 제도화도 필요하다. 이제 건축물은 건설시대에서 유지관리시대로 들어왔으며 기존건축물의 안전관리의 문제는 더욱 중요한 과제로 부각되고 있다. 삼풍백화점 붕괴사고의 경우도 초기 시공단계뿐만 아니라 장기간의 유지관리 과정의 문제가 누적된 것임을 상기하여야 한다.

나아가서 이제까지 건설한 막대한 수의 건축물은 대부분이 열악한 규정과 조건하에서 건축된 것으로서 노후화와 용도변경 등에 따른 새로운 문제를 내포하고 있다. 따라서 이들 건축물을 국가적 부로 활용하기 위해서는 유지관리 방법에 새로운 연구가 요구된다. 또한 나아가서 최근의 건축생산 방식은 BOT, BTL 등과 토지 수용을 위한 시행자, 설계자, 시공자 등 복잡한 상호 이해관계가 건축물의 성공적인 준공이나 하자보수등의 제약요인으로 작용하는 등 새로운 관리상의 위험이 노출되고 있어 다양한 건축물의 생산방식을 수용할 수 있는 책임체제와 보증체제의 확립이 안전 확보의 선결요건이 되고 있다.

라. 건설산업 특성과 내재적 부실 요인

건설산업이나 건설상품의 특성은 여러 가지로 정리되고 있으며, 이러한 특성은 다른 산업에 비해 부실이나 사고의 요소로 작용할 소지가 많다. 건설산업이나 시설물의 생산방식은 대부분 건설상품의 근본 속성에 기인한다. 우선 건설상품은 토지에 고착되는 부동성으로 인하여 지역산업이나 기후의 제약을 받으며, 토지와 결합되어 부의 축적수단으로 주요한 기능을 하고 있어, 투자와 투기의 주요한 대상이 되고 있다. 또한 건설상품은 다른 상품에 비해 매우 고가이며, 많은 부품수에 따른 복잡성, 높은 실패 위험, 공중의 안전과 보건에 직결되는 공공성으로 인한 높은 사회적 규제 등을 특징으로 한다. 건설산업은 대표적 규제산업이라 할 수 있으며, 이에 따라 공사의 수행이나 인허가 과정에 항상 부조리의 소지를 안고 있다. 또한 높은 실패 위험을 분산시키기 위한 수단으로 생산단계가 설계, 시공, 유지관리 등으로 분절되어 있으며, 각 과정에는 하도급 제도가 발달되어 있어 각종 책임이 하수급자에게 전가되거나, 불공정 거래가 빈번하게 발생하고 있다. 이러한 하도급 생산방식의 특성으로 건설과정은 자주 사회적 지탄의 대상에 오르고 있으며, 특히 발주자나 건축주의 무리한 요구는 각종 부조리의 근원으로 인식되고 있다. 최근에는 이러한 건설산업의 비생산적 구조를 극복하고 생산기간으로 기간을 단축시키기 위한 방안으로 CM, 파트너링 등 새로운 공사수행 방식이 출현하였다. 건설사업의 수행의 주체는 발주자/건축주로서 그동안 절대적 권한을 행사해 온데 반하여, 이들에 대한 부실시공이나 사고에 대한 책임은 거의 지워지지 못하였다.

마. 건설사업 참여자의 역할과 책임

건축주나 사용자, 발주자와의 관계를 떠나서 공사의 기획에서부터 설계, 시공, 운영 및 해체에 이르기까지 건설사업 참여자가 안전에 책임을 져야 할 보호대상은 다음과 같다.

첫째, 건설물을 사용하는 사용자

둘째, 건설공사현장에서 건축물을 직접 구축하거나 해체하는 작업에 참여하는 근로자

셋째, 건설물을 운용하고 유지보수하는 사람

건설물의 사용자에 대한 안전은 건축법규나 각종 설계기준에 주로 반영되고 있으며 설계자가 가장 염두에 두는 사항이다. 건설현장의 근로자에 대한 안전은 산업안전보건법을 비롯한 각종 법규로 보호의 책임을 규정하고 있다. 이에 반해서 근로자의 안전은 주로 근로자를 고용하는 시공업체의 사업주 책임하에 이루어지고 있다. 유지관리 하는 사람에 대한 인진은 최근까지 설계단계에서는 고려의 대상이 되지 못했으나, 대형사고로 시설물의 유지관리의 중요성이 부각되면서 시설물의 유지관리의 편의성이 구조물의 설계단계에 반영되기 시작하였다.

건설인의 건축주 및 사용자에 대한 안전책임은 기원전부터 확고히 선언되어 왔다. [그림 3-2]는 기원전 약 2,000년전의 고대 법률의 전형이라 할 수 있는 함무라비 법전의 일부이다. 건설공사의 사고에 대해 설명하고 있는 함무라비 법전의 다섯 가지 기초적 규칙은 건축물을 제공하는 자의 안전책임으로서 고객에게 피해를 입혔을 경우 어떻게 배상해야 하는가를 단순하게 규정하고 있는데, 건축물이 사용자를 사망케 하였을 경우 건축자는 죽임을 면할 수 없었다. 이들 규칙은 발생된 사고를 엄격하게 처벌함으로써 조잡하거나 부실한 건설공사를 방지하고 동일 오류가 재발되지 않도록 했지만, 건축기술자는 그들 자신의 오류로부터 배울 기회를 충분히 살리지 못한 것으로 보인다.

실패로 끝난 경험은 매우 많은 정보를 제공해 줌에도 불구하고 잘못을 따지거나 인정하려 하지 않는 인간의 속성으로 인하여 사고로 배운 귀중한 경험들은 곧잘 사고와 함께 묻혀져 왔다. 이러한 정보는 확고하며 타협을 허락하지 않는 자연법칙의 원리를 설명해 주고 내적 및 외적 힘에 대해 준비했던 것이 얼마나 불충분 했는가를 여실히 보여준다. 사고를 통하여 건설인이 미래의 건설역군에게 유익한 기록을 남겨야 할 의무는 지금도 책임의 회피를 위하여 기피되고 있는 실정이다. 만일 모든 일이 적절하게 시행된다면 사고의 기록은 존재하지 않을 것이다. 따라서 역사적 측면에서 볼 때도 부끄럽지 않게 시행되고 있는가를 관찰할 의무가 건설산업에 부과되어 있다. 계획을 세우는 건축가에서부터 작업을 직접 담당하는 작업반장에 이르기까지 산업의 종사자는 불량품이 될 가능성이 있는 모든 원인을 제거하기 위해 노력을 경주해야 한다.

[그림 3-2] 함무라비법전에 나타난 건축자의 책임[34)]

A. 만약, 건축자가 사람을 위해 집을 짓고, 그 건설이 잘못되어, 세워진 집이 무너지고, 그 집의 소유자가 사망케 되면 건축자는 죽음을 면할 수 없다.

B. 만약 집이 붕괴되어 집의 소유자의 자식이 사망하면 건축자의 자식이 죽음을 면할 수 없고

C. 만약 집이 붕괴되어 집의 소유자의 노예가 사망했다면, 건축자는 사망한 노예와 동등한 가치를 지니는 노예를 집의 소유자에 주어야 한다.

D. 만약 집이 붕괴되어 재산이 파괴되었다면, 건축자는 그 재산이 얼마일지라도 원래대로 복구해야 한다. 건축자의 공사잘못으로 집이 붕괴되었다면 건축자는 자신의 비용으로 그 집을 재건시켜야 한다.

E. 만약 건축자가 사람을 위해 집을 지은 후 그 건설이 요구사항과 합치되지 않아 벽이 무너지면 건축자는 자신의 비용으로 그 벽을 보강해야 한다.

오늘날 우리나라의 건설인은 과연 자신이 참여한 건설물로 인하여 타인이 피해를 당하거나 재난을 입었을 경우 어느 정도나 책임을 느끼고 또 실질적으로 얼마만큼의 책임을 지고 있는지 스스로 자문해 보아야 할 것이다. 하지만 과거에 비해 건설기술이 발전하고 건설과정과 참여자의 이해관계가 복잡해진 현대산업사회에서는 고대의 이러한 단순한 책임체제는 수정이 필요하며, 특히 의사결정의 정점에서 영향력을 행사하는 발주자의 책임문제와 이러한 발주자의 책임을 대리 이행하는 수행주체로서 건설관련 기업의 역할과 책임의 재정립이 필요하다.

3) 건설사업 참여자의 안전책임

사고발생이론은 대상분야의 특성에 적합하게 적용되어야 한다. 건설물의 생산방식은 다수 이해 당사자의 참여와 이들 사이의 도급관계를 특징으로 한다. 따라서 극심한 시장경쟁에 따른 저가입찰과 이로 인한 부실의 요인을 억제하기 어렵다. 따라서 건축물의 안전도 이러한 시설물의 생애 전단계에 걸쳐서 지속적으로 이루어질 때 비로소 달성될 수 있다. 건

34) 손기상 편저, 건설공사안전해석론; 설계 및 시공, 기문당, 1990.3, p.12.

축물의 비롯한 모든 시설물은 장기간의 생애주기를 갖는다. 이와 같은 건설사업의 생애주기별로 안전의 대상, 각 단계별 역할의 주체 및 감독기능을 도시하면 [그림 3-5]와 같다.

[그림 3-5] 건설물의 생애주기와 안전의 대상[35]

건설안전의 대상		Life Cycle →	계획	설계	시공	사용	해체	지도/감독기능
	물적	구조물		구조설계	품질관리			건교부(건기법)
	물적	시설물				유지관리		시설안전공단(시특법)
	인적	사용자				유지관리		시설안전공단(시특법)
	인적	공 중			안전관리			건교부(건기법)
	인적	근로자			안전관리			노동부(산안법)
		관리주체/감독기능		설계자/ 설계감리, 설계자문	시공자/ 시공감리, 책임감리	운영자	시공자	

[그림 3-6]은 건설공사 참여자의 상대적인 의사결정력의 크기를 나타낸 것으로서, 하위 수급자는 상위 의사결정권자와 대등한 입장에 서기가 매우 어려워 상위 의사결정권자의 불합리한 요구를 거부하기 어려운 구조로서, 건설물의 안전 확보를 위해서는 상위의 의사결정권자들이 합리적인 결정을 할 수 있는 틀을 제공하는 것이 선결요건이다.

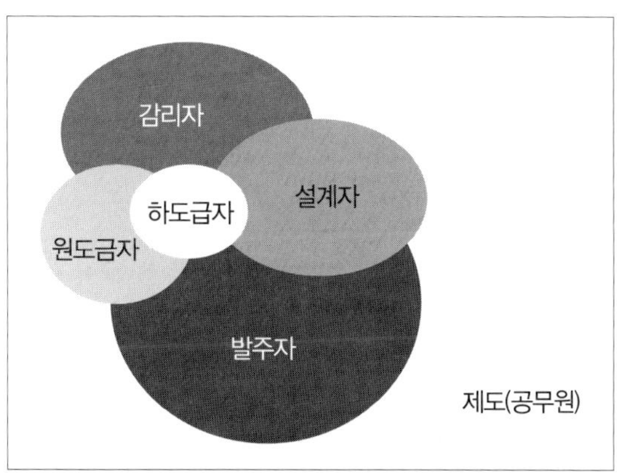

[그림 3-6] 건설사업 참여자의 상대적 의사결정력의 크기

35) 한국건설기술연구원, 건설공사 품질?안전관리 통합시스템 구축연구, 건설교통부, 2000.11, p.233.

건설산업의 생산구조에 따른 참여자의 역할과 이에 대한 책임 및 상호관계의 정립은 건전한 건설산업 발전과 시설물의 생산 및 유지관리의 관건이 되나, 이제까지 그 역할과 책임은 시공자에게만 치우쳐, 최상위 의사결정권자인 발주자와 건설사업 수행의 틀을 형성하고 이러한 틀을 규제·감독하는 정부(공무원)의 역할은 상대적으로 과소평가되어 왔다고 볼 수 있다.

이상에서 고찰한 바와 같이 건축물의 안전요소는 다원적이며 상호 연계성을 가지고 있는 바, 건축물의 안전 확보에는 건축과정별, 참여 대상별, 사회적 차원 등에서 다수의 요인에 대한 다면적인 고찰이 요구되며, 이러한 요인들의 상호관련성의 체계에 대한 고려도 요구된다. 다음 절에서는 기존의 사고원인을 건축과정별 참여대상과 상호작용을 사고발생이론을 통하여 재조명해 보고자 한다.

3) 사고발생 메카니즘과 사고원인 분석 방법

가. 사고발생 메카니즘

사고의 방지를 위해서는 사고가 발생하는 과정과 요인의 구조에 대한 이해가 필수적이다. 안전과학 분야에서 사고발생기구에 대한 이론을 먼저 정립한 분야는 산업안전 분야이다. 사고방지의 첫째 원리는 예방이 가능하다는 것으로서, 전체 사고의 2% 정도만이 불가항력의 천재이며, 98%는 사람의 실수에 기인한 인재로서 대부분의 사고는 예방이 가능하다는 것이다.

산업안전분야에서 정립된 기존의 사고발생이론에 관한 모형은 관점에 따라 크게 행동모델, 인적요인모델, 역학모델, 시스템모델, 의사결정모델, 복합모델 등으로 구분할 수 있

36) 김도경 편저, 산재예방안전관리론, 명륜사, 1990, pp172-218.

37) Frank E. Bird & George L. Germain, Practical Loss Control Leadership, International Loss Control Institute, Inc., 1992, pp22-37.

다.[36] 여기서는 가장 일반적으로 통용되고 있는 모델로서 하인리히의 도미노 이론과 도미노이론에 수정을 가한 버드의 새로운 도미노 이론[37]을 고찰해 보기로 한다.

최초의 산업안전기사인 하인리히는 사고로 상해나 손실이 발생하는데, 사고의 직접원인은 불안전한 인간의 행동이나 환경에서 비롯되며, 이러한 불안전한 상태는 개인적 결함에서 비롯된다고 하였다. 개인적 결함은 사회환경이나 유전적 요인에 기인하며, 사고는 이러한 다섯 가지 요인의 연쇄작용에서 일어나므로 이중의 한 가지만 제거하여도 사고로 연결되지 않는다는 도미노이론을 제시하였우며, 사고원인 복합성 원리(the principle of multiple causation)라고 한다. 버드는 이 이론을 수정하여 사고의 직접원인이 되는 불안전한 행동이나 환경에는 근본원인이 있으며, 이 근본원인은 관리상의 결함에서 비롯된다고 하였다. 버드의 수정된 이론은 사고의 근본원인으로서 간접적 요인에 초점을 맞추게 하였으며, 생산현장에서도 사고의 책임을 최고 경영자에게 묻는 토대를 마련하였다. 보통 사고원인은 사고를 유발시킨 직접적인 동기로서 인간의 불안전행동이나 불안전한 상태를 직접원인이라 하며, 그 배후에 있는 요인을 간접원인(징후)이라 하여 구분한다. [그림 3-5]는 사고발생 연쇄성 이론의 발전과정을 나타낸다.

[그림 3-5] 사고발생이론의 발전

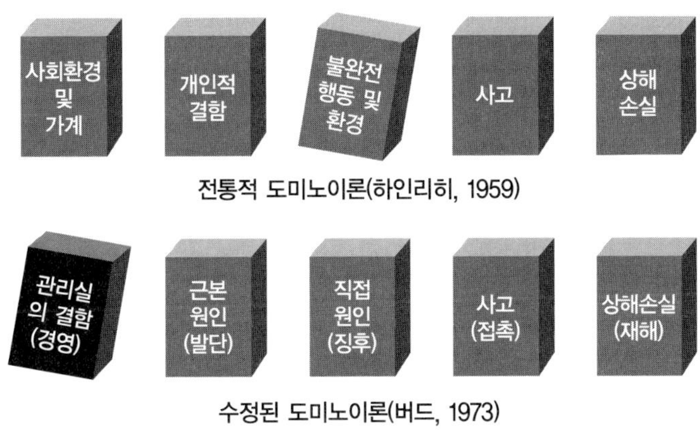

버드의 도미노 이론에서는 손실인과관계 모델로서 의도하지 않은 모든 피해나 손상을 손실(loss)이라 정의하였다. 손실은 에너지 전이 물질과의 접촉 등에 기인하여 이를 사건

(incident/contact)이라 하였다. 이러한 사건의 직접원인(immediate causes)은 기준이하의 행동이나 습관 또는 기준이하의 상황으로서 보통 불안전한 인간의 행동이나 불안전한 상태를 말한다. 이러한 적접원인은 인적요인과 과업요인으로 구분되는 근본원인(basic causes)으로 정의된다. 이중 인적요인은 불충분한 능력, 지식, 기술, 육체적 및 심리적 스트레스, 동기부족 등이 해당되며, 업무/시스템적 요인에는 부족한 지도력과 감독, 부족한 기술력, 부적절한 조달, 도구, 장비, 재료, 부적절한 업무기준, 부적절한 작업환경, 노후, 남용 또는 오용 등이 해당된다.

이러한 근본원인은 관리상의 결함(lack of control)에서 비롯된다. 관리는 계획, 조직, 운영, 제어의 네 가지 기본적 기능중 하나로서, 이러한 결함의 유형으로는 부적절한 시스템(프로그램), 시스템 기준, 시스템 기준의 불이행 등이 해당된다.

시설물에서 발생한 사고원인들 사이의 인과관계도 유사한 모델을 통하여 해석할 수 있다. 필자는 여기에 이러한 개별 건설물에 작용하는 외부적 요인으로서 개별 조직과 시설물의 상위의 관리상의 결함으로서 국가차원의 제반 시스템과 기준을 가장 상위의 사고요인으로 파악하고자 하며, 이를 기존의 사고발생 메카니즘에 표현하면 [그림3-6]과 같다. 그림에서 맨 앞의 '국가, 사회적 결함' 은 개별 영역의 안전관리상의 결함 이전에 사회나 국가가 제공하는 환경으로서 필자가 추가한 것이다. 그림에 나타난 바와 같이 사고방지를 위해서는 인간의 불안전한 행동과 관리상의 결함을 제거하여야 하는데, 이 두 가지 요인은 모두가 부적절한 인적 수준을 기준 이상의 수준으로 개선함으로써 해결될 수 있다.

시설물 사고의 경우도 근본원인은 대부분의 인간의 실수로서 직접원인보다는 이러한

[그림 3-6] 사고발생 메카니즘의 보완

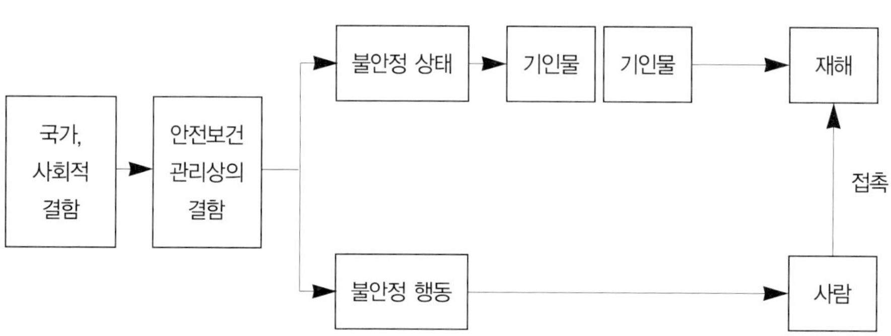

직접원인을 유발시킨 간접원인의 규명과 이의 제거가 관건이 된다. 또한 사고원인 연쇄성 외에 사고원인의 등가성원리로서 모든 사고요인은 경중에 관계없이 동일하게 사고발생 요인으로 작용하므로 동등한 비중으로 다루어 져야 한다.

나. 시설물 붕괴사고원인 분석의 틀

이상에서 고찰한 바와 같이 시설물의 생산 및 사용과정은 장기간에 걸쳐 분절되어 있으며, 각 단계마다 다수의 이해 당사자의 상호작용의 결과로 최종 시설물의 품질이 결정된다. 따라서 붕괴를 비롯한 시설물의 사고는 사고발생 메카니즘에 나타난 바와 같이 사고를 발생시킨 물리적 요인 이전에 이러한 요인을 가능케 한 간접원인, 그리고 간접원인에 대한 관리상의 결함이 규명되어야 한다. 특히 시설물의 경우 다수의 이해당사자로부터 비롯되는 간접원인에 대한 규명은 사고방지 대책의 핵심이라 할 수 있다.

4. 기존 사고원인의 재조명

1) 삼풍백화점의 건축 및 붕괴 과정

기존의 삼풍백화점 붕괴원인의 고찰에 앞서, 앞에서 고찰한 사고원인 분석의 틀에 따라 간접원인이 되는 당시의 인허가 과정, 건설과정별 참여자의 역할 및 준공후부터 붕괴시까지의 유지관리 과정을 정리하면 다음과 같다.

가. 인허가 과정

건축물의 생산 및 유지관리 각 과정마다 공무원의 규제와 감독을 받는다. 이하에서 공무원은 정부와 동일한 의미로 사용한다. 국민의 안전과 국토의 보전을 위한 국가의 책무로서 건축행위를 규제, 감독하는 책무는 국가의 역할로서, 실질적으로 이러한 역할은 공무원, 더 구체적으로 말하면 건축직 관련 공무원에 의해 수행되며, 이러한 임무는 국가의 국민에 대한 책무 이행으로서 중요한 의미를 갖는다.

정부의 역할로서 건축행정의 주요 과정은 건축계획, 건축허가 신청, 착공신고, 중간검사 신청, 건축민원 처리, 사용검사 신청, 등기신청 등의 과정을 거치며, 준공검사 등에는 다수의 부처와 법령의 통제를 받는다. 건축법과 안전관련 법규의 복잡성으로 건축물의 인허가에는 규모에 따라 행정부처와 지방행정관정까지 관여하며, 절차가 복잡하여 위반시 책임소재를 명확히 가리기 어렵게 하고 있다. 주요한 건축행위 과정별 건축주, 건축사 및 건축행정 역할을 도표로 정리하면 〈표 4-1〉과 같으며, 건축물의 신축과정에서 거쳐야 할 공무원 상대 과정을 건축중과 준공후로 나누어 도시하면 [그림 4-1]과 같다.

〈표 4-1〉 건축행정의 주요과정[38]

건축주	건축사	건축행정
건축계획	건축설계	건축심의(건축위원회 운영구성)
건축허가신청 착공신고	허가신청대행	건축허가(관계기관협의, 건축허가서교부) 착공신고수리
중간검사신청 건축민원유발	현장조사복명, 성실책임감리	중간검사(필증교부) 민원처리(시정시지, 고발, 이행강제금부과, 압류)
사용검사신청 등기신청	감리책임여부	사용처리(필증교부)

[그림 4-1] 건축물 신축시 공무원 상대과정[39]

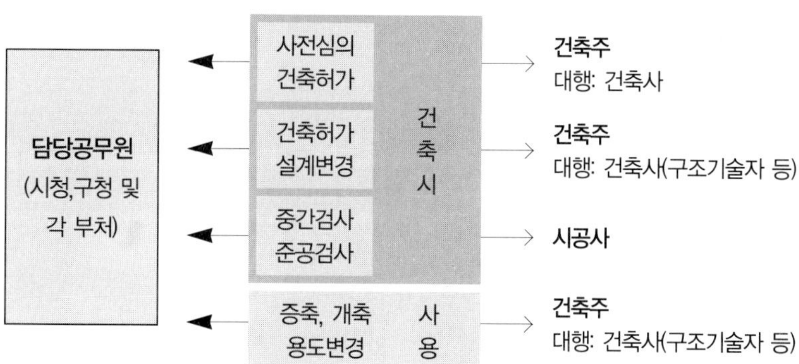

나. 건축과정별 참여자

기존의 사고보고서에 나타난 삼풍백화점의 인허가과정과 공사참여자의 상호관계를

38) 우소정, 서울시 위기관리에 관한 연구-삼풍백화점 붕괴사고를 중심으로-, 이화여자대학교 대학원 석사학위 논문, 1996, p47.

39) 전게서, p.70.

도시하면 [그림 4-2]와 같다. 그림의 아래쪽 참여자는 공사 수행주체이며, 위쪽의 참여자는 공사수행주체를 감독 및 감시하는 역할의 참여자들이며, 화살표는 상호작용의 방향을 나타낸다. 그림에 나타난 바와 같이 모든 요구와 생산과정의 중심에는 사업의 주체인 발주자/건축주가 있으며, 붕괴사고의 근원도 여기서부터 시작되었다.

[그림 4-2] 삼풍백화점 건설 및 유지관리 과정[40)]

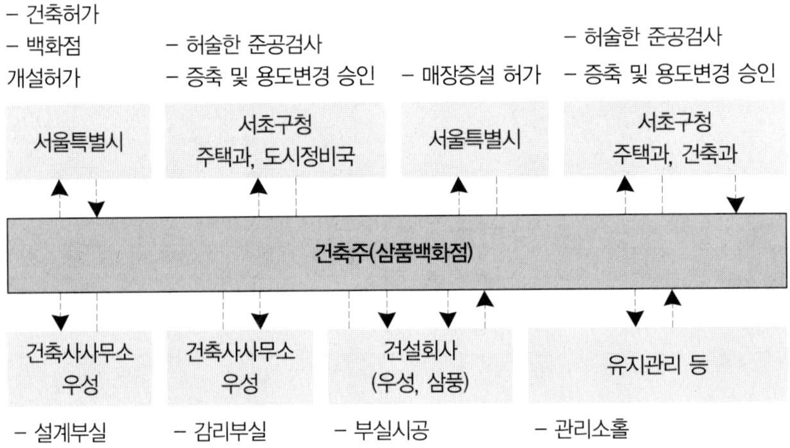

다. 유지관리 과정

삼풍백화점 붕괴사고는 시설물의 계획부터 상위단계의 부실이 사용단계까지 중첩되어 영향을 미치는 과정을 극명하게 보여주고 있으며, 하위단계 즉, 유지관리주체의 비전문성은 이러한 상위단계의 오류를 시정할 능력이 전혀 없어, 유지관리단계를 포함한 시설물의 전 생애과정에 걸쳐 종사자의 전문성이 매우 중요함을 시사해주고 있다.

기존 사고보고서에 나타난 삼풍백화점의 붕괴시까지 주요한 유지관리 과정은 〈표 4-2〉와 같다. 붕괴시점까지 무수한 붕괴의 징조와 경고가 있었음에도 이러한 요인들이 철저히 무시되었음을 알 수 있는 바, 사고발생 메카니즘에서 고찰한 바와 같이 이러한 징후 중 어느 한 가지에 대해서 만이라도 조치를 취했다면, 적어도 인명피해는 막을 수 있었을 것이다.

40) 전게서, p.71.

〈표 4-2〉 삼풍백화점 주요 유지관리 일지[41]

구분	날짜	시간	건물유지 및 사고사항
붕괴 이전 상황 ('95)	4. 中		5층 천정과 벽면에 누수 현상 발생
	6. 初		4층 조명 코너에서 건물진동으로 조명등이 추락 사장에게 보고, 냉각탑의 수위 조절
	6. 14		가스냄새가 난다는 직원, 고객들의 신고
	6. 21		백화섬 4, 5층에 누수방지공사
	6. 25		건물 일부에 균열 발견
붕괴 당일 시간 대별 상황	1995 6. 29	08:00 ~10:00	보안근무 요원이 5층 '춘원' 식당서 균열 발견, 설비과에 신고, "바닥에 균열이 있고 철근이 빠져나와 있다."
		10:00 ~12:00	4층 귀금속 코너가 진동과 함께 천정이 5cm 정도 침하 5층 '미전' 식당의 바닥이 돌출하고 천정이 침하
		12:00 ~13:00	설비과장과 건축기술사가 5층에서 균열 확인, 한식당 '춘원' 기둥옆 바닥 일부균열과 함몰 확인, 건축기술사가 "철근이 안보인다. 전단 파괴현상이 일어나고 있다."고 언급, 백화점 사장이 현장에서 "부실시공 아니냐" 언급
		13:00 ~14:00	5층 북쪽 식당 대부분의 벽과 바닥에 균열 발생, 4층 기둥과 슬래브 사이에 균열이 발생. 지상 냉각탑의 작동 중단, 5층 식당과 4층 귀금속 코너 영업중단. 가스공급 차단, 냉각탑 물빼기 작업 실시
		14:00 ~16:00	대책회의 개최: 사장이 회장 등 임원에게 5층 균열상황 설명, 4, 5층 및 지상의 균열과 침하가 심화되고 에어컨의 가동중단, 구조기술사가 도착하여 현장 확인 및 안전진단
		16:00 ~17:52	대책회의 續開: 영업시간 종료 후 철제 빔 강화작업 하기로 하고 시설부 차장 등이 야간 보강작업 준비에 착수
		17:52~	5층 식당가 북동쪽부터 붕괴되기 시작하여 순식간에 지하층까지 붕괴, 대책회의 중이던 회장 등은 에스컬레이터 계단 등을 통해 대피

2) 기존의 사고원인

가. 기존 사고원인 분석의 틀

본고의 주목적인 기존 사고원인 분석의 사각지대와 이의 보완 방안의 마련을 위하여 기존의 삼풍백화점 붕괴사고 관련 백서나 사고보고서, 사고원인에 관한 문헌을 수집하여 조사 비교하였다. 기존 문헌중 사고원인에 대해 가장 상세히 기술하고 있는 서울지방검찰

41) 전게서, p.70.

청에서 발간된 '서울地方檢察廳, 三豊百貨店 崩壞事件 捜査 및 原人糾明鑑定團 活動白書(1995.11)' 와, 서울시에서 사고로 인한 교훈을 되새기기 위하여 발간한 '삼품백화점 붕괴사고 백서(1996.6)를 중심으로 기존의 사고원인에 대하여 고찰하였다. 독자의 편의를 위하여 각 보고서상 사고원인을 본문에서는 골격과 요점만을 기술하고, 원문은 참고자료로 제시하였다([참고자료 1-3] 참조).

사고보고서 내용의 분석 결과, 제시된 사고의 원인은 대부분 직접원인으로서 구조측면의 설계 및 시공상 결함을 상세히 분석하였으며, 붕괴원인에 대한 추정에는 큰 차이가 없었다. 각 보고서의 차이점으로는 검찰청 백서의 경우는 구조적 결함에 치중하여 책임소재를 가리고 있으며, 서울시 백서의 경우는 기술적인 직접원인 이전에 설계감리, 준공검사, 인허가 과정, 준공후 안전진단 등 상위 관리상의 결함에 대하여 비교적 상세히 기술하고 있다는 점이다. 사고원인에 대한 기술을 비교해 보면, 전체적으로 볼 때 붕괴원인으로서 공학적인 원인의 규명에는 철저하였으나, 이러한 붕괴의 직접적인 원인을 유발시킨 관리상의 결함에 대한 근본적인 원인에 대해서는 구체적으로 기술되지 않고 있으며, 특히 부실한 건설사업의 근원이 되는 경제성 추구를 근본으로 하는 가격중심의 종속관계로 구속된 도급제도와 이로 인한 부실을 견제할 발주자/건축주의 역할과 상호 작용에 대한 규명은 미흡한 것으로 판단된다.

여기서는 앞에서 고찰한 사고원인의 연쇄성이론에 따라 기존의 사고원인을 직접원인, 근본원인, 관리상의 결함 등으로 세분하여 인과관계를 규명해 보고자 한다. 각 사고보고서 중 사고원인에 관한 내용을 서울지방검찰청 백서, 서울시 백서, 건축학회 등에서 기고한 기타 문헌의 순으로 재분석한 결과는 다음과 같다.

나. 기존 사고원인에 대한 재조명

(1) 서울지방검찰청 백서

서울지방검찰청 활동백서는 사고의 책임규명 및 처벌을 위해서 조사한 것으로서, 책임체제의 규명과 이의 보완에 시사점을 주고 있다. 이 보고서에서는 사고원인을 설계, 시공 및 감리분야로 나누어 기술하고 있는데, 관의 사고원인에 대한 인식을 볼 수 있는 바,

이 분야의 전문가 역할이 긴요했음을 밝히고 있다.

검찰청 백서에서는 사고원인을 '1편 4장 조사결과와 사건처리'에서 설계, 시공, 감리 분야와 유지관리분야로 나누어 기술하고 있는데, 전자에 대해서는 구체적으로 붕괴원인을 기록하고 있으나, 후자의 유지관리분야의 경우는 붕괴전일부터 붕괴시각까지의 전개 과정만을 상세히 기술하고 있다. 이상의 붕괴원인에 대하나 분석결과를 '제3편 감정단의 감정보고' 중 '9. 붕괴원인'에서 다시 기술하고 있는데, 붕괴에 영향을 미친 요인을 건축 및 구조설계 분야, 시공분야 및 유지관리 분야로 나누어 기술하고 있다. 이 보고서중 감정단 보고서상 붕괴원인은 다음과 같이 요약되고 있다.

1) 붕괴에 가장 크게 영향을 미친 원인으로는 건물의 유지관리 과정에서 무단 설계 및 용도 변경으로 매우 과중한 추가 하중이 부과되었을 뿐 아니라 구조체를 임의로 절단, 파손하여 구조부재에 큰 손상을 가함으로 구조상 극심한 내력감소를 초래하였다.
2) 시공과정에서는 현장에서의 공사 관리 및 감독의 소홀로 부실시공을 야기시킴으로써 붕괴에 영향을 준 요인이 되었다.
3) 부적절한 건축 및 구조의 설계 계획으로 연쇄붕괴를 일으키는 요인이 되었다.
4) 장기간에 걸쳐 균열이나 처짐 등 붕괴에 선행되는 여러 징후가 발생했음에도 불구하고 안전관리를 소홀히 한 것이나, 붕괴 직전과 같은 위기 상황에 대한 대처가 미흡하여 이와 같은 참사가 발생하게 되었다.
5) 이와 같은 붕괴 요인들이 5년이라는 장기간에 걸쳐 지속적으로 진행, 전반적으로 안전율을 확보하지 못한 상태에서 종국에는 5-E, 5-F 기둥 주변의 5층 및 지붕층 슬래브가 기둥 둘레를 따라 전단파괴가 발생하면서 인접 슬래브의 파괴로 이어지는 연쇄붕괴가 일어나 전체 건물이 파괴된 것으로 판단된다.

검찰청 백서의 경우는 위의 사고원인에 나타난 바와 같이 주요한 사고원인으로 유지관리 과정의 문제, 시공과정, 구조설계 및 계획, 위기상황에 대한 대처 미흡의 네 가지를 들고 있으며, 유지관리 과정의 문제가 가장 먼저 꼽히고 있다.

감정단의 보고서를 근간으로 한 검찰청 백서의 경우, 구체적인 붕괴원인으로 구조내력 저하, 과하중 유발 등 붕괴의 직접원인만을 적시하고 있으며, 검찰의 조사결과와 사건처리에서도 설계, 시공, 감리 분야의 사고원인만을 기술하고 있다. 즉, 건축단계별 이행자에 대한 책임은 명확하게 되었으나. 이러한 요인을 야기시킨 제도상의 문제나 발주자의 무리한 요구에 대해서는 언급이 없었다. 즉, 현재의 법리상으로는 건축공사의 단계별로 해당 도급자가 모든 책임을 져야하나, 실제 도급관계에 있는 발주자의 무리한 요구에 대해서는 아무런 책임을 묻지 못하고 있다. 또한 공소장에서 주요한 관련자들에 대한 처벌의 근거도 업무상 주의의무 불이행, 업무상과실, 뇌물수수 등으로서, 시설물의 안전에 대한 근원적인 책임을 묻지 못하고 있다.

앞에서 고찰한 사고발생 메카니즘에 따르면, 검찰청의 사고원인은 대부분 구조내력의 저하 또는 과하중을 초래한 붕괴의 직접원인으로 볼 수 있다. 그러나 이러한 직접원인의 이면에는 각각의 직접원인을 제공한 건축 단계별 이행 또는 참여한 사람의 문제, 업무시스템상의 문제 등 근본원인이 있으며, 이러한 근본원인은 앞의 요소를 제대로 관리하지 못한 관리상의 결함이 선행하였기 때문이다.

근본원인 중 사람의 문제로는 공사 참여자의 지식, 기술 등 전문성 부족, 직업윤리 미흡, 발주자 지도의 실패 등을 꼽을 수 있으며, 관리상 결함으로는 관리상 결함은 부적절한 참여자에 대한 교육, 상호 견제 기능 미흡, 부적절한 도급제도 등 제도상의 결함에서 비롯되었다. 이러한 인과관계를 근본원인이 야기시킨 직접원인과, 근본원인의 상위원인에 해당하는 관리상의 결함으로서 제도적 사회적 결함과 직접적인 관리상의 결함을 도출하여 건축단계별로 재정리하면 〈표 4-3〉과 같다.

(2) 서울시 백서

서울시 백서는 붕괴사고 1주기에 맞추어 발간되었는데, 발간사에서 사고방지에 대한 각오를 새로이 하고자 하는 취지로 가능한 한 사실을 소상하게 기술하였음을 밝히고 있어, 우리 사회의 사고은폐 풍토에 신선한 귀감이 될 것으로 생각된다.

서울시 백서의 경우는 사고원인보다는 사고수습 과정에 비중을 두어 다루고 있으며, 간접원인으로서 부실한 설계감리, 엉성한 준공검사, 무리한 허가. 안전진단 미비 등 인·허가 과정을 비롯한 관리상의 결함을 구체적으로 기술하고 있어 좀더 근본적인 사고원인에 접근하고 있는 것으로 사료된다. 서울시 백서에서는 사고원인에 대해서는 7쪽에 걸쳐서 비교적 간결하게 기술하고 있으며, 삼풍백화점의 붕괴되기 직전까지의 이력도 비교적 상세히 기술하고 있다.

직접적인 사고원인으로는 설계분야, 시공분야 및 감리분야로 나누어 기술하고 있다. 사고원인에 대한 세부 내용으로 설계분야의 경우는 허가도서와 상이한 시공도서, 시공도면 미확정 상태에서 시공, 구조계산을 반영치 아니한 구조설계를 들고 있다. 시공분야의 원인으로는 슬래브의 상·하부 철근 배근간격 유지 부실, 슬래브 지판부의 부실시공, 기둥의 부실시공, 과도한 초과하중 발생, 내력벽과 슬래브 연결철근의 정착부실, 철근과 콘크리트의 결합부실, 하중을 고려하지 않은 냉각탑 설치, 콘크리트 내력벽 절단 손상 등이었다.

〈표 4-3〉 서울지방검찰청 사고원인의 재정리

제도/사회적 결함	근본원인	직접원인	직접원인의 결과	분야
부적절한 제도(설계 도서 작성, 검토) 발주자의 무지 부적절한 교육	전문성 부족 -설계변경절차 무시 부적절한 동기부여 부적절한 독려 직업윤리 미흡 부적절한 관리감독	許可圖書와 相異한 施工圖書 施工圖面 未確定 狀態에서 施工 構造計算을 反影치 아니한 構造設計	부적절한 설계도면: 구조 내력 부족	설계:설계변경에 따른 상세설계도서작성 불이행
부적절한 감리제도	부적절한 감리 감독	부적격자의 부실 허위감리 허위보고서 제출	설계 시공상 오류 시정 불이행	감리
부적절한 도급 제도 (발주자 역할, 기술자 역할 등) 부적절한 교육 부적절한 상호견제 기능	전문성 부족(부적절한 능력, 지식, 기술부족) 부적절한 동기부여 부적절한 독려 직업윤리 미흡 부적절한 관리감독	슬래브의 上下部 鐵筋 간격준수 不實, 슬래브 支板部 不實施工, 기둥의 不實施工, 과도한 초과하중 發生, 耐力壁과 슬래브 連結鐵筋의 定着不實, 鐵筋과 콘크리트의 結合 不實, 荷重을 考慮 않은 冷却塔 設置, 재료분리, 레이턴스 발생	철근처짐으로 내력 부족 단면 결손 및 내력 부족 단면부족 및 내력부족 초과하중 발생 구조연결 및 내력 부족 철근 콘크리트 부착력 부족, 과다하중 발생 내력 부족	시공 :부실시공 현장관리 및 감독 소홀

부적절한 유지관리 제도(유지 관리 체제, 교육, 및 감독기능)	전문성 부족 (부적절한 능력, 지식, 기술부족 –비전문직 채용) 부적절한 동기부여 부적절한 독려 직업윤리 미흡 부적절한 관리감독	콘크리트 耐力壁 切斷 損傷 용도변경으로 내장 코아로 철근 절단 기둥주근 훼손 이상 상태 오판(구조기술자) 이상 진단 불이행 비상 피난조치 불이행 상황은폐 급급	단면결손 과다하중 발생 구조체 손상 내력 감소 이상 진단 및 조치 불이행, 비상피난 조치 불이행	유지관리 구조체 손상 및 초과하중 적재, 진단 실패 및 비상조치 미이행
부적절한 제도 및 교육 (공무원 인사)	점검, 확인 소홀 전문성 부족 직업윤리 미흡	설계변경절차 불이행 허위 감리 보고 접수	기준이하 상태 적발 및 시정조치 불이행	인허가등

주) 표 내용의 직접원인 중 진한글씨는 백서상 주요 사고원인 항목임. 기타 항목은 보고서상 내용 기초로 필자가 정리한 것이며, 제도/사회적 결함 및 근본원인은 필자가 관리상의 결함을 2단계로 나누어 대표적인 요인들을 제시한 것으로서, 이하의 사고원인 분석표도 동일한 방법으로 작성되었음.

감리분야의 사고원인으로는 감리비의 미지급으로 건물 골조 공사가 완료될 때까지 전혀 상주감리를 하지 않았을 뿐만 아니라 골조공사 완성 후에는 건축사 또는 건축사보 자격이 없어 상주감리원으로 부적격인 직원들을 공사현장에 파견하여 공사감리, 감독을 맡겼으며, 상주감리를 전혀 하지 않았음에도 중간검사 및 준공검사시 성실 감리하였다는 허위 내용의 현장조사서를 작성하여 관할구청에 제출하였다. 서울시 백서에서는 이상의 부실 내용에 대한 책임소재를 〈표 4-4〉와 같이 정리하고 있다.

〈표 4-4〉 서울시 백서의 부실요인과 책임소재[42]

분야	부실내용	현상책임	소재
설계	●허가 설계도면과 시공도면이 다름	기둥, 슬래브, 철근 등 11군데 구조계산서와 상이	설계–우원종합건축사사무소 (구조계산: 한건축구조연구소)
	●구조계산을 무시한 구조설계		
시공	●기둥 시공 부실	기둥의 내력저하	기초·골조 공사 –우성건설
	●슬래브 받침대 규정보다 5~10cm얇게 시공	슬래브 내력감소, 휨파괴·전단파괴에 취약	
	●내력벽과 슬래브 연결 불량	연결 결합력 떨어짐	
	●철근과 콘크리트 결합부실	붕괴시 철근이 콘크리에서 떨어져 나감	
	●하중을 고려하지 않은 냉각탑 설치(가동시 총하중 86톤)	4백kg/m²의 초과하중 발생	삼풍건설산업
	●구조계산을 초과한 무리한 시공	5층 지붕과 5층 바닥에 초과하중 발생	
감리	●상주감리 미실시(골조공사시)		
	●무자격자를 상주감시원으로 지정(골조공사 후)	허위 현장조사서 작성우원종합건축사무소	
유지관리	●준공 후 건물 유지관리 부재	잦은 용도변경 및 증축시 정밀점검 결여	삼풍백화점

이 표에 의하면 각 분야별 부실에 대한 책임은 해당 업체에게 있으나, 이러한 부실이 가능하게 한 제도상의 불합리한 점에 대한 규명이 미흡하며, 건설업체, 설계사무소, 하도급업체, 유지관리에 책임이 있는 삼풍백화점 등 이해 당사자 사이에 사고원인을 제공한 요인이나, 책임을 다하지 못한 근원에 대한 규명이 더 필요한 것으로 사료된다. 서울시 사고백서에 나타난 직접원인 대한 근본원인 및 관리상의 결함을 검찰청 백서의 사고원인 분석과 같은 방법으로 정리하면 〈표 4-5〉와 같다.

(3) 대한건축학회(지) 붕괴원인 조사 분석[43]

대한건축학회의 진단결과 중 사고원인을 보면 직접원인 중 재료상 원인을 별도로 구분하였으며, 설계상 문제점을 구조계획상 문제점과 구조설계상 문제점으로 세분한 점 등에 차이가 있었다. 사고원인에 대한 세부 내용에 있어서는 관련도서 보관 부실 등이 추가로 제기하였으며, 이들에 대한 재발방지 대책도 제시되고 있었다. 대한건축학회지에 나타난 주요 붕괴원인의 항목 및 내용은 다음과 같다.

1) 재료상 원인

2) 시공상 원인

3) 감리·감독상 문제점

4) 유지관리상 원인

: 용도변경, 부재 훼손, 무리한 구조변경, 관련 도서(준공, 변경) 도서보관 부실, 붕괴 징후에 대한 판단착오

5) 구조계획상 문제점

6) 구조설계상 문제점

: 슬래브 배근상 문제점, 슬래브 뚫림 전단의 문제점, 기둥의 문제점 등

특기할 만한 사항으로 사고의 원인을 건축주의 무지와 과욕임을 언급하고 있으나 이에 대한 대책은 제시되 못하였다. 기타 세부적인 붕괴원인의 내용은 앞의 백서들과 유사하

42) 서울특별시, 삼풍백화점 붕괴사고 백서, 1996.6, p.79.

43) 李利衡·池南龍, 三豊百貨店 慘事의 原人과 診斷結果, 建築, 제41권 제6호, 1997.6. pp.12-16.

였으며, 〈표 4-6〉은 이를 근본원인과 관리상의 결함을 재정리한 것이다.

〈표 4-5〉 서울시 백서 사고원인의 재정리

제도/사회적 결함	근본원인	직접원인	직접원인의 결과	분야
부적절한 설계도서 작성제도 부적절한 교육	전문성 부족 준법의식 및 직업윤리 미흡	허가도서와 상이한 시공도서 시공도면 미확정 상태에서 시공 구조계산을 반영치 아니한 구조설계 전문구조계산 등 미이행	부적절한 설계도면	설계
부적절한 감리제도	부적절한 감리 감독	부실 설계감리 상주감리 미실시 무자격자 상주감리	설계, 시공 오류 시정 불이행	감리
부적절한 도급제도 (발주자 역할, 기술자 역할 등) 부적절한 교육 부적절한 상호견제 기능	전문성 부족 부적절한 (부적절한 능력, 지식, 기술부족 - 비전문직 채용) 부적절한 동기부여 부적절한 독려 직업윤리 미흡 부적절한 관리감독	슬래브의 상하부 철근 배근간격유지 부실 슬래브 지판부의 부실시공 기둥의 부실시공 과도한 초과하중 발생 내력벽과 슬래브 연결철근의 정착부실 철근과 콘크리트의 결합부실	구조내력 부족 허용하중 초과	시공
부적절한 안전진단 제도	전문성 부족 부적절한 관리감독	하중을 고려하지 않은 냉각탑 설치 콘크리트 내력벽 절단 손상 등 구조 훼손 이상 징후 판단 오류 안전진단 미비	구조 내력 감소 하중 증가	유지관리
전문인력 부족	민간공사의 형식적 준공검사제도	무리한 허가 엉성한 준공검사	무리한 증설 허용 부실요인 묵과	인허가증

〈표 4-6〉 대한건축학회(지) 사고원인의 재정리

제도/사회적 결함	근본원인	직접원인	직접원인의 결과	분야
건축주의 과욕, 무지 부적절한 교육	무리한 건축주의 요구	잦은 설계변경 유지관리 대비책 소홀 구조계획상 오류 구조설계상 오류:- 슬래브 배근 슬래브 뚫림 전단- 기둥의 문제	설계와 상이한 시공 발생 - 철근량 부족 - 뚫림전단응력 저항 내력 부족- 기둥 단면산정 오류	설계
건축주의 무지 및 견제 기구 미비	부적절한 감리제도 감리계약 지연	상주감리 미이행	오류 시정 불이행	감리
부적절한 교육	전문성 부족	재료상: 공극, 이어치기	고정하중 초과	시공:

	-기술, 지식 등	부실, 재료분리 등 발생 옥상무근콘크리트 과하중 슬래브두께 부족 설계도서 보관 부실	슬래브 내력 감소 설계와 상이한 시공부위 파악 곤란	재료상
건축주의 과욕, 무지	무리한 건축주의 요구 전문성 부족	과도한 용도변경 부재 훼손:슬래브 및 내력벽 손상 붕괴 징후에 대한 판단 착오	과하중 발생 내력 저하 비상조치 불이행	유지관리
-	-	-	-	인허가등

(4) 사회학측면의 사고원인

이상의 사고원인의 규명에는 건축분야 전문가들이 참여하여 사고원인의 근거를 제시한 것다. 사회학 측면에서 사고를 보는 시각을 사회학적 측면에서 접근한 두 가지 사례로서, 삼풍백화점 붕괴사고 사례연구와 건설안전분야에 관한 사회학자의 논고 중 기존 건축구조물에서의 안전사고 원인을 통해 알아보면 다음과 같다.

1) 기존 건축구조물에서의 안전사고 원인[44]

김병관(1998)이 건설안전의 여러 측면의 문제점을 제기하면서 기존 건축구조물에서의 안전사고 원인 및 대책을 건설산업의 속성, 사회적 가치관을 비롯하여 기능인력 문제에 이르기까지 포괄적으로 제시하였으며, 제기된 사고원인 및 대책의 골자를 요약하면 다음과 같다.

- 사고원인

① 성장 제일주의 가치관

② 건설업의 경기부양 정책수단화

③ 부실시공의 원인 및 책임규명 미흡

④ 건설업 질적 수준의 정체

⑤ 설계, 시공, 감리의 비연계성

⑥ 안전의식의 부족

⑦ 건축구조물에 대한 맹신-유지, 보수 노력의 필요성 간과

44) 김병관, Ⅳ. 건설안전, 한국인의 삶의 질, 서울대출판부, 1998.2, pp.114-121.

⑧ 부실업체 배제를 위한 제도적 장치 미흡

⑨ 하도급 시공체계의 불합리

⑩ 기술 및 기능인력의 부족

– 사고방지 대책

① 책임의 명확화

② 건설산업의 구조 개선

③ 인허가 절차 개선

④ 책임시공 및 안전관리체제의 확립

⑤ 건축구조물의 안전진단기준 강화

⑥ 건설기능인력 확보

⑦ 관련 공무원의 기술적 전문성 및 청렴성 확보

⑧ 안전논리에 우선한 경제논리 관행 탈피

⑨ 안전문화, 안전의식 확립

이상의 원인 및 대책은 다양한 차원에서 원인과 대책을 축약하여 제기한 것으로서, 대부분이 그동안 건설업계와 정부가 추진해온 과제들에 포함된 것들이다. 사고원인과 대책에는 대부분 간접적인 요인과 방안이 제기되었으나, 사고원인 중, 건설업의 정책 수단화, 설계, 시공, 감리의 비연계성, 하도급 시공체제의 불합리 등 건설산업 본연의 속성에서 비롯되는 문제들은 제도적으로 해결하고자 건설업계와 정부가 부심하고 있는 문제들이기도 하다. 제시된 대책방안중 첫 과제로 제시된 책임의 명확화는 다단계, 전문영역별로 분절된 생산방식으로 책임이 희석되기 쉬운 건설산업에서 특히 주목해야 할 지적으로 사료된다.

2) 사회학적 측면의 삼풍백화점 붕괴사고 사례연구[45)]

위의 시각이 건설산업 전반에 대한 진단이라면, 홍성태(1998)의 이 사례연구는 사회학

45) 홍성태, 사례연구: 삼풍백화점 붕괴사고, 한국 사회의 위험과 안전, 서울대출판부, 1998.2, pp.293-326.

적 측면에서 구체적인 사례로 삼풍백화점의 붕괴사고를 사회학적 측면에서 진단한 것이었다. 이 사례연구에서는 사회학 측면에서 사고원인을 비리가 개입된 건축과정 문제, 인·허가 문제, 사후관리 차원의 책임공방 및 법적처리 문제 등을 중점적으로 다루었으며, 특히 건축과정과 행정상 문제에 초점을 맞추어 간접원인이 부각되고 있다.

붕괴의 직접원인으로서 부실공사의 내역을 9가지로 정리하였는데 앞의 보고서와 유사하였으며, 간접원인으로는 행정비리로서 승인상의 의혹과 불법을 상세히 기술하였다. 궁극적으로 사고의 근본원인으로 경제 및 정치체계의 문제점에서 비롯된 것으로서, 사고의 원인은 거시적 차원에서 정치 사회적 구조의 모순에 대한 규명이 필요함을 시사하고 있다.

또한 이 사례연구에서는 사고의 책임문제를 붕괴를 둘러싼 공사참여자들 사이의 법적 책임공방, 검찰의 붕괴원인별 책임에 대한 수사결과, 사고의 법적처리과정 및 주요 피의자의 최초 선고결과까지 상세히 다루어 책임체제의 중요성을 주장하고, 대형사고의 원인이 제대로 책임을 가려서 처벌하지 못한데 있음을 지적하였다.

3) 기존 사고원인 접근방법의 한계

삼풍백화점 붕괴사고를 대상으로 한 사고보고서에서는 사고의 원인을 '총체적 부실', '인재', '인간의 무지, 부주의 그리고 과욕'에서 비롯되었다고 밝히고 있다. 따라서 사고의 구체적인 원인과 대책에 있어서도 총체적 부실차원에서는 제도의 실효성 문제가, 인간의 무지와 과욕 측면에서는 이러한 요인의 근원과 이를 억제할 수 있는 대안의 모색이 필요하다. 하지만 사고원인이나 대책에서는 기술적인 원인에 치우쳐, 이러한 근본적인 요인에 대해서는 구체적으로 접근하지 못하고 있으며, 이후의 문헌에서도 큰 차이는 없었던 것으로 사료된다.

주요 사고보고서에 나타난 사고원인을 비교해 보면, 대부분 직접원인으로서 구조측면의 설계 및 시공상 결함을 상세히 분석하고 있다. 붕괴원인에 대한 추정은 대동소이하였다. 검찰청 백서의 경우는 경우 구조적 결함에 치중하여 책임소재를 가리고 있으며, 서울시 백서의 경우는 기술적인 직접원인 이전에 설계감리, 준공검사, 인허가 과정, 준공후 안전진단 등 관리상의 결함에 대하여 비교적 상세히 기술하고 있다.

전체적으로 볼 때 붕괴원인으로서 공학적인 원인의 규명에는 철저하였으나, 이러한 붕괴의 직접적인 원인을 유발시킨 근본원인이나 관리상의 결함에 대한 기술은 미흡한 것으로 판단되며, 특히 부실한 건설사업의 근원이 되는 경제성 추구를 근본으로 하는 가격중심의 종속관계로 구속된 도급제도와 이로 인한 부실을 견제할 발주자/건축주의 역할과 상호 역학관계에 대한 규명이 미흡한 것으로 판단된다.

이하에서는 기존 사고원인 분석에서 더 고려해야 할 주요한 점들로서, 사고원인으로서 인적요인의 중요성, 이해당사자의 책임체제, 건전한 공사수행을 위한 환경으로서 정부의 방침과 이의 이행, 이해 당사자간의 협력 및 견제기능이 구현된 제도와 이를 운영하는 공무원의 역할에 대하여 외국의 사례와 함께 알아보고자 한다.

가. 인적 요인의 경시

앞에서 살펴본 사고발생 메카니즘에 나타난 바와 같이 사고의 직접원인은 사람의 불안전한 행동과 불안전한 상태로서 모든 사고에는 인적요인이 개재되어 있으며, 이러한 직접원인의 이면에는 근본원인으로서 부적절한 인적 자질과 업무시스템이 존재하는 바, 모든 사고는 인적요인을 잘 통제함으로써 효과적으로 예방할 수 있다.

현대 사고는 대부분이 인재이며, 삼풍백화점 붕괴사고도 예외가 아님을 모두가 인정하고 있으면서도, 건설과정에 참여하는 사람에 대한 대책은 그 중요성에 비해 소홀히 취급되고 있다. 검찰청의 감정보고서에는 참여자의 중요성을 다음과 같이 밝히고 있으며[46] 이는 건축분야 종사자의 상식이기도 하다.

모든 건물이 안전하게 그의 건축 수명을 확보하기 위해서는

① 설계자의 빈틈없는 계획 및 설계

② 건설업자의 완벽한 시공 및 관리

③ 건축주에 의한 철저한 건물의 유지관리

46) 서울地方檢察廳, 三豊百貨店 崩壞事件 捜査 및 原人糾明鑑定團 活動白書, 1995.11, p.362.

등의 3조건이 합치되어야만 한다.

즉, 건축물이 안전하기 위해서는 건축주, 설계자, 시공자 모두의 역할이 필요함을 천명하고 있다. 이러한 세 조건에는 두 가지 의미가 내포되어 있다. 첫째는 참여자 개개인의 역량이 충분하여야 하며, 둘째는 각자가 제 역할을 할 수 있도록 제도적인 장치로 보장되어야 한다는 것이다.

인적대책에는 건설기술자뿐만 공무원을 비롯하여 공사 수행에 관여하는 모든 사람이 포함되어야 한다. 실제로 건설산업의 발전 방안중의 하나로 등장하는 주요한 과제가 건설기술자의 자질 향상으로서, 건설교통부의 백서[47] 등 주요한 국가 정책이나 장기발전계획에서 핵심과제로 추구되고 있으나, 사고의 근원에 대한 대책으로는 제대로 다루어지지 않고 있다는 점이다.

최근에는 건설산업의 존립과 국제 경쟁에서 살아남기 위한 필요조건으로서 건설기술자의 자질향상을 위한 현 제도의 문제와 대책 방안이 심각하게 논의되고 있는 바[48], 현재보다 훨씬 효과적인 기술자 양성, 자질 검증, 대우 및 사후관리를 위한 틀이 조속히 마련되어야 한다.

나. 불합리한 책임체제

앞에서 기술한 바와 같이 사회학적 측면에서 사고방지를 위한 대책으로 책임의 명확화는 첫 번째 과제로 꼽히고 있다. 기존의 사고원인에 대한 접근 시각의 한계로 건축과정의 책임문제를 알아보고 책임의 정립에 시사점이 되는 영국의 사례를 소개하고자 한다.

(1) 합리적 책임체제의 중요성

피터 드러커 교수는 건전한 조직을 구축하는데는 꼭 다져야 할 두 가지 기초가 있다고 하였다. 즉 "첫째는 조직에 있는 사람들의 질이며, 둘째는 그들이 수행해야 할 새로운 과제에 철저히 책임을 부과하는 것이다."라고 하였다.[49] 사고원인에 대한 책임공방의 근원은

47) 건설교통부, 건설기술백서, 한국건설기술연구원, 1999.3, pp.81-111.

48) 한국건설산업연구원 주최 국제세미나, 건설 전문가 양성의 세계적 추세와 국내 건설산업의 선택, 건설회관, 2005.6.2.

기존의 책임체제가 미흡했기 때문으로서, 특히 사고의 근본원인은 건축주의 무지와 과욕이나, 이에 대한 체계적인 접근이나 대책 방안의 강구가 미흡한 것으로 사료된다. 삼풍백화점 붕괴사고의 경우 건축물의 안전에 대한 책임체제의 법제화 미흡에 따른 죄형법정주의 국가의 한계로 합리적인 처벌이 곤란하여, 수사과정에서 법리에 대한 연구를 다시 하여야 했으나, 지금도 유사한 사고에 대한 책임체제는 크게 개선되지 않고 있다.

건설공사의 시공단계에서 일반건설업체의 역량이 전문건설업체의 지도능력에 달려 있는 것과 마찬가지로, 건설과정 전단계는 발주자/건축주 또는 이의 대리인의 자질과 역할이 성패를 좌우한다. 따라서 발주자/건축주가 자신의 결정사항에 대한 책임을 지고, 이러한 결정을 합리적으로 지원할 수 있는 체계의 구축은 건설사업 전과정에 걸쳐 부실 및 사고방지의 첫째 관건이라 할 수 있다.

이러한 책임체제의 관건은

첫째, 발주자/건축주가 결정한 사항에 대해서는 책임을 지게 하여 무리한 욕구를 자제하게 할 수 있어야 하며,

둘째, 발주자/건축주가 책임을 지게하기 위해서는 이러한 책임을 알려주는 장치가 선결되어야 하며, 이러한 책임을 알려주는 기능은 설계자, 감리자, 시공자 등 공사단계별 하수급인이 담당하게 함으로써, 발주자/건축주와 함께 각자가 자신의 역할을 다하도록 할 수 있다.

이러한 책임체제의 구현 방안을 영국의 사례로 알아보면 다음과 같다.

(2) 영국의 발주자 중심 안전책임 체제

앞에서 살펴본 바와 같이 국가별 산업재해율 중 가장 낮은 재해율을 기록하고 있는 국가가 영국으로서, 특히 영국의 건설공사 안전관리체제는 우리에게 시사하는 바가 크다. 영국에서는 지속적인 안전입법을 통하여 건설산업의 재해통계가 개선되고는 있지만, 건설현장의 모든 이해당사자가 충분한 책임을 갖고 안전관리를 시행치 못했음을 깨달았다. 결국 안전보건청(HSE)은 건설산업에만 적용되는 별도의 특기 안전입법으로 CDM 1994(The

49) 피터 드러커 저, 현영하 역, 비영리단체의 경영, 한국경제신문사, 1995, p.59.

Construction Design & Management Regulations)을 제정하게 되었다. CDM은 1994년에 근원적 건설재해 예방을 위해 기존의 법령과 별도로 발주자, 설계자, 시공자 3자의 안전보건에 대한 관리시스템을 제정한 것으로서, 건설사업 안전관리체제의 골격을 이루고 있다.

영국의 건설사업 안전관리체제의 특징은 한마디로 사고책임의 중심에 발주자가 있다는 점이다. 영국은 관련 법령에 건설안전조직 구성에 관한 의무규정이 없으며, 다만 발주자가 안전전담자인 안전계획감독(safety planning supervisor)을 선임하여 건설공사의 계획부터 시공단계에 걸쳐 안전분야를 통합관리 하도록 하여 발주자를 비롯한 공사 이해당사자에게 안전에 대한 의무와 책임을 적절히 부여하고 있다.

CDM의 핵심개념은 각각의 건설단계마다 발주자로 하여금 한명의 중심적 인물로서 안전계획감독(safety planning supervisor)을 임명케하여 자신의 책무를 보좌시키는데 있다. 안전계획감독은 공사를 착수하기 전에 계획에 관련된 문제를 주로 담당하고, 원도급자는 건설과정에 주로 관련되며, 이 둘 사이의 연계는 안전보건계획에 있다. 이 계획은 안전계획감독에 의해 시작되고, 원도급자에 의해 조정되며, 원도급자는 공사에 참여하는 다른 도급자와 협의를 하게 된다.

발주자는 각각의 공사에 안전계획감독과 원도급자를 임명하게 되어있다. 공사는 적절한 안전보건계획이 준비되어야 진행될 수 있다. 그리고 공사 시작전에 구체적인 정보를 안전계획감독에게 제공해야 하며, 안전보건대장이 항상 이용될 수 있도록 해야 한다.

설계자는 발주자가 법적인 의무를 알게 해야 하며, 예측 가능한 위험을 피해야 하고, 위험에 대한 논쟁의 요인들 또한 피해야 한다. 설계자는 근로자와 건설활동에 관련된 사람들을 보호하기 위한 조치들을 최우선하여야 하며, 안전보건에 관련된 위험에 대한 적절한 정보를 설계 내용에 포함시켜야 한다. 설계자는 안전계획감독과 나머지 다른 설계자와도 협력할 의무가 있다.

CDM 적용 대상공사의 규모는 공기 30일 이상 또는 연인원 500인·일 이상의 건설공사로서, 발주자가 공사를 신고할 필요가 없는 경우는 공사가 5명 이하의 인원이 필요할 경우로서, 거의 모든 건설공사에 적용되고 있다.

독일 및 EU의 경우도 이와 유사한 안전관리체제를 유지하고 있는데, EU 및 독일의 안전관리체제의 특징은 설계단계부터 안전조정자(Safety Coordinator)로 하여금 위험요인을 검토하게 하는데 있으며, 이를 위한 안전조정자의 역할과 선임방법에 있다. 안전조정자는 건설공사의 발주자나 발주자의 대리인이 선임한 자연인 또는 법인으로서, 건설공사의 계획·설계단계에 기술적인 사항뿐만 아니라 안전보건에 관한 사항을 지도, 자문 및 감독하며 종합적인 책임을 지는 공사 준비단계의 안전조정자와, 하도급계약 및 시공중의 기술적인 사항과 안전보건관리에 관한 모든 사항을 지도, 자문 및 감독하는 공사 집행단계의 안전조정자로 구분된다.[50]

EU 및 독일에서는 안전조정자의 선임의무를 발주자 또는 감리자에게 부여하여 안전조정자를 시공자로부터 독립시키고 있으며, 선임대상공사는 영국과 유사하다. 독일의 경우는 기술조합(TuV)등 안전전문기관이 필요한 회사와 계약에 의하여 안전조정자를 파견하고 있다. 안전조정자의 선임방식은 첫째, 공사추진계통과 별도로 선임하여 발주자나 시공자를 직접 전문적으로 지도하거나, 둘째 공사현장 조직속에 전문소장으로 선임하는 방식이 있다. 안전문제에 대하여 안전조정자가 지시 권한을 갖는다고 하여 근로자 및 작업기기, 공구 등의 정상유지에 대한 관리·감독자 즉, 사업주의 책임이 전가되지는 않는다.

EU 기본규범에 규정된 안전조정자의 역할을 보면 건설사업의 기획 및 설계단계에서는 발주자에 대한 건설공사 설계 및 시공계획 및 준비에 있어서 안전보건관련 일반원칙의 적용 및 응용 조정, 진행작업에 고려해야 할 안전보건관련 정보 및 자료와 당해 건설공사에서 유의해야 할 특기 안전보건계획서의 작성 또는 작성지도 등이다.

영국과 EU의 안전관리체제의 가장 큰 특징은 다수 이해당사자가 참여하는 건설공사의 유동성과 일시성을 극복하는데 초점이 맞추어져 있으며, 이를 극복하는 방법으로 공사참여자들의 책임 부여를 위하여 안전전문가를 선임하도록 하고 있다는 것이다. 또 하나의 특징은 안전문가의 명칭에 나타난 바와 같이, 안전관리 기능으로서 공사참여자 사이의 조정 및 독려 기능과 계획 기능을 중요시 하고, 공사의 상위단계인 설계단계부터 안전전문가

50) 독일의 재해방지규정(VGB1. §6.1)과 EU의 Council Directive 92/57/EEC of 24 June 1992 on the implementation of minimum health and safety requirements at temporary and mobile work sites

를 참여시킴으로서, 안전전문가의 위상이 높고 역할이 강화되어 있으며, 이들의 선임 방법은 발주자의 선택에 맡기고 있다는 점이다.

이와 같이 영국의 안전관리체제는 발주자를 비롯한 공사 참여자 사이의 합리적인 책임분담을 위하여 안전전문가의 선임을 발주자의 책임으로 하고 있으며, 시공자의 선택, 안전전문가의 선임, 필요한 정보의 제공 등 안전에 필요한 기본적 사항에 대한 이행 의무를 발주자에게 부여하고 있으며, 이러한 의무의 이행 수단으로 안전전문가를 활용하도록 하고 있다. 이러한 전문가는 공사의 설계단계부터 참여하여 일관된 안전관리를 가능케 하고 있으며, 공사참여자 사이의 조정 권한을 부여하고 있어, 공사단계의 시공자 위주인 기존의 안전관리체제의 한계를 극복한 것으로 사료된다. 영국의 CDM제도에 대한 구체적인 내용 [참고자료록 4]로 첨부하였다.

다. 공무원의 규제감독 기능 및 정부의 방침

(1) 공무원의 규제, 감시 및 감독 기능

시설물 안전관리의 가장 상위 실패요인은 개별 시설물의 생산 및 유지관리 과정에 대한 지도감독의 부실 또는 인적자원 등의 결여와 이러한 시스템을 구축하는 공무원의 상위 조정기능의 미흡으로 보아야 한다. 앞에서 고찰한 바와 같이 공무원은 정부의 대표로서 건축과정에 다단계에 걸쳐 깊이 개입하고 있다.

건축공무원은 건축안전의 마지막 보루로서 그 중요성은 아무리 강조해도 지나치지 않으나, 공무원의 전문적 자질, 행정관료로서 전문직 배치전환의 문제, 외부의 끈질긴 유혹 등에 직면하여 본연의 임무수행에는 많은 장애요인이 도사리고 있으며, 현재도 가장 부패한 분야로 꼽히고 있다. 최근 이러한 건축공무원의 역할에 대한 논의[51]가 활발히 이루어지고 있으며, 주요한 쟁점은 건축법의 개선요소와 법의 집행자인 건축공무원의 공정한 역할 보장, 건축전문가를 배출하는 직업교육의 역할 점검, 부패 유혹의 근원적 제거 등에 대한 논의가 이루어졌다. 최근에 공무원의 역할에 대한 문제점과 개선 방안으로 제시된 내용은 다음과 같다.

51) 개방화 시대의 건축법과 공무원의 역할에 대한 논의, 대한건축학회, 건축, 제49권 3호, 2005.3.

건축법은 그 당시 건축물이 가져야 할 공익증진을 위한 공동의 약속이자 질서이고 최소한의 기준이며 규율이다. 우리나라 건축물도 많은 변화를 거듭해 왔으며 이에 따라 건축법도 변천되었다. 사회적 환경과 여건에 따라 건축물이 달라지고 이것을 정책과 제도로 적절히 수용하기 위해 건축법을 개정했을 수도 있고 건축법규에 따라 건축물이 규제되기 때문에 건축물과 건축법 사이의 선·후의 문제는 확실하지 않지만, 긴밀한 상호관련성이 있는 것은 분명하다. 그렇다면 개방화 시대의 건축법규는 국내적 현실을 반영해야 됨은 물론이거니와, 국제적인 기준에도 합리적이어야 한다. 국내의 특수성과 세계적 범용성이 동시에 갖추어야 하기 때문에 지금까지와는 다른 별개의 체계와 내용을 가져야 한다. 토지와 건축물, 도시와 건축, 건축과 환경 등의 관련성에 대한 해법은 비교적 공통의 언어일 것이고, 생활·문화·의식·전통·관습·규범 등의 특성은 지역적 특수성을 가진 것으로 볼 수 있다.

건축법과 이에 대한 제도의 운영 주체는 공무원이다. 개방화 시대에는 공무원의 역할이 무엇이며 법제 운영은 어떻게 할 것인지, 또 현행 법제의 문제가 무엇이며 어떻게 개선해야 하는지에 대하여 논의가 필요하다.

오랜 중앙집권제에서 지방자치시대로의 변화는 설계·구조·설비·조경·토목·도시계획·소방·전기통신 등 전문화된 인접 분야외의 상호 관련성 및 기획에서 완공 유지관리까지 건축과정에서 여러 가지 절차의 이행과 관련분야와의 협력, 새로운 정책과 개발 방식의 도입과 실행, 건설과정에 참여하는 주체의 역할, 시대적 상황과 사회적 요구 등을 수용해야 하는 복잡한 문제가 얽혀 있다. 이제 공무원도 다원화된 역동적 전문사회에 걸맞은 의식과 법제 운용이 필요하다.[52]

그렇다고 해서 건축제도의 중심에 건축직 공무원이 얼마나 중심적 역할을 하고 있는 것일까 생각해 볼 때, 그다지 긍정적이지 못하다. 중앙정부에서 건축직은 소수에 불과하다. 건축이 건설과 깊은 관련이 있으니, 이름만으로 판단하기는 어렵지만, 건축 관련은 건설교통부의 건축과이다. 하나의 과가 건축 전체의 제도와 행정을 관장하는 것을 볼 때, 건축가

52) 이상 최찬환, 전개서.

53) 이상 김광현, 전게서.

가 경원시하는 건축행정직도 그다지 많은 편이 못된다. 또한 "서울특별시 구청의 도시관리 국장직도 건축을 전공한 사람이 맡고 있는 경우는 거의 없다"고 작년에 한 구청 건축과장에게서 들은 바 있다. 건축 관계 국장직을 거의 다 행정직이 차지하고 있다고 한다. 이렇게 보면 건축행정직에서도 건축과가 차지하는 비중은 상대적으로 낮은 실정이다. 이에 따르면 자치구의 건축 및 주택 행정분야의 국장과 과장을 건축직 공무원으로 보직 조치하는 것이 당연하다. 구청 등의 건축관련과는 민원이 가장 크게 폭주하는 과이다. 그런데도 소수의 건축직 공무원으로 지탱된다는 것은 건축 관련 서비스가 낮아진다는 것을 말하며, 그 여파가 건축에 대한 사회의 인식 저하, 건축설계 사무소에 대한 인식 등으로 이어질 가능성을 던지는 원인이 된다 할 것이다. 이렇게 볼 때 사회에 대한 건축의 역할을 제고한다는 의미에서, 국가와 지방 자치제를 대상으로 업무량에 비례하는 적당한 건축직 공무원의 수효를 산출해 주어야 할 필요가 있다고 본다. 건축직 공무원의 수가 많다는 것은 그만큼 국민에 대한 건축의 영향력을 높아지고 건축제도를 정밀하게 다듬는 기회가 된다고 본다.

그러나 학교는 건축행정을 자신이 방향으로 알고 미리 알아서 움직이는 학생에 대한 배려가 별로 없다. 학교에서 빠져나와 두문불출하다가 어느 날 고시에 합격하여 건축공무원, 건축행정가가 되어 나타난다. 그러는 사이에 그는 건축의 진수를 이해하지 못한 채, 행정 그 자체의 전문가가 되어 가기가 쉽다. 그러다 보니 학교에서 건축설계, 건축가를 지망하는 학생은 적자요, 건축공무원이 되겠다는 학생은 서자와 같은 존재가 되어 버린다. 다시 말해 학교에서는 건축가를 기르기 위해 온갖 정성을 다 기울이지만, 건축행정가를 키우기 위해 적절한 교육 프로그램을 거의 가지고 있지 않다는 말이다. 우리 건축교육이 사회에 접하는 방식을 단적으로 드러내는 예라 할 것이다.

그런데도 학교에서는 이렇게 중요한 행정을 이해시키지 못하고 있다. 아마도 건축행정을 접하게 하는 유일한 과목은 건축법규일 것이다. 그러나 건축법규만이 건축행정 전반은 아니다. 반대로 학교 강의에서는 건축행정을 건축을 아름답게 꾸미고 미학적 논설을 펴나가는데 방해가 되는 한 측면으로 부각시키고 있지는 않은가도 반성할 일이다. 각종의 건축행정을 잘 이해하지 못하여, 오히려 가르치기 쉬운 건축 내적인 개념으로 학생들을 가르치고 있는 것이 지금의 현실임을 부정할 수 없을 것이다.

나는 유명한 건축가, 문학자, 평론가를 불러 학생들에게 특강을 베푸는 것은 많이 보았어도, 유능한 건축행정가, 건축정책 수립자를 불러 건축정책의 중요성과 건축행정은 학교 때 배우는 것이 아니고, 단지 실무를 할 때 부딪히는 분야 정도로 알고 있거나, 아니면 심지어는 건축설계의 반대쪽에선 방해거리 정도로 알고 사회로 나아간다는 증거이다.[53]

이상에서 지적되고 있는 바와 같이, 건축사나 건축기술자의 배출과 함께 자질있는 건축공무원의 배출과 정부의 건축직의 전문성 보장 등은 지속적으로 개선되어야 할 과제이다.

(2)일본의 건설사고 방지를 위한 합리적인 정부 방침

우리나라의 경우 최근의 고속철 공사중에도 지반조사의 미흡으로 굴착공사 중 폐광 등의 공동에 직면하는 등 부실 요인으로 사회적 지탄을 받은 바 있으며, 이러한 요인들은 건설사업의 수행 과정에서 당연히 수행하여야 할 요인들에 대한 사전검토가 미흡했던 탓으로, 이러한 장치가 제도적으로 보장되어있지 못하여, 기술적인 사항이 정책논리에 희생되었기 때문이다.

하지만 일본의 경우 건설사업의 수행에 있어서 충분한 사전준비 및 설계기간의 책정, 그리고 공사중 직면하는 제반 문제에 대하여 설계변경, 공사비 조정, 공사기간 조정 등 합리적인 조정을 보장하고 있으나, 우리의 경우는 이러한 풍토가 조성되지 못하였으며, 도리어 비리 의혹으로 비쳐지는 실정이다. 일본의 경우 건설사업의 안전관리체제는 우리나라와 유사한 점이 많으나, 건설성의 안전대책은 '공중재해 방지대책 요강' 등 건설성의 고시(통달)로 제반 위험요인을 합리적으로 고려하도록 보장하고 있다는 점이다.[54] 일본 건설성 '공중재해 방지대책 요강' 의 구체적인 내용은 [참고자료 5]와 같다.

라. 벌칙의 실효성

(1) 벌칙의 수준과 선결요건

54)建設省建設經濟局建設業課 · 住宅局建築指導課 監修, 建設工事公衆災害防止對策要綱の解說;建築工事編, 大成出版社, 東京, 1993. 및 建設省建設經濟局建設業課 監修, 建設工事公衆災害防止對策要綱の解說;土木工事編, 大成出版社, 東京, 1993.

벌칙의 수준은 법규를 위반한 당사자뿐만 아니라 위반의 가능성을 가진 다수의 위반 가능성을 억제하기에 충분한 수준이어야 한다. 우리나라의 경우 대부분 벌칙의 수준이 규제를 지키는데 드는 비용에 비해 미약하여 법의 준수를 통한 사고 억제력이 부족한 실정이다. 여기에다가 법을 위반하여도 반드시 문책을 당하는 확률이 낮기 때문에 극단적일 경우 벌칙을 각오하고 위법을 감행 하는 사례도 나오고 있다.

최근 대형사고의 영향으로 벌칙이 대폭 강화되기는 하였으나, 앞에서 제기한 이해당사자 사이의 합리적인 책임체제가 미흡한데다가, 대부분의 공사가 민간주도로 이루어지는 건축물의 경우는 이러한 강화된 제도의 사각지대에 있다. 따라서 벌칙도 책임의 합리적 분담과 함께 모든 발주자와 공사유형에 상관없이 일관되게 적용되도록 제도가 개선되어야 한다.

(2) 주요 국가의 사회적 책임에 대한 벌칙 강화사례

최근 신자유주의 경향에 따른 규제 완화와 병행하여 기업의 사회적 책임은 더 강화되는 추세로서, 선진국일수록 사고에 대한 책임을 엄격히 묻고 있다. 산재 사망사고의 경우도 미국, 영국, 캐나다, 호주 등 주요 국가들이 일제히 기업의 살인죄로 천명하고 강도 높은 형사처벌을 위한 근거를 마련하여 시행중이다. 영국의 경우 근로자와 공중의 안전을 위하여 CCA(Center for Corporate Accountability)와 같은 민간단체에서 이러한 기업의 사회적 책임을 지속적으로 추궁해나가고 있다.[55]

마. 사고원인 복합성에 대한 접근

삼풍백화점 붕괴사고의 원인이 '총체적 부실' 로 표현되는 것처럼, 복합적인 사고원인의 규명과 이들 사고원인 사이의 상관관계에 대한 규명이 필요하나 미흡하였으며, 그 결과 대책에 있어서도 거시적인 차원에서 큰 틀을 마련하는 데는 이르지 못한 것으로 판단된다. 특히 인적 및 제도적 근본원인과 상위 관리상의 결함을 치유할 수 있는 시스템에 대한 검토는 미흡하였다고 볼 수 있다.

55) http://www.corporateaccountability.org/

5. 사고방지 대책방안의 재정립

1) 사고원인에 대한 기본적 접근방식

붕괴사고에 대한 진단으로 이제까지 공통적으로 지적된 삼풍백화점 붕괴사고의 두 가지 특징은

첫째, 사고는 천재(天災)가 아닌 인재(人災)이며,
둘째, 총체적 부실에서 발생했다는 점이다.

첫 번째 특징이 시사하는 바는 인적대책(人的 對策)이 우선해야 한다는 것이며, 두 번째 특징은 사회적 시스템, 즉 제도의 개선이 필요하다는 것이다. 앞에서 고찰한 바와 같이 부실설계, 부실시공, 과하중 등의 직접적인 붕괴원인 이전에는 이러한 업무를 수행한 사람들의 자질이 근본원인이며, 이러한 근본원인은 사회적 시스템 문제, 즉 제도가 책임을 충분히 다할 수 있도록 견제하거나 독려하지 못하였기 때문이다.

기존의 사고원인 분석에는 상세한 지엽적인 원인이라 할 수 있는 직접적 붕괴 원인에 비해서, 이러한 근본 원인에 대한 규명과 대책의 강구가 미흡하며, 특히 관리상의 결함으

로서 제도 문제와 불합리한 제도를 개선하지 못한 국가차원의 상위 관리상의 결함에 대한 규명과 이들에 대한 대책은 미흡하였다고 판단된다.

가. 합리적 책임체제와 벌칙 수준

삼풍백화점 붕괴사고의 가장 근본원인은 이해당사자로 하여금 자신의 역할에 따른 책임을 다하도록 독려하지 못한데 있다. 따라서 미흡한 책임체제를 상위 의사결정권자인 발주자를 중심으로 재정립하고, 각자의 역할에 따른 책임과 벌칙을 천명하여 사고방지 역할을 다하도록 해야 한다. 벌칙에 있어서도 상위 의사결정권자에게 더 책임과 벌칙을 부과되어야 하나, 우리의 현실은 이와는 정반대인 경우가 많다.

나. 人的 요인의 제거를 위한 접근

사고의 대부분은 사람이 개입되어 있으며, 피터 드러커 교수도 최상의 안전대책은 '인간의 불안전한 행동을 없애는 것' 이라 하였다. 위의 두 가지 특징에 비추어 기존의 사고 원인 및 대책을 돌아보면, 사고가 인재(人災)임에도 불구하고 발주자/건축주, 감리자, 설계자, 현장 기술자, 유지관리자, 시설물의 사용자 등 사람에 대한 구체적인 대책이 없거나 미흡하다는 점이다. 다행히 현장기술자 분야는 건설기술자 경력관리제도가 상당기간 시행되어 왔으며, 최근 들어 건설관련 전문교육기관에서는 공학인증제도, 건축분야의 경우 건축학분야와 건축공학분야의 분리교육 등 전문성을 높이려는 교과과정의 개편이 이루어지고 있지만, 기술자 자격 외에는 졸업생의 품질을 보증되지 못하고 있으며, 특히 건설물의 특성상 요구되는 사회적 책임을 비롯한 직업윤리의 함양을 위한 교과과정의 개발이나 이러한 자질의 육성에는 소홀하였으며, 건설산업에 입직하는 신규인력의 자질을 높이려는 대책 또한 미흡한 것으로 판단된다.

나아가서 사고의 인적요인을 제거하기 위해서는 검증이 없이 유입된 기술인력을 건설업 경영자의 편의를 위하여 한시적으로 시행한 인정기술자제도나, 현업의 기술자들에 대한 보수 교육 등의 완화 또는 폐지는 국민의 생명과 재산을 담보하는 사안으로서 재고되어야 한다. 단지, 보수교육 등에 있어 획일적 경직된 시스템이 아닌 유연한 교육시스템으로 건설기술자 각자가 필요한 분야에 대하여 스스로 자질을 높여갈 수 있도록 제도화하여야 할 것이다. 궁극적으로 학교교육에서부터 건설사업 단계별 또는 전문분야별 인력의 자질을 높이는 노력이 선행되어야 한다.

다. 업무/시스템 차원의 접근

최근 보도에 의하면 건축물을 짓는 데는 16개 부처 212개 법령이 관련된다고 한다. 현재 공무원으로서 이러한 감독기능을 완전하게 소화해 낼 수 있는지, 외부의 유혹으로부터 자유로울 수 있는지는 여전히 의문이다. 대표적인 예로서 건축의 인허가과정은 부조리의 온상으로 지적되고 있으며, 관련 공무원도 비전공자가 많음에도 근원적인 개선방안에 대해서는 소홀하였다고 볼 수 있다. 이제 문제의 해결을 위해서는 지엽적인 개선이 아닌 근본적인 처방이 우선하여야 할 때이다.

라. 상위의 국가 시스템적 접근

제도상 결함은 국가차원에서 개별 건설물을 규제하는 제도를 입안하고 운영하는 상위 정부시스템상의 문제로서, 이러한 기능에 대한 진단 또한 미흡한 것으로 판단된다. 불안전한 상위시스템으로 구현된 하위시스템이 완전하거나 실효성을 확보하기 어려울 수밖에 없으나, 이러한 국가차원의 상위문제에 대해서는 문제의 제기도 미미할 뿐 아니라 개선을 위한 대책방안이나 개선을 위한 노력도 매우 미미하였다고 할 수 있다. 나아가서 입법권자인 국회나 정치권에서는 제도의 개선을 위한 입법과정에서 제도의 핵심조항을 왜곡시킴으로서 본래의 취지를 약화시키거나 무력화시킨다는 지적이 일고 있는 점도 반성해 보아야 할 것이다. 특히 제도 개선의 과정에서 이해집단의 기득권 수호 노력에 대한 효과적인 견제는 향후 제도개선의 관건으로 떠오르고 있다.

마. 사고원인의 연쇄성 및 복합성 진단

보편적인 사고발생 원리로서 사고원인 복합성의 원리에 대해서는 이미 앞에서 언급한 바 있다. 미국 국립안전협회(NSC)의 관리자인 W. G. Johnson은 "사고는 대개 여러 요소가 복합되어 있고 상대적으로 오랜 시간동안 일련의 변화와 실수를 거쳐 전개된다."고 하였다.[56]

삼풍백화점 붕괴사고를 총체적 부실로 진단한 것은 무수한 다수의 사고요인이 오랜 시간 동안 중첩되어 발생하였기 때문이다. 삼풍백화점 붕괴사고의 경우도 설계단계, 시공 및 감리단계, 유지관리단계, 특히 사고발생 직전까지도 이전의 오류에 의한 사고를 방지하거나 사고로 인한 피해를 최소화할 수 있는 기회가 많았음에도 불구하고 초대형사고로 발전되었다. 따라서 이러한 복합적 요인에 대한 상관관계의 규명과 이들 요인 각각에 대한 대책의 타당성도 검토되어야 하며, 이후 단계에서 이전 단계의 오류를 점검할 수 있는 시스템이 갖추어 진다면 한두 가지 오류가지고는 결코 사고로까지 진전되지는 않을 것이다. 모든 오류나 실패가 가져온 변화와 이들의 인과관계는 규명이 가능함에도 기존의 사고원인에서는 근본적인 사고요인들이 복합적으로 다루어지지 못하고 있어, 이에 대한 철저한 규명이 요구된다.

2) 시설물 사고방지를 위한 근원적 방안

가. 합리적이고 명확한 책임체제의 확립

건설산업이 높은 사회적 책임과 규제산업임에도 불구하고 가격경쟁을 통한 경제성 추구의 관성은 자본주의 사회의 근본속성으로 자리잡고 있다. 이러한 생산성 추구의 경향이

56) 전게서, p33.

특히 공공기관을 포함한 발주자/건축주의 무지나 과욕에서 비롯된 무리한 요구와 결합할 경우 삼풍백화점의 사례는 얼마든지 재현될 소지가 상존하고 있으며, 합리적인 책임체제만이 이러한 부실요인의 억제에 효과적으로 기능할 수 있다.

근래에 우리나라에서 발생한 모든 사고의 공통점으로서, 사고방지의 역할을 담당한 사람이나 조직에 명확한 책임이 부여되어 있지 못하여, 사고에 대한 엄정한 책임을 물을 수 없었다는 점이다. 이미 발생한 사고가 사회 전반에 경각심은 주었지만 실질적인 개선의 촉매가 되지 못하는 근원이기도 하다. 따라서 대형사고에도 불구하고 소수의 하수인만이 처벌된다는 비난이 끊이지 않았으며, 벌칙 또한 피해자의 희생에 비해서는 턱없이 미약한 수준이었다. 모든 참여자와 이해당사자 사이의 책임체제 및 벌칙의 명확화는 안전한 사회 구축의 최소요건이다.

건축자에 대한 책임은 고대로부터 명확히 천명되어 왔으나, 현대에 들어 건축물의 내용이 고도화, 복잡화되고 이에 따라 생산과정이 다단계로 분절되었으나, 생산방식이나 과정의 복잡성에 비해 생산과정에 참여자나 이해당사자 사이의 역할과 책임은 합리적으로 분담되지 못하고 있다. 특히 건설사업은 시공자보다는 발주자나 설계자, 나아가서 행정관청의 역할이 매우 중요하다. 따라서 각각의 참여자에게 의사결정권한에 대응하는 책임을 부여하여야 하며, 앞에서 소개한 영국의 건설사업 안전관리체제는 그 전형이 될 수 있다.

건축물의 경우는 특히 용도, 소유 형태, 관리형태 등이 다양하여 현재의 규정이나 법령으로는 책임을 묻거나 시정을 요구할 근거가 미흡한 경우가 발생하고 있다. 일례로, 최근에 보도된 이웃에 불안전한 구조물을 방치하여 인근 주민에게 불안을 조장하는 사례 등에 대해서도 엄격한 사회적 제제를 가할 수 있는 시스템의 구축이 필요하다.

이해당사자의 역할에 따른 책임을 묻기 위해서는 현행 법령상 건축물의 경우 모든 책임을 건축사가 지도록 되어있는 점도 참여자 각자의 역할에 따라 책임이 합리적으로 분담되어야 한다. 건축사사 인·허가 업무를 대행한다고 하여 구조적인 문제를 책임질 수는 없으며, 시공이나 설비 등 다른 분야도 동일하다. 따라서 설계 내용에 대해서는 각 분야별 전문가가 책임을 져야 하며, 건축사는 이들 사이의 통합, 조정에 대한 책임을 맡겨야 한다. 설계 내용에 대한 시공도 동일한 원칙에 따라 책임이 분담되어야 한다.

합리적인 책임의 분담에는 발주자/건축주의 책임이 선행되어야 하며, 발주자에게 건전한 발주의 책임을 묻기 위한 선행조건은 이러한 발주자에게 자신의 책임을 알려주는 기능과 함께 비전문가인 발주자를 보좌할 수 있는 기능이나 또는 전문서비스의 제공이 병행되어야 한다. 여기서 발주자에게 자신의 책임을 알리는 것은 발주자의 하수급인인 설계자, 감리자, 시공자, 유지관리자 등 공사단계별 하수급자에게 이러한 책임을 알려야 할 의무를 부여함으로써 가능하며, 하수급자의 주요한 책임으로 발주자의 책임을 보좌하는 역할을 부여함으로써, 상호 보완적으로 책임을 완수할 수 있게 된다.

이로써 발주자가 전문기술자의 의견에 귀를 기울이고, 자신의 무리한 요구를 자제하게 할 있으며, 발주자로 하여금 우수한 집단이나 전문기술자를 선호하게 하여 궁극적으로는 자격 미달의 종이회사나 브로커들이 시장에서 자연스럽게 퇴출될 것이다.

나. 건설과정 종사자에 대한 인적대책의 충실

현대의 사고는 모두가 인재(人災)로서, 건설사고의 방지에도 건설과정 종사자 모두에 대한 직업윤리를 포함한 전문성 확보는 근원적 대책이 될 수 있다. 건설현장의 기능공으로부터 전문기술자, 관련 공무원 등 건설생산과정에 직·간접적으로 참여하는 모든 인력의 질적 개선, 특히 직업윤리에 대한 교육의 질적 개선을 위한 교육 및 재교육 시스템이 사고방지에 충분한지에 대하여 점검이 필요하다. 건설사업의 계층별로 직업윤리와 기술적 전문성을 겸비한 인재를 육성하고, 각 전문분야에 대한 전문성을 평가하여 이를 우대하는 풍토의 조성이 필요하며, 입직(入職)전 대학교육에서부터 실무의 보수교육에 이르기까지 일관된 평생교육 시스템이 가동되어야 한다.

다. 업무/시스템의 개선을 통한 내부적 지원, 견제기능의 구현

인적대책과 병행하여 건설과정 참여자 모두가 각각의 능력을 발휘하고, 소신껏 업무를 수행할 수 있는 틀이 제도적으로 마련되어야 한다. 특히 시스템 안에는 발주자를 비롯한 상위 의사결정권자의 무리한 요구를 스스로 자제할 수 있게 하고, 공사 수행자들에게는 이러한 부당한 요구를 거부할 수 있는 기능을 구현하여, 건설사업 내부 참여자 사이에 건전한 상호견제기능이 작용하여야하며, 이의 구축은 영국의 사례가 대안이 될 수 있다.

라. 실효성있는 벌칙 수준

참여자에게 명확한 역할과 책임이 부여되면, 엄정한 벌칙의 부과가 가능해진다. 선진국의 기업에 대한 산재사망사고 처벌의 취지에서 밝힌 바와 같이 책임의 불이행에 대한 벌칙의 수준은 사고를 발생시킨 당사자뿐만 아니라 유사한 상황에 있는 다른 조직이나 개인들에게도 책임을 다할 수 있도록 충분한 경고가 되어야 한다. 물론 벌칙에는 예외가 없어야 하며, 위험한 상황을 모두 찾아낼 수는 없지만 다행히 일단 발생한 사고는 감출 수 없으므로 예외 없는 처벌이 가능한 바, 사고를 발생시킨 조직이나 개인에게는 사고위험을 감수하는 무리를 충분히 억제할 수 있는 수준의 벌칙이 가해져야 한다. 교통 범칙금을 비롯한 많은 벌칙들이 재수가 없어서 적발되었으며, 적발이 되어도 벌금을 내는 것이 싸다는 방식의 인식은 불식되어야 한다. 예외 없는 확실한 규칙의 집행은 선진국에서 주차위반이 등의 교통규칙 위반이 작은 이유 중의 하나이기도 하다.

마. 사회적 풍토의 개선

이상의 대책이 벌칙에 무관하게 실효성을 갖기 위해서는 사회적인 직업윤리와 책임의식의 상승이 뒷받침되어야 한다. 물론 사회적 풍토의 개선은 상당한 기간을 필요로 할 수도 있으나, 앞의 책임체제를 명확히 실행함으로써 이의 달성을 앞당길 수 있다. 모든 조직의 안전전담부서나 안전전문가의 결정이 우선하는 사회적 풍토가 조성되어야 하며, 정책논리나 경제논리에 안전이 희생되지 않도록 해야 한다. 이를 위해서는 초등교육부터 대학의 직업교육에 이르기까지 안전문제가 지속적으로 다루어져 삶의 일부가 되도록 하여야 하며, 이로써 안전문화의 정착이 가능해질 것이다.

궁극적으로 시설물 안전확보를 위해서는 민간과 공공 발주자에게 동일하게 적용되는 근원적 책임체제의 구축, 이에 따른 권한과 책임의 합리적 분담과 벌칙의 강화, 구조적 문제 등을 유발시킨 직접원인의 제어를 위한 인적 대책으로서 단계별 공사수행 주체의 직업윤리 및 기술적 전문성 개선, 이들을 통한 발주자에 대한 건전한 보좌가 보장되도록 하여야 한다.

6. 결 론

삼풍백화점 붕괴사고 관련 보고서를 통한 사고원인을 재조명하여 원인규명 및 재발 방지에 취약한 분야를 점검해 보고, 외국의 사례에 비추어본 결과, 기존의 사고원인 분석에는 붕괴의 직접원인으로서 기술적 원인은 자세하게 규명되어 있으나, 이들 직접원인을 제공한 간접원인에 대해서는 규명이 미흡하였으며, 이에 대한 대책 또한 미흡한 것으로 판단된다.

특히 기존의 사고원인 분석에는 사고의 직접적 원인 이전의 근본원인인 인적요인이나 업무체계상의 요인과 사고원인의 연쇄성이나 복합성에 대한 규명이 소홀하였으며, 여러 단계에 걸쳐 다수의 이해당사자가 원·하수급 관계로 참여하는 건설사업의 특성에 대한 고려 또한 충분하지 못하였다고 판단된다. 기존 사고원인에 대한 재조명 결과 다음과 같은 측면에서 원인규명과 대책방안의 개선이 요구되고 있다.

첫째, 기존 사고원인에서 간과되고 있는 가장 중요한 요인은 붕괴사고의 근본원인은 발주자/건축주의 무지와 과욕에서 비롯되었음에도, 이해당사자들 사이에 의사결정권한과 이에 비례하는 책임체제가 합리적으로 재정립되지 못한 채 기존의 책임체제를 답습하여 근원적 사고방지 요인의 제어에 한계가 있다는 점으로서, 모든 대책에 우선하여 발주자/건축주, 감리자, 설계자, 원도급자, 하도급자, 유지관리주체 모두에게 권한에 비례하는 책임체제가 재정립되어야 한다.

이러한 책임체제의 정점은 시설의 유지나 이로 인한 이익을 취하는 발주자/건축주가 되어야 하며, 발주자/건축주의 책임체제는 대다수의 시설물에 대한 전문성이 부족한 발주자/건축주가 자신의 역할에 책임질 수 있기 위해서는 하수급관계에 있는 공사참여자들로 하여금 이들에게 정당한 책임을 알릴 의무를 부여하고 전문적인 서비스를 받을 수 있도록 보장해야 한다. 영국 등 외국의 건설안전관리체제는 이의 전형이 될 수 있다. 이러한 합리적인 책임체제는 시장경쟁 원칙에 따라 최저가 낙찰을 기본으로 하여 발생하는 건설공사의 내재적 부실요인의 억제하고 합리적인 가격협상에 기초한 공사발주를 유도하여 부실공사의 방지에도 효과적으로 기여할 수 있다.

둘째, 기존의 사고요인에서 책임체제가 불합리한 점 다음으로 경시되고 있는 요인은 인적요인으로서, 모든 사고에는 인적요인이 개재되어 있으며, 인적대책이 가장 근원적이며 효과적인 사고방지 대책임에도, 사고원인으로서 인적요인에 대한 규명과 이에 대한 대책이 중시되지 못했다는 점이다. 설계, 감리, 시공, 유지관리, 공무원 감독 등이 부실했던 요인은 이러한 역할에 종사하는 사람들의 직업윤리에 바탕을 둔 기술적 전문성에 대한 부적절한 자질로서, 민간종사자 뿐만 아니라 공무원의 전문성 확보방안 대책이 실시되어야 한다.

세 번째 안전 확보의 관건은 합리적인 책임체제와 참여자의 전문성을 바탕으로 참여자 각자의 전문성이 보장되는 시스템의 구축이다. 설계자, 감리자, 시공자, 유지관리자 등 시설의 생산과 유지에 종사하는 사람들의 전문성이 보장되어 각자의 소신에 따라 일할 수 있어야 이에 합당하는 책임도 물을 수 있는 바, 시설물의 생산에 종사하는 전문가들의 전문분야별 영역이 상호 존중되고, 자신의 전문영역에 대해서는 끝까지 책임을 질 수 있는 시스템이 구현되어야 한다. 특히, 최근의 시설물은 대규모, 복합화되어 고난도의 기술이 적용되고 있는 바, 전문적 영영사이의 조정역할은 중요해 지고 있으며, 건축물의 경우도 건축사를 포함하여 구조, 설비 등 모든 분야에서 설계, 시공, 유지관리에 참여하는 사람들은 동등한 자격으로 생산과정에 참여할 수 있어야 하며, 건설분야 전문가의 역할에 대한 사회적 책임으로서 일반 시민을 비롯한 비전문가들에게 건설물에 관하여 이용자에게도 자기방어에 필요한 최소한의 정보를 제공하는 역할이 추가되어야 할 것이다.

마지막으로 이러한 요인들의 체계를 짜는 기능, 즉 정부의 상위 시스템의 점검과 기능 강화의 필요성이다. 모든 사고의 직접원인은 불안전한 상태나 불안전한 행동이지만, 간접적인 근본원인으로서 부적절한 사람의 자질이나 업무체계에 기인하며, 더 근본적인 사고의 원인은 이러한 사람이나 업무에 대한 통제의 실패, 즉, 관리상의 결함이 존재하며, 관리상의 결함은 하위의 개별 시설물 차원의 관리상 결함과 상위의 국가적 차원의 개별 시설물에 대한 관리상의 결함으로 구분할 수 있는 바, 공무원과 시설물의 이해 당사자를 운용하는 국가차원의 최상위 관리기능에 대한 진단과 이의 개선이 필요하다.

구조 전문가 살바도리의 말처럼, "구조분야에서도 인간의 노력이 필요한 모든 다른 분야에서와 같이 기술적 개선만이 실패의 감소를 보증할 수 없으며, 오히려 실패를 증가시킬 수 있다고 결론을 내리는 것이 타당하다고 본다. 인간과 사회의 깊은 책임의식만이 더 안전한 건축물을 건설하는 확실한 길이다.[57]"

궁극적으로는 사회 전반의 깊은 책임의식 즉, 안전문화의 축적만이 우리의 생명과 재산을 안전하게 지켜 줄 수 있을 것이다. 최근에 막대한 피해를 가져온 남아시아 해역의 쓰나미에도 조상으로부터 전해 내려오는 지혜로 대피하여 인명의 피해를 거의 입지 않은 한 부족의 사례와 같이, 우리도 사고의 교훈을 되새겨 후손에게 안전문화 유산을 물려주는 조상이 되기를 기대한다.

57) Mario Salvadori & Matthys Levy, 손기상역, 건축물은 어떻게 해서 무너지는가, 기문당, 1995.12.

참고자료

- 감사원, 오늘의 부실공사 실태와 향후 감사방향, 공개토론회 자료집, 1996.10.29.
- 감사원, 부실공사 방지 관련 제도개선 백서, 2001.
- 건설교통부, 건설공사 부실방지대책, 2000.9.
- 건설교통부 기술안전국, 건설공사 부실방지종합대책, 2000.12.
- 건설제도 개혁단 실무 작업단, 부실방지 및 건설산업 경쟁력 강화 대책, 1996.2.
- 김도경 편저, 산재예방안전관리론, 명륜사, 1990.
- 김병관, Ⅳ. 건설안전, 한국인의 삶의 질, 서울대출판부, 1998, pp.114-121.
- 김일효 외, 건물위험관리론, 남두도서, 2004.
- 대한건축학회, 특집-개방화시대의 건축법과 공무원의 역할, 건축, 제49권 3호, 2005.3.
- 사회과학원 편, 계간 사상, '위험사회' 특집호, 1998년 가을, 1998.
- 서울地方檢察廳, 三豊百貨店 崩壞事件 搜査 및 原人糾明鑑定團 活動白書, 1995.11.
- 서울지방경찰청, 삼풍백화점 붕괴사건 조사 및 원인규명감정단 활동백서, 1995.11.
- 서울특별시, 삼풍백화점 붕괴사고 백서, 1996.6.
- 손기상 편저, 건설공사안전해석론;설계 및 시공, 기문당 1990.3, p.12.
- 안전관리대책기획단, 국무총리실 안전관리 종합대책 보고서, 2000.9.
- LG건설, 삼풍백화점 붕괴사고 보도자료집.
- 우소정, 서울시 위기관리에 관한 연구 - 삼풍백화점 붕괴사고를 중심으로 -, 이화여자대학교 대학원 석사학위 논문, 1996.
- 울리히 벡(1992), 홍성태 역, 위험사회, 새물결, 1997.
- 李利衡·池南龍, 三豊百貨店 慘事의 原人과 診斷結果, 建築, 제41권 제6호, 1997.6. pp.12-16.
- 이영재, 건축방재, 기문당, 2002.
- 이영환, 위험의 경제분석, 율곡출판사, 2004.
- (재)여의도연구소, 기획좌담; 구멍뚫린 안전관리체계, 대책마련 시급하다, 여의도 정책논단, 1995.8, pp.40-55.
- 피터드러커 저, 현영하 역, 비영리단체의 경영, 한국경제신문사, 1995, p.59.
- 한국건설기술연구원 등, 견실시공 정착을 위한 정책토론회, 1996.12.13.
- 한국건설업체연합회, 不實工事의 原因 및 對策, 1995.9.
- 한국건설업체연합회, 특집1 건설산업의 경쟁력 강화와 부실방지대책, 한국건설, 1996 봄호.
- 홍성태, 사례연구: 삼풍백화점 붕괴사고, 한국 사회의 위험과 안전, 서울대출판부, 1998.2, pp.293-326.

- 建設省建設經濟局建設業課·住宅局建築指導課 監修, 建設工事公衆災害防止對策要綱の解說; 建築工事編, 大成出版社, 東京, 1993.
- 建設省建設經濟局建設業課 監修, 建設工事公衆災害防止對策要綱の解說; 土木工事編, 大成出版社, 東京, 1993.
- 建築安全論, 新建築學大系 12, 東京, 彰國社, 1983.
- Council Directive 92/57/EEC of 24 June 1992 on the implementation of minimum health and safety requirements at temporary and mobile work sites.
- Frank E. Bird & George L. Germain, Practical Loss Control Leadership, International Loss
- Control Institute, Inc., 1992.
- Mario Salvadori 외 1인, 손기상역, 건축물은 어떻게 해서 무너지는가, 기문당, 1995.12
- CDM 1994(The Construction Design & Management Regulations), UK.
- http://www.auric.or.kr/(건축도시연구정보센터)
- http://www.kosha.net/(한국산업안전공단)
- http://www.kotsa.or.kr/(교통안전공단)
- http://www.corporateaccountability.org/(Center for Corporate Accountability)

[참고자료 1] 검찰청의 활동백서 삼풍백화점 붕괴 원인

[서울地方檢察廳, 三豊百貨店 崩壞事件 捜査 및 原人糾明鑑定團 活動白書, 1995.11.]

第1篇 捜査展開 및 事件處理

4. 調査結果와 事件處理(pp.78-83)

4.1 設計·施工·監理 分野

4.1.1 設計分野

(1) 設計分野

가. 許可圖書와 相異한 施工圖書

원래 건물은 허가관청으로부터 허가받은 설계도서에 따라 시공하는 것이 원칙이고, 설계변경 시에는 사전에 설계변경허가를 받아야 함에도 불구하고, 삼풍백화점 건물의 경우는 이러한 사전 설계변경절차를 무시한 채 허가도서와 다른 별개의 시공도서를 적용하여 시공하고, 공사 완료 후 관련공무원들에게 뇌물을 제공하고 편법으로 사후 설계변경승인을 받은 것으로 드러났다.

나. 施工圖面 未確定 狀態에서 施工

공사 착공 전에 설계도면이 완성되어야 하는 것은 종합적 시공계획 수립을 위한 필수조건임에도 불구하고 삼풍백화점의 경우는 건축주의 잦은 설계변경 요구로 착공 전에 설계도면을 완성치 못하고 공사를 진행하면서 공정단계별, 층별로 설계도면을 작성하여 수시 납품함으로써 체계적인 시공계획 수립에 차질을 초래한 것으로 밝혀졌다.

다. 構造計算을 反影치 아니한 構造設計

건물구조의 안전에 직접적으로 영향을 미치는 구조설계는 전문가의 구조 계산 결과에 따라야 하고, 이를 지키지 않을 경우 건물 구조에 중대한 영향을 미치게 되는 것은 두말할 나위도 없는 일이다. 그런데 설계 담당자인 임형재가 작성한 구조도면을 정밀 검토한 결과 기둥, 슬래브,

철근배근 등 크게 11개 항목이 구조계산서와 다른 것으로 나타났다. 예컨대 A동 4, 5층 에스컬레이터 주변의 기둥 도합 16개가 구조계산서상 기둥은 직경 80cm 이고, 철근은 직격 22mm, 16대를 배근토록 되어 있는데도 구조도면에는 기둥은 직경 60cm, 주철근은 22mm, 8대를 배근토록 변경되었고, A동 각층 전후면의 외각기둥(C, H열)과 연결된 슬래브 보강철근의 규격과 대수도 구조계산서에 비해 설계도면의 그것이 크게 과소한 것으로 나타났다.

임형재를 비롯한 우원종합건축사사무소 직원들 중 구조계산을 할 능력을 갖춘 사람이 없는데도, 위와 같이 구조계산서와 다른 구조도면을 임의로 작성한 것은 건물구조를 취약하게 만든 커다란 원인 중의 하나로 지적될 수 있다.

(2) 施工分野

가. 슬래브의 上下部 鐵筋 배근 간격준수 不實

설계도상 슬래브의 두께는 30㎝이고, 표준 시방서상 철근 상부근과 하부근은 약 22㎝ 정도를 유지하여야 하는 만큼 그 간격 유지를 위하여 상부근 철근 밑에 약 150㎝ 간격으로 직경 10㎜의 철근 받침대를 설치하여야 하는데도 받침대를 듬성듬성 배치하거나 작업시의 과오로 말미암아 옥상 및 5층 바닥판의 슬래브등 거의 모든 슬래브의 상부근 철근이 적정위치보다 약 5 내지 7㎝ 내려앉은 것이 발견되었다. 상부 철근이 내려앉을 경우 이에 비례하여 슬래브의 내력이 감소하는 대신 고정하중이 늘어나 슬래브가 휨 파괴 현상에 대하여 취약성을 보이게 된다는 것이 감정단 교수등 전문가들의 의견이었다.

나. 슬래브 支板部의 不實施工

삼풍백화점과 같은 무량판 구조건물에 있어 슬래브 지판부는 슬래브의 하중을 기둥에 분산전달시키는 중요한 역할을 맡게 된다. 그런데 설계도상 이 지판부의 두께가 45㎝(슬래브 30㎝ + 지판 15㎝)로 되어 있는데도 각층 슬래브의 지판부를 실측한 결과 약 40㎝밖에 안 되는 것이 다수 발견되었고, A 5층 북측 코아 중앙부분에는 설계를 무시하고 아예 지판이 설치되지 않은 곳이 발견되기도 하였다. 특히 5층 춘원식당의 주인 등 다수의 참고인들을 조사한 결과 이곳 지판이 미설치된 부분은 준공 후 얼마 되지 않은 부분부터 누수 및 균열현상등 붕괴조짐을 보이기 시작한 것으로 밝혀졌다.

다. 기둥의 不實施工

기둥에는 주근(Main Bar)과 그 주위를 감싸는 띠철근(Hoop Bar), 그리고 주근과 주근을 X자형으로 연결하는 보조띠 철근(Diagonal Bar)이 배근되어 있는데, 붕괴된 A동 4,5층의 기둥을 조사한 결과 기둥 주위의 피복두께가 일정하지 않음은 물론 과도하게 두껍고, 주근의 배열 중 수직방향을 이탈한 부분이 있을 뿐만 아니라 띠철근이 주근들을 외부에서 감싸지 않고 내부로 들어와 있는 등 전반적으로 부실하게 시공되어 기둥의 내력을 크게 약화 시킨점이 발견 되었다.

라. 과도한 초과하중 發生

붕괴된 A동 옥상의 누름콘크리트 두께가 설계도보다 훨씬 두껍게 시공되고, 5층에는 각 식당 주방의 대형 냉장고 및 조적 벽, 돌 정원등이 설치됨으로 말미암아 바닥판에 과도한 초과하중이 발생한 것으로 조사 되었다.

마. 耐力壁과 슬래브 連結鐵筋의 定着不實

콘크리트 내력벽과 슬래브의 연결부분은 철근의 정착길이를 충분히 확보하거나 HOOK장치를 하는 등으로 견고하게 시공하여야 함에도 불구하고 실측 조사한 결과 북측 1번 코아 내력벽과 옥상 바닥판의 연결부분은 상부 철근이 HOOK장치 없이 불과 25㎝로 짧게 정착된 것으로 밝혀졌는데. 이와 같은 정착 부실로 말미암아 붕괴 시 각층의 슬래브가 북측 콘크리트 내력벽으로부터 거의 완전히 분리된 채 무너져 내린 것으로 판단되었다.

바. 鐵筋과 콘크리트의 結合 不實

철근 콘크리트조 건물에 있어서 철근과 콘크리트를 단단히 결합되도록 시공하는 것은 건물의 구조안전을 위한 기본적인 조건임에도 불구하고, 건물붕괴 시 대다수의 철근이 콘크리트와 일체가 되어 절단되지 않고 콘크리트로부터 분리되어 빠져나온 형상을 보인 것은 철근과 콘크리트의 부착력이 매우 부적정하고 부실하다는 점을 단적으로 나타내는 것이었다.

사. 荷重을 考慮 않은 冷却塔 設置

원래 구조 계산시 A동 옥상에 냉각탑을 설치하는 것은 전혀 고려되지 않은 사항임에도 골조 공사 완성 후 백화점 전체를 위하여 사용되는 냉각탑 4대(물을 채운 상태로 가동 시 동하중 합계 약 138톤)를 A동 옥상 후면부의 바닥판 위에 설치하여 그 과하중이 슬래브를 손상시키고, 그 후 이를 백화점 전면부로 이동시 엔진부분만 분리한 채 1대씩 통째로 이동함으로써 슬래브에 손상을 가한 것으로 판단되었다.

아. 콘크리트 耐力壁 切斷 損傷

건물 완공 후 5층 식당가 주방의 배기닥트 설치를 위해 옥상 슬래브를 지지하는 북측 코아 내력벽을 약 40×98㎝ 잘라내어 손상한 것이 발견되었다. 무량판구조 건물에 있어서 콘크리트 내력벽이 건물을 지탱하는 중요한 기둥역할을 하는 점을 감안할 때 이를 함부로 절단 손상한 것은 상식 밖의 행동이라고 볼 수박에 없었다.

(3) 監理分野

건축주인 삼풍건설과 설계계약뿐만 아니라 감리계약도 체결한 임형재는 삼풍건설측이 상주 감리비를 지급하지 않는다는 이유로 건물 골조공사가 완료될 때까지 전혀 상주감리를 하지 않았을 뿐 아니라 골조공사 완성 후에는 건축사 또는 건축사보 자격이 없어 상주 감리원 으로 부적격인 직원들을 공사현장에 파견하여 공사 감리·감독을 맡긴 사실이 드러났다. 한편 이와 같이 상주 감리를 전혀 하지 않았음에도 중간검사 및 준공 검사 시 성실감리하였다는 허위내용의 현장조사서를 작성하여 관할구청에 제출하였는데, 이 또한 건물의 부실시공을 촉진한 한 요인으로 분석되었다.

(4) 事件處理

사건발생 후 약 1개월간 밤낮을 가리지 않고 계속되어 온 수사결과를 종합하여 7. 25. 설계·감리 담당자 임형재, 골조공사를 담당한 우성건설의 공사당시 현장소장 김용경, 공사과장 김영배, 건축주임 정순조, 건축기사 한호성, 철근반장 최종삼, 형틀반장 김수익, 삼풍건설의 건축부장 이평구, 설비부장 김광호, 설비부 대리 이성영, 건축대리 문동재등 11명에 대하여 업무상과실치사 및 업무상과실치상죄로 서울지방법원에 구속영장을 청구하였다. 구속영장청구시각은 그날 저녁 7시경 이었는데, 영장당직인 형사항소10부의 황상현 판사는 장시간 동안 방대한 수사기록과 증거자료를 검토한 결과, 다음날인 7. 26. 새벽 5시 20분경 피의자 임형재, 김용경, 김영배, 정순조, 한호성, 최종삼, 김광호, 이성영, 문동재 등 9명에 대하여는 구속영장을 발부하고, 나머지 피의자인 김수익, 이평구에 대하여는 이들의 과실점에 관한 소명자료가 부족하고 가사 소명이 있다 하더라도 과실이 경미하며, 불구속 입건된 우성건설의 다른 피의자들과 형평을 고려한다는 등의 이유로 구속영장청구를 기각하였다.

위와 같이 영장청구가 기각된 김수익, 이평구에 대하여 서울지방법원에 구속영장을 재청구하였는바, 영장당직인 형사항소3부의 전주혜 판사는 피의자 이평구에 대하여는 구속영장을 발부하였으나, 우성건설의 김수익에 대하여는 슬래브 및 지판두께 부족 등 일부 과실이 인정되지만 가장 중요한 5층 일부 기둥 상부의 지판부 형틀설치 누락사실에 대한 소명자료가 부족하다는 이유로 다시 구속영장청구를 기각하였다(7. 27.). 8. 2. 서초경찰서로부터 설계·시공·감리 관련 피의자 전원에 대한 사건이 서울지방검찰청으로 송치되었다.

각 사건의 주임검사는 그동안 분야별로 경찰 수사를 지휘하여 온 형사1부 검사들로 지정되어 그날부터 설계·감리 분야는 朴贊烘 검사가, 우성건설 관련분야는 李南權 검사가, 삼풍건설 관련분야는 鄭成福 검사가 각 맡아서 약 20일 동안 보완수사를 계속한 후, 8. 21. 서울지방법원에 피의자 임형재, 정순조, 한호성, 최종삼, 이평구, 김광호, 이성영, 문동재 등 8명은 업무상과실치사 및 업무상과실치상죄로 구속기소하고, 피의자 김수익은 같은죄로 불구속기소하였으며, 도주한 피의자 김용경, 김영배 2명에 대하여는 기소중지처분을 하였다.

4.3.2 關聯者 處理(p.94)

전 서초구청 도시정비국장 심수섭, 주택과장 김재근, 주택계장 이종훈, 주택과 직원 정경수, 정지환, 곽영구를 수뢰후부정처사죄 및 뇌물수수죄 등으로 각 불구속 기소하고, 전 서초구청장 이충우, 황철민과 도시정비국장 이승구를 특정범죄 가중처벌 등에 관한 법률위반(뇌물)등 죄로,

서울시 상공과장 이중길, 상정계장 정상기, 상공과 직원 유춘일을 부정처사후수뢰죄로 각 구속기소하고, 이미 구속된 삼풍회장 이준과 사장 이한상에 대하여는 뇌물 공여죄등을 적용하여 추가 기소하였다. (7. 21 ~ 8. 9) 한편 도주한 전 서초구청 주택과장 김영권, 주택계장 양주환, 주택과 직원 김오성 등 3명에 대하여는 8.22 자로 기소중지처분하였다.

4.2 維持管理分野(pp.83-90)

4.2.1 崩壞直前의 時間帶別 進行狀況

가. 崩壞前日 까지의 漏水, 龜裂및 振動狀況

1) 漏水現狀

- 백화점 개장 시부터 붕괴 당일까지 백화점 A동 5층 일대 곳곳에 누수 현상이 있었다는 참고인들의 진술이 있다(5층 신용판매부 사무실 벽에 폭1㎝, 길이 2~3m의 균열 및 누수현상, 미전식당 천정 및 벽면, 옥상 돔, 엘리베이터 부분 등에 누수현상 발생).
- 약 2년 전부터 4층의 미보 귀금속점포 앞 기둥에 누수현상이 있었고, 붕괴 몇달전 4층 벽과 모서리 천정에서 손가락이 들어갈 정도의 균열이 발견되었다.
- 5층 누수부분은 함석으로 물통을 만들어 받치는 임시조치를 취하였고, 95. 5. 31.경부터 매일 5층 천정의 누수여부를 점검하였다.
- 95. 6. 21.경 A동 5층의 미전식당, 에스컬레이터 위 천정, 4층 구두방 및 미용실 천정에 대하여 누수방지공사를 시행하고, 6. 23.에는 5층 송죽식당의 천정에 누수방지공사를 시행 하였다(영선일지 : 이사결재).

2) 振動등 現狀

- 평소에 매장에 물건을 내려놓을 때 진동이 감지되었고, 94. 10.경 옥상에 지름 약 1m의 웅덩이가 형성되고, 춘원식당 부근 화장실에서 우지끈 소리가 들렸다.
- 95. 6.초순경 4층 조명코너 등이 흔들릴 정도의 진동으로 진열된 조명기구가 추락하는 일이 발생하였고, 붕괴한달 전쯤에는 '건물에 진동이 있다' 하여 냉각탑의 수위를 조절하였다.

- 붕괴 몇 일전 시설이사 이영길이 사장 이한상에게 건물에 미세한 진동이 있음을 보고 하였으나 이한상은 이를 대수롭지 않게 받아들였다.
- 붕괴전날 당직근무자가 밤새 '뚝뚝' 소리가 났음을 시설부장 이영철에 보고하였다.

나. 崩壞當日 狀況

1) 08:00 ~ 09:00

- 08:05부터 09:00 사이에 백화점 직원 10여명이 A동 5층 춘원식당의 바닥이 돌출하고 천정이 침하된 것을 확인하였다. 당시 식당 바닥은 기둥 주위로 가로 5m, 세로 7m 정도의 면적이 7㎝ 가량 부풀어 올라 돌출되어 경사져 있었고, 천정이 내려앉아 기둥이 천정을 뚫고 솟아오른 상태로 되어 있었으며 문짝이 심하게 뒤틀려 있었다. 한편, 옥상 바닥의 시멘트가 마치 물고기 비늘처럼 일어나 있고 군데군데 밑으로 처져 물이 고여 있었다.
- 08:00경 시설부 직원 오길청이 위 사실을 시설부장 이영철에게 보고 하여 약 10분후 이영철이 5층 및 옥상의 현장을 둘러보고 바닥돌출과 침하현상 등을 확인 하였다.

2) 09:00 ~ 10:00

- 09:00경 당직근무자 이병두의 보고로 약 20분 후 설비과장 김덕기가 현장을 확인하고 가스 및 위험물 관리를 철저히 할 것을 지시 하였다.
- 09:40경 시설차장 이완수, 설비과장 김덕기가 춘원식당 바닥의 침하 및 신용판매소 사무실의 문짝이 뒤틀린 것을 확인하고 이완수 차장이 침하부분의 도면을 작성하고, 시설부 직원들이 균열 등 모습을 사진 촬영하였다. 그리고 이 시기부터 시설부의 권유로 춘원식당은 휴업에 들어갔다.

3) 10:00 ~ 11:00

- 10:00경 시설부의 조회시간에 시설부 차장 이완수가 이영길 시설이사 및 이영철 시설부장에게 균열 및 침하상태에 관하여 보고하였고, 이때 이영철은 기자나 고객들에게 이 사실이 알려지지 않도록 보안을 철저히 유지하는 동시에 현장출입을 통제할 것을 지시하였다. 그리고 직원 윤종근이 이영철에게 신용판매부 사무실의 문짝이 뒤틀리고 사무실 바닥 및 천정이 침하되었음을 보고 하였고, 조회중간에 이영길 이사와 이완수 차장이 현장으로 가서 재차 균열현상을 확인하였다.

- 10:30경 이영길 이사가 춘원식당의 바닥이 5도 가량 경사지고 균열이 갔으며 옥상의 바닥이 물결모양으로 굴곡이 졌음을 확인하고 즉시 인근점포 3곳을 폐쇄조치하고 해당부분의 가스 및 전기 공급을 중단하도록 지시하였다. 그리고 이영길 이사는 이 사실을 사장 이한상에게 보고 하였다.
- 10:00, 11:00 및 13:00경 4층 천정에서 "딱" 소리가 들리면서 천정 3곳에 금이 가고 1㎝씩 내려앉은 것이 목격되었다.
- 10:30경에는 4층 귀금속코너의 천정에서 "쿵" 소리가 나고 기둥주위의 천정이 5㎝ 가량 내려앉으면서 먼지가 조금 떨어졌다.
- 윤종근 등에게 재차 보안에 만전을 기해 줄 것을 당부 하였다.

4) 110:00 ~ 12:00

- 11:00경 이한상 사장이 이영길 이사등과 5층 바닥의 균열과 경사 등을 확인하고 안전조치를 취할 것을 지시하였다(대피지시 없었음). 이때 이완수 차장은 직원들로부터 균열현장을 촬영한 사진을 전달 받았다.
- 11:30분 경부터 12:00경 사이에 백화점 직원 및 5층 식당의 종업원들이 4,5층에서 "쾅" 소리를 청취 하였다. 한편 미전식당의 주방조리대가 넘어지는 등으로 고객들이 식사를 하다가 황급히 대피하였으며 미전, 현지 등 5층 북쪽식당가의 대부분에 균열이 발생하였다. 그리고 미전식당의 바닥 대리석 1㎡가량이 약 2~3㎝ 융기되고 천정이 침하되었으며, 신용판매과 사무실의 벽에 금이 가는 균열이 발생하였다. 또한 현지식당의 천정에서 물이 전선을 타고 아져 내려와 가스, 전기를 차단하고 직원 및 고객들을 대피시켰다. 한편 4층에서 "쾅" 하는 소리가 났으며, 5층의 시멘트 바닥이 깨지는 소리도 청취되었다. 이때 이영철 부장과 김덕기 설비과장이 현장을 확인하고, 이영철 부장이 안전상 문제가 있다는 판단으로 5층 미전식당과 현지식당 사이의 식당가에 출입통제를 지시하였다. 그리고 12:00경부터 5층 행사매장(36평)에 놓여있던 도자기와 가구등을 다른 층으로 옮기기 시작하여 16:00경 가구는 지하 3층으로, 도자기는 4층으로 각각 옮기는 작업을 완료하였다. 이때 직원들이 건물이 붕괴될 것 같다는 말을 하자 이영철 부장이 입조심을 할 것을 당부하였다. 그리고 12:00경 백화점 시설부 직원 등 20여명이 문제현장을 확인하고, 12:30경 이완수 차장이 미전식당까지의 침하 확대부분에 관한 도면을 작성 하였다.

5) 12:00 ~ 13:00

- 12:30경부터 이한상 사장, 이영길 이사등이 건축설계사 임형재와 함께 균열현장을 둘러보기 시작하였는데, 이때 5층 식당의 바닥이 약 10㎝ 침하되고 기둥사이가 꺼져있는 부분이 있으며, 옥상에 깊이 약 8~10㎝, 반경 약 1.5~2m 가량 침하된 부분이 2곳 발견되었다. 이를 본 임형재가 이한상 사장에게 5층 식당가와 4층 귀금속코너의 대피를 건의하여 5층 식당 대부분관 신용판매부 사무실 및 4층 귀금속코너의 영업을 중단시키고 대피시키는 동시에 5층 4개 업소의 가스, 전기 공급을 차단하고, 4,5층 연결 에스컬레이터와 옥상 쿨링타워의 작동을 중단시켰다. 춘원 등 식당주변에는 테이프를 두르고 출입금지 표시를 하여 접근을 차다시켰으며, 이영길 이사가 기울어진 식당가 앞에 칸막이를 설치하라고 지시하였다. 영업전무 이격은 4,5층 에스켈레이터 앞을 칸막이로 막으라고 지시하였고, 이완수 차장이 현지식당까지 바닥이 침하되었음을 도면으로 표시하였다.
- 12:30부터 14:00경 사이에는 정효진 등 백화점 시설부 직원들이 쿨링타워의 물 빼기 작업을 실시하였다.

6) 13:00 ~ 14:00

- 13:00경 건설상무 박영배, 차장 이완수, 직원 최관훈 등이 5층 춘원식당의 바닥타일을 깨본 결과 기둥주위로 폭 7~8㎝의 균열이 돌아가면서 기둥 쪽으로 깊어지고 있었고 바닥판이 약 15㎝ 가량 침하되어 있었으며, 4층 천정의 기둥과 슬래브 사이에서도 균열이 확인되었다. 영업전무 이격, 총무이사 이규학도 균열현장을 답사하였으며, 5층 돌비커피 바닥에서 "뚝뚝" 하는 소리가 들렸다.
- 13:30경 중국음식점 월계관은 이완수 차장의 의견을 듣고 영업을 재개하였으나, 춘원식당 앞 에스컬레이터옆 기둥 근처의 천정에 균열이 가고 기둥을 감싸고 있는 대리석이 깨진 것이 목격 되었다.

7) 14:00 ~ 15:00

- 14:00경 이준 회장 등 임원들이 참석한 중역회의가 개최되어 이한상 사장이 이준 회장에게 5층의 균열상황을 칠판에 그림을 그려가며 설명하면서 건축설계사와 구조기술사의 자문을 얻겠다고 보고 하였다. 한편 경비조장 김종철이 5층이 무너질 것 같다고 말하는 것을 본 이격 전무가 이를 힐책하면서 경비원들에게 보안유지 교육을 시킬 것을 지시 하였다.

- 15:00경 이격 전무가 4층의 천정이 내려앉은 곳 부근에 칸막이를 설치함에 따른 물건이동 계획안을 작성하여 지시하고, 이 공사를 할때 1~3층도 그에 따른 대비를 하기로 영어부 간부들이 구두협의를 하였다(건물붕괴로 인하여 계획안을 보고하지는 못함). 그리고 에어컨 고장을 수리중이라는 안내방송을 하였으며, 총무과직원이 현지식당에서 3일정도 장사를 못할 것 같으니 음식과 부식물을 모두 처분하라는 말을 하였다. 한편 14:00경부터 15:00경까지 약 1시간 동안에 걸쳐 옥상바닥의 물 퍼내기 작업을 실시하였다.

8) 15:00 ~ 17:00

- 15:10경 구조기술사 이학수가 도착하여 이한상 사장, 이영길 이사, 박영배 상무, 이완수 차장 등이 건축사 임형재, 구조기술사 이학수 등과 함께 5층 바닥과 벽 및 옥상의 바닥 균열을 확인하며 안전진단을 실시 하였다. 이때 이학수의 지시로 앞서 깨보았던 5층 식당 기둥 주위의 바닥을 더 깨보니 종전보다 균열의 폭이 더커져 약 10㎝ 가량으로 주먹이 들어갈 정도 였고, 균열에서 기둥까지의 거리는 1.2m이며 균열부분에 철근이 있는 것을 손전등으로 확인하였다. 그리고 옥상바닥이 깊이 약 5 내지 15㎜ 정도로 4곳이 침하되었고, 현지식당과 미전식당 사이의 기둥으로부터 약 1m 떨어진 지점에 원형모양으로 폭 5㎜, 길이 1m 가량의 균열이 확인되었다. 한편 5층 바닥에 약 7~10㎝ 가량의 균열틈과 4층 천정에서 춘원식당의 기둥 주변으로 폭 2~3㎜ 가량의 둥그런 틈이 발견되었다. 그리고 15:40경 이준회장이 4층까지 현장을 확인하러 나왔다가 이한상 사장의 권유로 사무실로 돌아갔다.
- 16:00경 B동 3층 회의실에서 중역 11명과 이학수, 임형재 등이 참석한 대책회의를 개최하여, 이학수로부터 의견을 청취하였다. 이때 이학수는 무량판공법 건물의 기본구조를 설명하고 하중의 증가가 없으면 더 이상 침하는 확대되지 아니할 것이며 붕괴 위험은 없다고 보고 하였다. 그리고 보강방법으로는 처진 슬래브를 철재 빔으로 지하 1층에서부터 5층까지 기둥 1개로 받치는 방법과 4개로 분산시켜 받치는 방법이 있으며, 영구적인 보강방법으로는 기둥주위에 철재 빔을 받치고 케이블 기둥과 기둥 사이로 당겨주는 포스텐션 공법 있다고 소개하였다. 이준 회장이 이학수의 설명을 듣고 혹시 철근이 부러진 것이 아니냐, 보강방법에 대하여 받을 수 있느냐고 질문하자 금일 폐점 후에 응급조치를 하면 별문제가 없을 것이라고 답변하였다. 이영길 이사는 회의실에서 A동 5층에 있는 이영철과 전화로 간이칸막이 설치 여부를 논의 하였다.

9) 17:00 – 붕괴시각

- 17:30경 이학수가 보강공사를 하려면 시간이 필요하니 응급조치로 일단 처진 부분을 강관으로 받치도록 하되, 자재 품목을 선정하여 보내주면 자기 사무실로 돌아가 상세한 공사내용을 검토하여 그 결과를 팩스로 보내주기로 하고 회의장을 떠났다. 이때 일부 간부들은 야간 보수작업을 위한 자재 및 인부들을 준비하기 위해 회의실에서 나오고 나머지 사람들은 회의를 계속하였다. 이 당시 5층에서 "텅"하는 소리가 청취되었다.
- 17:35경 이영철 부장이 위험하다며 가스를 잠그라고 지시하여 설비과 직원 유문식이 5층의 식당들을 들면서 가스를 잠그었다(일식집 식도락 주인은 영업허락을 받았다면서 가스를 못 작그게 함). 이때 유문식은 북동쪽의 기둥이 약간 기울어지고, 폭 0.5㎝이상의 금이, 북동쪽 벽에는 길이 80㎝가량, 북서쪽 벽에는 천정에서 바닥까지 위쪽은 넓고 바닥 쪽은 좁게 금이가 있는 것이 보여 북쪽이 무너질지도 모른다는 불길한 느낌이 들었다고 진술하고 있다.
- 17:40경 4층의 안경부쪽 천정에서 오전보다 더 큰소리로 "뚝" 하면서 천정이 움직였고, 4층의 매장의 그릇과 액자 점에서 물건들을 중앙부분으로 옮겨졌으며, 5층 에스컬레이터쪽 천정에서 시멘트가 떨어졌다.
- 17:30경부터 17:50경 사이에 이영길 이사가 회의실에서 이영철 부장으로부터 전화로 춘원식당에서 "텅"소리가 들린다는 내용을 수신하였으며, 17:47경에는 4층에서 "뚜둑" 소리가 들려 사람들이 중앙으로 몰렸다가 비상구등으로 대피하였고, 5층에서도 "쿵" 하는 소리가 들려 대피를 시작하였다.
- 17:50경 이완수 차장이 A동 5층에 있던 이영철 부장으로부터 붕괴조짐이 보인다는 전화를 받고나서 1분 뒤부터 붕괴가 시작 되었다.
- 17:52경부터 붕괴가 시작되어 이때 5층의 비상벨이 울렸다. 이때의 상황을 목격자들은 다음과 같이 진술하고 있다.

– 5층 북동쪽으로 가스 확인을 위해 들어가니 "뚝" 하는 큰소리가 났으며, 이영철 시설부장이 빨리 나오라고 소리쳐 걸어 나오는데 뒤쪽에서 연속적으로 나무 부서지는 소리가 나서 5층 메인 가스밸브를 잠그고 B동 쪽으로 뛰어나와 비상구로 탈출하였다(설비과 직원 유문식).

- 업소에서 영업을 계속할 것인지 여부를 논의하는데 경비원이 나가라고 소리쳐 막가려는 찰라에 "와장창" 소리가 연속적으로 나서 비상구로 탈출하였다(중국음식점 월계관 주인 김신모).
- 야간보수작업을 하기위해 칸막이를 엘리베이터로 이동시키고 지하 3층에서 식사를 하는 도중 건물이 붕괴되었다.(시설부 직원 이영주).
- 17:53경 밖에서 5층 돌비 커피숍으로 전화를 거니 종업원이 다급한 목소리로 건물상태가 좋지 않다고 말하였다(5층 돌비 커피숍주인 김남).
- 영업부의 실적보고를 마치고 전문가의 진단내용을 간부직원들에게 알려야겠다는 생각에 과장급 이상 전 직원을 18:00까지 B동 3층 교육장으로 집합하도록 하고 기다리던 중 붕괴되었다(영업전무 이격).
- 회의실에서 회의도중 건물이 붕괴되는 소리를 듣고 회장과 함께 정지된 에스컬레이터를 걸어서 남쪽 주차장으로 탈출하였다(회장 비서실장 정연구).

4.2.2 관련 피의자 처리

河宗鐵 검사는 7. 24. 압수된 삼풍건설 경리장부와 예금계좌 추적 등을 통하여 1990. 4. 23. 경 이준 회장이 이사회의 결의를 거치지 않고 경리부장 김하용을 시켜 삼풍건설 보통예금구좌에서 가지급금 형식으로 6억원을 인출하여 이준 등 주주의 예금구좌에 분산 입금 시켰다가 다음날 회사의 자본금을 금 24억원에서 금 30억원으로 증자하면서 이준 회장등의 주금납입금으로 사용하고 그 원리금을 법정변제기간인 1년 이내에 회사에 변제하지 않는등의 방법으로 금 6억원의 재산상 이익을 취득한 사실을 밝혀내고 면밀한 법률검토를 한 뒤 이준 회장에 대하여 특정경제범죄가중처벌등에관한법률위반(업무상횡령) 죄로 추가 인지하는 성과를 거두었는데, 이는 이준 회장에 대하여 업무상과실치사상죄를 적용함으로써 오는 법정형의 한계를 극복할 수 있게 된 중요한 결실이라고 할 수 있다. 한편 피의자들에 대한 공소 사실에 형사1부의 설계·감리분야 수사에서 밝혀진 피의자들의 과실점들을 포함시켜 그 내용을 더욱 명확히 할 수 있었다. 그리하여 구속 2차 만기를 하루 앞둔 7. 26. 유지관리와 관련하여 삼풍 회장 이준, 사장 이한상, 시설이사 이영길, 구조기술사 이학수 등 피의자 4명을 서울지방법원에 구속공판 하였다.

4. 搜査 公判過程의 鑑定團 活動(pp.133-136)

붕괴된 삼풍백화점 건물은 복잡한 복합구조물로서 감정단 구성경위 부분에서 이미 기술한 바와 같이 건축구조, 기초, 시공, 콘크리트, 지질 구조등 건축전반에 관한 전문가가 아니면 현장의 정확한 감식·측정은 물론, 과학적, 기술적으로 공정하고 명확한 붕괴원인의 규명이 불가능한 만큼 수사과정에서 감정단은 대단히 중요한 역할을 하였다.

먼저 수사과정에서 감정단은 수사검사 및 기술지원팀과 유기적인 협조체계를 유지하면서 붕괴시점부터 약 2개월 동안 붕괴현장과 수거된 잔해물이 보관되어 있는 난지도 쓰레기 매립장, 염곡동 쓰레기 적치장에서 붕괴된 모습을 정확하게 측정하고, 재료분석을 휘한 시료를 채취하는 등 붕괴상황을 상세히 조사 하였다.

다음 과학적·기술적인 문제에 관하여 수사검사들에 대하여 충실한 자문역할을 수행함으로써 설계, 구조, 시공 상의 부실부분을 구체적이고 상세하게 조사할 수 있게 하였고, 붕괴원인 및 붕괴과정에 대한 상세한 내용의 감정의견서를 제출하여 삼풍백화점 건물이 필연적으로 붕괴될 수밖에 없었다는 점을 명확하게 밝혀 주었다.

특히 건축전문가가 아니면 이해하기 어려운 건축의 구조, 설계, 시공 등에 관하여 쉽게 설명하고, 참고인으로서 진술하여 줌으로써 기술적인 부분의 수사에 대단히 중요한 역할을 하였다.

공판과정에서도 감정단은 붕괴원인에 대한 상세한 내용의 조사보고서를 제출하였고, 현장조사 내용, 붕괴 원인 등에 대하여 증인으로 출석하여 증언하고, 기술적인 문제에 관한 변호인 측의 부당한 주장에 대하여 합리적으로 반박한다는 상세한 진술을 하여 주었다. 특히 감정단이 상세한 현장조사와 구조계산, 지료시험, 지반시험 등을 거쳐 작성한 붕괴원인에 대한 조사보고서는 설계부분에서 구조계산이 잘못되거나, 설계변경을 잘못한점, 시공과정에서 슬래브의 유효두께가 규정보다 지나치게 얇게 시공되고, 슬래브와 코아(Core)벽, 또는 기둥과의 연결부분에 대한 철근의 수량이 부족하게 배근되어 시공된 점, 건물 완공후에 냉각탑을 설치하면서 구조 계산을 하지 않은 채 함부로 옥상바닥에 직접 설치하여 무리한 하중으로 지붕의 바닥판이 손상을 입게 한 점, 건물을 유지 관리하는 과정에서 하중을 고려하지 않은 채 건물의 용도를 함부로 변경하거나, 슬래브와 내력벽을 절단하는 등 심한 손상을 입게 하여 결국은 붕괴에 이를 수밖에 없었던 과정을 구체적이고 상세하게 밝힘으로써 공소유지에 결정적인 기여를 하였다.

1.4 鑑定團 活動의 評價

감정단이 구성되어 수사과정에서 삼풍백화점의 붕괴원인에 대한 고도의 과학적·기술적인 사항들에 대하여 현장을 상세히 조사하고, 수검사들이 자문에 응하여 수사에 많은 기여를 하였고, 공판과정에서는 붕괴원인에 대하여 명쾌한 설명과 증언을 함으로써 공소유지에 결정적인 역할을 한 점은 앞에서 기술한 바와 같다. 1994. 10. 29. 발생하였던 성수대교 붕괴사건 수사 당시에도 붕괴원인 규명 감정단을 구성하여 수사과정에서 많은 기여를 하였고, 철저한 공소유지를 할 수 있게 한 것과 마찬가지로 삼풍백화점 붕괴사건에서도 감정단은 성공적으로 그 임무를 수행하였다고 평가할 수 있다.

특히, 감정단이 삼풍백화점 붕괴원인을 규명하는 과정에서 밝혀낸 설계, 시공, 유지관리상의 부실과 미비점은 종전까지 알지 못하였거나, 중요하게 생각하지 않았는데 감정결과 실제로 대단히 중요한 기능을 하는 것으로 밝혀진 부분 등이 있어 감정단이 작성한 조사 보고서는 앞으로 건축물을 설계, 시공, 감리 및 유지관리하고, 안전진단을 함에 있어 대단히 중요한 참고자료가 될 수 있고, 대형 사고를 미연에 방지하는데도 크게 기여할 것으로 기대된다는 점에서 감정단 활동의 커다란 성과로 볼 수 있다.

감정단 및 기술지원팀이 활동하는 과정에서 현장을 그대로 보존한 상태로 보다 많은 시간을 가지고 조사할 수 없었던 점은 매우 아쉬운 부분이라 하겠다. 그러나, 붕괴직후부터 인명구조 및 사체발굴을 위한 잔해제거작업으로 인하여 붕괴된 현장이 계속하여 훼손될 수밖에 없었던 당시의 상황 하에서는 불가피한 일이었고, 수거되는 잔해물을 찾아 사고현장은 물론 난지도 쓰레기 매립장과 염곡동 쓰레기 적치장까지 가서 확인함으로써 조사 활동 자체는 매우 정밀하게 수행 되었다고 볼 수 있다.

또한 이 백서발간과 병행하여 제작된 비디오 백서의 제작과정에서도 감정단과 기술지원팀의 구성원들이 기술적인 부분에 관한 설명과 자문을 함으로써 건축전문가가 아닌 일반인도 쉽게 이해할 수 있는 내용으로 제작, 방영하게 되었다. 이는 건축물의 설계, 시공및 감리업무에 종사하는 전문가들은 물론 일반인들도 주택이나 사무실 용도의 건물들을 유지관리 함에 있어 유의해야 할 사항들을 쉽게 이해할 수 있게 하였다는 점에서 감정단의 또 다른 기여라고 할 수 있겠다.

성수대교 붕괴사건의 원인규명 감정단 활동에 이어서 삼풍백화점 붕괴사건에 있어서도 감정단이 수사 및 공소유지와 관련하여 성공적으로 그 기능을 수행함으로써 앞으로 다시 대형 안전사고가 발생할 경우 그 사고원인을 규명하는데 있어서는 관계전문가들로 감정단을 구성할 필요가 있다는 사실이 실증적으로 입증이 되었다고 할 것이다.

삼풍백화점 붕괴사건에 대한 국정조사과정에서 국회 특별조사위원회에도 건의한 바 있으나, 향후 삼풍백화점 붕괴사건과 같이 기술적으로 전문지식이 없이는 수사가 어려운 사건의 경우 사고 발생 즉시 전문가로 구성된 감정단을 구성할 수 있는 예산의 확보가 무엇보다도 긴요하다고 하겠다.

第3篇 鑑定團의 鑑定報告

9. 붕괴원인(pp.362-369)

9.1 일반사항

삼풍백화점 건물은 보와 기둥으로 구성된 일반 뼈대구조(라멘조)와는 달리 보가 없는 플랫 슬래브 구조시스템을 채택한 철근콘크리트 구조로 1989년 11월 준공하여 5년 7개월 동안 사용하다가 전체 건물 중 북측의 A동이 붕괴되었다.

모든 건물이 안전하게 그의 건축 수명을 확보하기 위해서는

① 설계자의 빈틈없는 계획 및 설계

② 건설업자의 완벽한 시공 및 관리

③ 건축주에 의한 철저한 건물의 유지관리

등의 3조건이 합치되어야만 한다.

따라서 앞에서 실시한

① 붕괴 현황조사 및 기초지반 조사

② 구조재료 시험

③ 설계도서 검토와 시공 및 유지관리 내용 검토

④ 구조해석

등의 조사 결과를 토대로 건물의 붕괴에 영향을 미친 요인들을

① 건축 및 구조설계

② 시공

③ 유지관리

등 3분야로 구분하여 건물의 붕괴 원인과 붕괴기구(메카니즘)를 규명하였다.

9.2 붕괴에 영향을 미친 요인

9.2.1 건축 및 구조 설계 분야

(1) 지붕마감 하중 산정에 있어 구조계산서에서는 누름콘크리트를 두께가 60㎜의 경량 콘크리트로 적용하여 사용사중을 90kg/㎡으로 계산되어 있다. 그러나 설계도서에 표시된 물매 1/100에 맞춘 시공에 따르면 가장 불리한 중앙부 누름콘크리트의 두께는 280㎜이고, 붕괴현장에서 수거한 두께가 150㎜의 보통콘크리트로 고려하더라도 시공 상태의 하중이 345kg/㎡가 되어 255kg/㎡정도 초과 하였다.

(2) 2층에서 5층까지 바닥슬래브를 전·후면 외곽 기둥(크기 60㎝ × 100㎝)에 100㎝ 깊이 중 30㎝만 연결 하였다.

(3) 구조계산서에 직경 80㎝(주근 16-DH22)로 계산되어 있는 4층 에스컬레이터 개구부 모서리 기둥이 에스컬레이터 위치 변경 후 설계도면에는 직경 60㎝(주근 8-DH22)로 축소 도시되었다.

(4) 5층 및 지붕 층의 슬래브 구조계산 시 일부 슬래브 단면이 펀칭전단 및 휨에 대한 내력이 부족하게 설계되었으며, 또한 일부 기둥의 내력이 부족하게 설계되었다.

9.2.2 시공분야

(1) 상단철근을 지지하는 고임대(high chair)의 부실로 바닥판 상단 철근이 정상적인 위치보다 4~6㎝ 정도 내려앉게 시공되었고, 또한 지판 두께가 설계치수 45㎝보다 5㎝작은 40㎝ 정도로 타설 시공된 것이 많아 슬래브의 유효두께 감소로 부재의 내력이 저하 되었다.

(2) 북측 #1 코아 부근 지붕바닥 지판이 설계도면에 표시된 것과 달리 시공되지 않았다.

(3) 북측 #1 코아 4열 부위에 지상 2층에서 5층까지 30㎝ × 90㎝ 크기의 보를 설치, 상하 8-HD22를 배근하도록 설계되었으나, 5층에서 보의 중앙부 하단 철근이 4-DJ22로 설계보다 4대 부족하게 시공되었고, 또한 직경 13㎜ 스터럽을 단부 15㎝, 중앙부 25㎝로 배근하도록 설계되었으나 실제로는 직경 10㎜ 철근을 30㎝ 간격으로 배근하였다.

(4) 북측 #1 코아 4열의 C-D 구간에서 벽체에 정착시킨 5층 슬래브 상부 철근의 정착 길이가 15 ~18㎝로 시공되어, 소요 정착 길이 40배 × 16㎜ = 64㎝가 확보되지 못하였다.

(5) 북측 #2 코아 2층에서 5층까지의 화장실 슬래브 배근이 설계도면에서는 주열대 상단 철근이 직경 16㎜와 19㎜가 교대로 15㎝ 간격으로 표시되어 있으나 시공 시 직경 13㎜와 16㎜ 철근이 교대로 15㎝로 부족하게 배근되어 있다.

(6) 7-D 위치의 기둥이 전기배관 설치로 기둥 주근을 감고 있는 원형 띠철근을 절단하면서 깊이 10㎝ 정도의 단면이 결손 되었고, 또한 원형 띠철근이 기둥 주근 안쪽으로 시공되었다.

(7) 북측 #1 코아 벽체 콘크리트에서의 재료분리 현상이나 기둥이어치기 부위에서의 레이턴스 발생 등 시공 관리가 철저하지 못하였다.

9.2.3 유지관리 분야

(1) 최초에 신청 허가된 5층의 로울러 스케이트장을 식당가로 용도변경하면서 식당가의 내부개조가 이루어져, 대리석 및 화강석 등의 마감재 공사, 특히 15㎝ 두께의 콘크리트 주방바닥 공사, 벽돌벽체 공사와 함께 대형 냉장고 등의 시설물 적치로 초기 설계시 보다 360kg/㎡ 이상의 과다한 하중이 추가 적재되었다.

(2) 북측 #2 코아의 엘리베이터 벽체 앞의 홀 바닥에 쓰레기 투입구와 화장실 배관용 개구부가 추가 설치되면서 코아링 장비에 의해 2.3m 길이로 연속적으로 절단되면서 바닥판 철근이 절단되는 손상을 입었다.

(3) 5층 신용판매부 위치로 플로어 닥트 공사나, 대리석 화강석 등의 바닥 마감재를 시공하기 위해 바닥슬래브의 피복콘크리트를 제거함으로써 바닥슬래브 콘크리트뿐만 아니라 철근 부착에 큰 손상을 주었다.

(4) 금정식당 주방 배기 닥트 설치를 위해 북측 코아 내력벽을 약 40 × 98㎝ 절단하여 손상을 입혔다.

(5) 구조계산서에 반영되지 않은 냉각탑을 직접 슬래브에 설치하여 400kg/㎡ 이상의 초과 적재하중이 작용하였다. 또한 냉각탑 이설 공사 시 완전 분해되지 않은 상태로 이동한 관계로 바닥판에 구조적 손상이 초래되었다.

(6) 전기 배선용 전기박스, 또는 방화 셔터 설치를 위해 기둥의 주근이 노출될 정도로 기둥이 훼손되었다.

(7) 기둥 주변에 발생된 거미줄형 균열, 바닥 슬래브의 급격한 처짐, 얼음을 깨는 듯한 균열 소리 등의 붕괴 징후에 안전조치가 결여 되었다.

9.3 종합고찰

(1) 삼풍백화점 건물의 붕괴원인을 규명하기 위하여 설계, 시공 및 유지관리 측면에서의 붕괴에 영향을 미친 직·간접적인 요인들을 종합하여 검토한 결과 이 건물의 붕괴는 설계하자, 부실시공, 유지관리상의 과오 등이 준공 후 5년여의 장기간에 걸쳐 부실 부분으로 상호 작용하여 발생한 참사라 할 수 있다.

(2) 백화점 측은 1987년 7월 설계사무소와 1차 사업계획승인서를 작성한 후 1990년 7월 준공 검사 시 까지 3차례의 설계변경으로 완벽한 시공도면이 종합적으로 검토, 확정되지 않은 상태에서 공사가 진행되어 구조계산서와 설계도서 및 시공에 이르기까지 일관성 있는 정밀한 관리가 이루어지지 않았고 잦은 설계변경(용도변경)에 의한 구조적 안전성 검토나 설계도서 상세가 미흡하였다.

더욱이 골조 공사 시 현장관리 및 감독의 소홀로 부실한 철근배근, 콘크리트의 품질저하, 구조단면의 치수감소 또는 누락 등 부실시공을 야기 시켰으며, 특히 골조공사 완성 후 마감공사 과정에서 무단 설계 및 용도변경으로, 과중한 하중을 부담하게 되었을 뿐만 아니라 구조체를 임의로 절단·파쇄 하여 구조체의 주요부재에 손상을 가하게 되었다.

(3) 이와 같은 붕괴요인들이 구조 체에 영향을 미치면서 구조 체에 균열 및 누수현상을 일으키게 하였으며, 5년여라는 장기간에 걸쳐 지속적으로 진행, 전반적으로 안전율이 확보되지 못한 상태에 있었으며 지붕 층에 설치한 냉각탑의 진동이 균열의 진전을 더욱 촉진 시켰을 것으로 판단된다.

(4) 그 후 균열의 폭과 깊이가 증가되고 이와 같은 계속적인 균열의 진행에 따라 바닥판이 전단력에 견딜 수 있는 내력을 점차 상실하면서 종국에는 기둥둘레를 따라 펀칭전단 파괴가 크게 발생하면서 주변 바닥 슬래브 판이 기둥으로부터 빠져나와 이탈되고 이탈된 기둥이 분담하고 있던 바닥판 하중이 인접기둥으로 추가로 전달되면서 인접기둥주변에서도 전단파괴가 연쇄적으로 발생하였다.

(5) 이 과정에서 5층 기둥들이 전도되고 동시에 지붕 층 바닥 슬래브가 연쇄 붕괴됨으로 지붕 층 및 5층 바닥 슬래브 판이 아래층으로 낙하, 충격을 가하면서 연쇄붕괴(progressive collapse)되고 이와 같은 연속적인 붕괴가 전구조물을 순식간에 붕괴시키는 결과를 초래하였다.

10. 결론

많은 인명과 재산피해를 야기 시켰던 삼풍백화점의 붕괴사고는 한마디로 인재이며 이는 인간의 무지, 부주의 그리고 과욕에서 비롯되었다. 이미 9장 붕괴 원인에서 서술한 바와 같이 건물이 그의 건축 수명을 유지하기 위해서는

① 설계자의 빈틈없는 계획 및 설계

② 건설업자의 완벽한 시공 및 관리

③ 건축주에 의한 지속적인 건물의 유지관리가 철저히 이루어져야 한다.

삼풍백화점 건물은 1987년 7월에 착공하여 1989년 12월 1일 가사용 승인을 얻어 개점한 이후 5년 여간을 사용하였으며 그 구조시스템은 보와 기둥으로 구성된 일반 뼈대구조 (철근콘크리트 라멘조)와는 달리 보가 없는 바닥 슬래브 판이 직접 기둥에 지지되는 플랫 슬래브 구조로, 한 기둥 지지 부의 붕괴가 전체구조물의 붕괴로 이어지는 연쇄붕괴(progressive collapse)가 가능한

구조이다.

본 붕괴사고 원인조사에서는

① 붕괴 현황조사 및 기초 지반조사

② 구조재료의 강도 시험

③ 설계도서 검토와 시공 및 유지관리 내용 검토

④ 구조 해석

등을 면밀히 조사하고 조사결과를 토대로 이 건물의 설계, 시공 및 유지관리 측면에서 건물 붕괴에 영향을 미친 직·간접적인 요인들을 종합하여 검토한 결과 이 건물의 붕괴는 설계하자, 부실시공 및 유지·관리상의 과오 등이 장기간에 걸쳐 복합적으로 상호 작용하여 일어난 것으로 분석되었다.

(1) 붕괴에 가장 크게 영향을 미친 원인으로는 건물의 유지관리 과정에서 무단 설계 및 용도 변경으로 매우 과중한 추가 하중이 부과되었을 뿐 아니라 구조체를 임의로 절단, 파손하여 구조부재에 큰 손상을 가함으로 구조상 극심한 내력감소를 초래하였다.

(2) 시공과정에서는 현장에서의 공사 관리 및 감독의 소홀로 부실시공을 야기시킴으로써 붕괴에 영향을 준 요인이 되었다.

(3) 부적절한 건축 및 구조의 설계 계획으로 연쇄붕괴를 일으키는 요인이 되었다.

(4) 장기간에 걸쳐 균열이나 처짐 등 붕괴에 선행되는 여러 징후가 발생했음에도 불구하고 안전관리를 소홀히 한 것이나, 붕괴 직전과 같은 위기 상황에 대한 대처가 미흡하여 이와 같은 참사가 발생하게 되었다.

(5) 이와 같은 붕괴 요인들이 5년이라는 장기간에 걸쳐 지속적으로 진행, 전반적으로 안전율을 확보하지 못한 상태에서 종국에는 5-E, 5-F 기둥 주변의 5층 및 지붕층 슬래브가 기둥 둘레를 따라 전단파괴가 발생하면서 인접 슬래브의 파괴로 이어지는 연쇄붕괴가 일어나 전체 건물이 파괴된 것으로 판단된다.

[참고자료 2] 서울시 삼풍백서의 사고원인

[서울특별시, 삼풍백화점 붕괴사고 백서, 1996.6.]

제3절 붕괴과정의 유지·관리과정(pp.62-63)

강남 한복판에서 현대식 외양을 뽐내온 삼풍백화점이 두부모처럼 잘려 순식간에 폭삭 무너져 내린 29일. 백화점 직원과 목격자들의 증언을 토대로 대참사 전후의 상황을 재구성해본다.

사고전날인 28일 밤 야간경비를 서던 경비원 김씨는 백화점 5층 식당가에 있는 전주비빔밥집 '미전' 바닥에서 폭 1m, 깊이, 20cm 규모의 함몰흔적을 발견했을 당시 백화점 북쪽건물(A동)과 엘리베이터 타워사이 벽 곳곳에는 이미 누구나 쉽게 알아볼 수 있을 정도의 큰 균열이 생긴 상태였다. 오전 8시 30분쯤 사고현장을 확인한 시설담당 직원은 이같은 사실을 상부에 보고했다.

11시부터 정오사이 5층 우동집 '현지' 와 냉면집 '이전' 의 천장에서 물이 쏟아졌고 바닥이 꺼졌다. 이에 따라 백화점 측은 정오쯤에 벽에 금이 가고 바닥이 함몰된 4층과 5층을 비우기로 하고 직원과 고객을 대피시킨 뒤 보수공사를 시작했다. 사고 전 함몰과 균열상태를 확인했던 백화점 직원은 사고 후 "불안하다는 생각은 했지만 이렇게 일이 커질 줄은 상상도 못했다"고 말했다. 엎친데 덮친 격으로 당시 백화점 지하에서는 주차장 확장공사가 벌어지고 있었다.

오후 2시쯤 회의가 열렸다. 이사장은 3시쯤 '미전' 으로 와 "5층의 가스밸브를 잠그고 칸막이를 친 뒤 신속히 보수공사를 끝내라"고 직원들을 다그쳤다. 4시쯤 백화점에 들른 홍명지씨(56 여)는 "고급백화점인데도 에어컨이 가동되지 않아 이상하게 생각했다"고 말했다. 5시 30분쯤 1층 잡화매장과 2, 3층 의류매장, 4층 학용품매장에는 고객이 많지 않았지만 5층 식당가와 지하 1층 슈퍼마켓 및 매장등에는 저녁 찬거리 마련을 위해 나온 주부들이 북적대고 있었다. 물론 6백 80여명에 이르는 직원들은 대부분 자리를 지키고 있었다.

5시 49분쯤 건물이 심하게 흔들렸다. 이어 5분쯤 지나 건물안에서 비상사이렌이 울렸고 사람들은 영문도 모른채 뛰기 시작했다. 5시 54분쯤 A동 5층 북쪽 끝부터 건물이 무너지기 시작했다. 각층에서 "빨리 피해" "뛰어"라는 아우성이 쏟아져 나왔다. 5층이 무너지기 시작하면서 건물은 전기가 끊겨 암흑천지가 됐다. 당시 3층에 있던 조모양(21 S대 3)은 "피하라는 외침을 듣고 중앙계단

쪽으로 뛰었지만 계단에 이르기 전에 건물이 무너져 정신을 잃었다"고 당시를 회상했다. 건물이 무너지며 내는 굉음과 공기가 빠지는 "슉" 소리가 동시에 들리면서 백화점은 흔적도 없이 사라졌다.

제4절 삼풍백화점의 붕괴원인(pp.73-79)

전 세계적으로 유례를 찾아보기 힘든 삼풍백화점 붕괴사고는 부실시공 외에도 건축허가, 감리, 준공검사 무시한 매장증설과 증축허가 등 총체적 부실로 인해 발생했다는 지적이다.

4.1. 부실설계감리

대형건물을 지을 때는 적재하중과 안전율을 고려한 구조계산이 치밀하게 이뤄져야 하는데 현재 국내의 민간건설현장에서는 건설비를 줄이기 위해 싼 값에 구조계산을 맡기는게 관례화되어 있다. 게다가 건축허가 과정에서도 기둥과 기둥 간격이 16m이상일 경우에만 전문구조기술사의 확인을 받도록 의무화했으나 이나마도 형식적으로 넘어가고 있다는게 전문가들의 지적이다. 관급공사의 경우에는 감리회사가 지정돼 있는데다 자격을 갖춘 공무원이 현장감독으로 배치돼 부실시공을 감리하고 있으나 민간회사는 설계회사와 감리회사가 같아 부실을 부추기고 있다.

정부는 각종 대형참사가 잇따르자 지난해 건설기술관리법을 제정해 민간공사에 대해서도 설계회사와 감리회사를 달리하는 '책임감리제'를 도입토록 했으나 이 조항도 3백가구 이상의 공동주택건설 때만 적용토록 한정, 나머지 민간공사의 부실감리를 막을 수 있는 법적규정은 전무한 형편이다. 이와함께 대부분의 민간건설 사업주체들이 건설비를 아끼기 위해 관급공사처럼 일정한 자격요건등을 우선시해 설계 감리 건설업체를 선정하는 것이 아니라 최저가 업체를 선호하고 있어 민간건설 분야의 총체적 부실이 발생하고 있는 것으로 지적되고 잇다.

4.1. 엉성한 준공검사

삼풍백화점 붕괴사고에서도 드러나듯 각종 부실이 이뤄졌음에도 관할 구청의 준공검사과정에서 부실을 체크할 수 없는 것도 커다란 문제다. 현재 관급공사에서는 감독공무원들이 공사현장에 배치돼 정밀시공을 감시할 뿐 아니라 '다단계 준공검사제' 등 안전확보를 위한 각종 장치를 마련했다. 그러나 민간공사에 대한 준공검사는 공무원이 조경시설 건물 용도 주차장확보 조경 단열상태 설비 상황등에 대해 설계도면과 시공이 일치하는지 여부만을 파악하는데 그치고 있다.

더구나 이 같은 준공검사도 외장공사까지 끝난 상황에서 이뤄지다 보니 조물 안전에 결정적인 영향을 주는 철근배근 및 슬라브 두께 등은 검사조차 할 수 없는 상황이다. 특히 건축허가를 담당하는 구청 등은 전문인력을 확보하지 못해 건축허가 과정에서 설계의 기초자료인 구조계산서의 정확성 여부 및 설계도면의 문제점을 거의 파악할 수 없어 민간공사의 부실을 부채질하고 있다.

4.3. 무리한 허가

서울시와 서초구청이 삼풍백화점의 무리한 매장면적 증설 및 증축을 허가해 붕괴사고를 부추겼다는 지적을 받고 있다. 서울시는 지난해 10월 21일 서울시도 소매진흥심의위원회를 열어 당초 1만3천7백32평방m이던 삼풍백화점의 매장면적을 무려 1백25%나 늘린 3만9백78평방m로 증설해 주었으며, 서초구청은 지상 백화점을 떠받치고 있는 지하 1층에 6백72평방m의 증축을 허가해 주었다.

4.4. 안전진단 미비

최근 민간건설 부문의 대형사고가 잇따르고 있으나 건설기술관리법은 공사비 1백억원이상 건물 신축현장의 지하굴착공사에 대해서만 1년 단위로 전문기관의 안전진단을 받도록 의무화했을 뿐이다. 더구나 건물완공 후에는 아파트를 포함한 민간건설 부문의 그 어느 건물에도 안전진단을 의무화하지 않은 채 단지 이번처럼 대형참사가 빚어지면 행정지도를 통해 안전진단을 실시, 문제점으로 부각되고 있다.

(1) 설계분야

가. 허가도서와 상이한 시공도서

원래 건물은 허가관청으로부터 허가받은 설계도서에 따라 시공하는 것이 원칙이고, 설계변경시에는 사전에 설계변경허가를 받아야 함에도 불구하고, 삼풍백화점 건물의 경우는 이러한 사전 설계변경절차를 무시한 채 허가도서와 다른 별개의 시공도서를 적용하여 시공하고, 공사완료 후 관련 공무원들에게 뇌물을 제공하고 편법으로 사후 설계변경 승인을 받은 것으로 드러났다.

나. 시공도면 미확정 상태에서 시공

공사 착공전에 설계도면이 완성되어야 하는 것은 종합적 시공계획 수립을 위한 필수조건임에도 불구하고 삼풍백화점의 경우는 건축주의 잦은 설계변경 요구로 착공 전에 설계도면을 완성치 못하고 공사를 진행하면서 공정단계별, 층별로 설계도면을 작성하여 수시 납품함으로써 체계적인 시공 계획 수립에 차질을 초래한 것으로 밝혀졌다.

다. 구조계산을 반영치 아니한 구조설계

건물구조의 안전에 직접적으로 영향을 미치는 구조설계는 전문가의 구조계산 결과에 따라야 하고, 이를 지키지 않을 경우 건물 구조에 중대한 영향을 미치게 되는 것은 두말할 나위도 없는 일이다. 그런데 설계 담당자인 임형재가 작성한 구조도면을 정밀 검토한 결과 기둥, 슬래브, 철근배근 등 크게 11개 항목이 구조계산서와 다른 것으로 나타났다. 예컨대 A동 4, 5층 에스컬레이터 주변의 기둥 도합 16개가 구조계산서상 기둥은 직경 80cm이고, 철근은 직경 22mm, 16대를 배근토록 되어 있는데도 구조도면에는 기둥은 직경 60cm, 주 철근은 22mm, 8대를 배근토록 변경되었고, A동 각층 전후면의 외각 기둥과 연결된 슬래브 보강철근의 규격과 대수도 구조계산서에 비해 설계도면의 그것이 크게 과소한 것으로 나타났다. 임형재를 비롯한 우원종합건축사사무소 직원들 중 구조계산을 할 능력을 갖춘 사람이 없는데도, 위와 같이 구조계산서와 다른 구조도면을 임의로 작성한 것은 건물구조를 약하게 만든 커다란 원인 중의 하나로 지적될 수 있다.

(2) 시공분야

가. 슬래브의 상하부 철근 배근간격유지 부실

설계도상 슬래브의 두께는 30cm이고, 표준시방서상 철근 상부근과 하부근은 약 22cm정도를 유지하여야 하는 만큼 그 간격 유지를 위하여 상부근 철근 밑에 약 150cm 간격으로 직격

10mm의 철근 받침대를 설치하여야 하는데도 받침대를 듬성듬성 배치하거나 작업시의 과오를 말미암아 옥상 및 5층 바닥판의 슬래브 등 거의 모든 슬래브의 상부근 철근의 적정위치보다 약 5 내지 7cm 내려 앉은 것이 발견되었다. 상부 철근이 내려앉을 경우 이에 비례하여 슬래브의 내력이 감소하는 대신 고정하중이 늘어나 슬래브가 휨파괴현상에 대하여 취약성을 보이게 된다는 것이 감정단 교수 등 전문가들의 의견이었다.

나. 슬래브 지판부의 부실시공

삼풍백화점과 같은 무량판 구조건물에 있어 슬래브 지판부는 슬래브의 하중을 기둥에 분산 전달시키는 중요한 역할을 맡게 된다. 그런데도 설계도상 이 지판부의 두께가 45cm(슬래브 30cm+지판 15cm)로 되어 있는데도 각층 슬래브의 지판부를 실측한 경과 약 40cm밖에 안되는 것이 다수 발견되었고, A동 5층 북측 코아 중앙부분에는 설계를 무시하고 아예 지판이 설치되지 않는 곳이 발견되기도 하였다. 특히 5층 춘원식당의 주인 등 다수의 참고인들을 조사한 결과 이곳 지판이 미설치된 부분은 준공 후 얼마되지 않은 때부터 누수 및 균열 현상 등 붕괴조짐을 보이기 시작한 것으로 밝혀졌다.

다. 기둥의 부실시공

기둥에는 주근(Main Bar)과 그 주위를 감싸는 띠철근(hoop Bar), 그리고 주근과 주근을 X자형으로 연결하는 보조띠 철근(Diagonal Bar)이 배근되어 잇는데, 붕괴된 A동 4, 5층의 기둥을 조사한 결과 기둥 주위의 피복두께가 일정하지 않음은 물론 과도하게 두껍고, 주근의 배열 중 수직방향을 이탈한 부분이 있을 뿐만 아니라 띠철근이 주근들을 외부에서 감싸지 않고 내부로 들어와 있는 등 전반적으로 부실하게 시공되어 기둥의 내력을 크게 약화시킨 점이 발견되었다.

라. 과도한 초과하중 발생

붕괴된 A동 옥상의 누름 콘크리트 두께가 설계도보다 훨씬 두껍게 시공되고, 5층에는 각 식당 주방의 대형냉장고 및 조적벽, 돌정원 등이 설치됨으로 말미암아 바닥판에 과도한 초과하중이 발생한 것으로 조사되었다.

마. 내력벽과 슬래브 연결철근의 정착부실

콘크리트 내력벽과 슬래브의 연결부분은 철근의 정착길이를 충분히 확보하거나 Hook장치를 하는 등으로 견고하게 시공하여야 함에도 불구하고 실측 조사한 결과 북측 1번 코아 내력벽과 옥상 바닥판의 연결부분은 상부철근이 Hook장치 없이 불과 25cm로 짧게 정착된 것으로 밝혀졌는데, 이와 같은 정착 부실로 말미암아 붕괴 시 각층의 슬래브가 북측 콘크리트 내력벽으로부터 거의 완전히 분리된 채 무너져 내린 것으로 판단되었다.

바. 철근과 콘크리트의 결합부실

철근콘크리트조 건물에 있어서 철근과 콘크리트를 단단히 결합되도록 시공하는 것은 건물의 구조안전을 위한 기본적 조건임에도 불구하고, 건물 붕괴시 대다수의 철근이 콘크리트와 일체가 되어 절단되지 않고 콘크리트로부터 분리되어 빠져나온 형상을 보인 것은 철근과 콘크리트의 부착력이 매우 부적정하고 부실하다는 점을 단적으로 나타내는 것이었다.

사. 하중을 고려하지 않은 냉각탑 설치

원래 구조계산시 A동 옥상에 냉각탑을 설치하는 것은 전혀 고려되지 않은 사항임에도 골조공사 완성후 백화점 전체를 위하여 사용되는 냉각탑 4대(물을 채운 상태로 가동시 동하중 합계 약 138톤)를 A동 옥상 후면부의 바닥판 위에 설치하여 그 하중이 슬래브를 손상시키고, 그 후 이를 백화점 전면부로 이동시 엔진부분만 분리한 채 1대씩 통째로 이동함으로써 슬래브에 손상을 가한 것으로 판단되었다.

아. 콘크리트 내력벽 절단 손상

건물 완공후 식당가 주방의 배기덕트 설치를 위해 옥상 슬래브를 지지하는 북측 코아내력벽을 약 40x98cm 잘라내어 손상한 것이 발견되엇다. 무량판구조 건물에 있어서 콘크리트 내력벽이 건물을 지탱하는 중요한 기둥역할을 하는 점을 감안할 때 이를 함부로 절단 손상한 것은 상식 밖의 행동이라고 볼 수 밖에 없었다.

(3) 감리분야

건축주인 삼풍건설과 설계계약뿐만 아니라 감리계약도 체결한 임형재 삼풍건설측이 상주감리비를 지급하지 않는다는 이유로 건물 골조 공사가 완료될 때까지 전혀 상주감리를 하지 않았을 뿐 아니라 골조 공사 완성후에는 건축사 또는 건축사보 자격이 없어 상주감리원으로 부적격인 직원들을 공사현장에 파견하여 공사 감리 감독을 맡긴 사실이 드러났다.

한편 이와 같이 상주감리를 전혀 하지 않았음에도 중간검사 및 준공검사시 성실 감리하였다는 허위내용의 현장조사서를 작성하여 관할구청에 제출하였는데, 이 또한 건물의 부실시공을 촉진한 한 요인으로 분석되었다.

〈 단계별 부실내용과 책임소재〉

분야	부실내용	현상	책임소재
설계	허가설계도면, 시공도면이 다름	기둥, 슬래브, 철근 등 11군데 구조계산서와 상이	설계-우원종합건축사사무소(구조계산:한건축구조연구소)
	구조계산 무시한 구조설계		
시공	기둥시공부실	기둥의 내력저하	기초·골조 공사-우성건설
	슬래브 받침대 규정보다 5~10cm 얇게 시공	슬래브 내력감소, 휨파괴·전단파괴에 취약	
	내력벽과 슬래브 연결불량	연결 결합력 떨어짐	
	철근과 콘크리트 결합부실	붕괴시 철근이 콘크리에서 떨어져 나감	
	하중을 고려하지 않은 냉각탑 설치(가동시 총하중 86톤)	4백kg/m²의 초과하중 발생	삼풍건설산업
	구조계산을 초과한 무리한 시공	5층지붕과 5층바닥에 초과하중 발생	
감리	상주감리 미실시(골조공사시) 무자격자를 상주감시원으로 지정(골조공사 후)	허위현장조사서 작성	우원종합건축사무소
유지	준공 후 건물 유지관리 부재	잦은 용도변경 및 증축시 관리 정밀점검 결여	삼풍백화점

[참고자료 3] 대한건축학회(지)의 삼풍백화점 붕괴원인

[李利衡·池南龍, 三豊百貨店 惨事의 原人과 診斷結果, 建築, 제41권 제6호, 1997.6. pp.12-16.]

3.1 붕괴상황에 대한 개관

지금 으로부터 만 2년 전인 1995년 6월 29일에 발생한 삼풍백화점 붕괴사고는 사망501명, 부상 937명, 실종 6명이라는 국내 최대의 인명피해를 낸 충격적인 사건이었다. 삼풍백화점은 연면적이 78,877㎡나 되는 대형 백화점으로서 시내 백화점 가운데서도 최신식 내부시설과 고가의 상품을 갖춘 호화 백화점으로 알려져 있는데다, 89년 12월 1일 개장한 이래 5년여 동안 사용 중에 있었으므로 그 안전성에 의심을 갖는다는 것은 생각할 수도 없는 일이었다.

붕괴된 삼풍백화점 건물은 철근 콘크리트 플랫슬래브(flat slab) 구조로 보와 기둥으로 이루어진 일반 건물의 뼈대구조와는 달리 보가 없이 각층의 바닥판이 기둥에 의해 지지되는 무량판(無梁板) 구조이다. 이 구조는 보가 없기 때문에 층고를 줄일 수 있을 뿐 아니라 거푸집 공사가 간단하고 설비용 배관이나 덕트의 배치가 용이한 점 등 건축계획적인 면에서는 바닥 슬래브가 기둥에 의해 직접 지지되기 때문에 전체 건물 내에서 어느 한 기둥 지지부에서의 하자가 전체 구조물의 붕괴로 이어지는 도미노식 연쇄붕괴가 가능한 구조이다. 따라서 이와 같은 건물은 면밀한 설계와 정밀한 시공 그리고 건축 후 건물의 용도변경이나 구조변경 등에 대해 구조물의 안전성이 확보될 수 있는 지속적인 유지 관리가 요구되는 구조이다.

그러나 이 건물은 사업계획 승인에서 준공에 이르기까지 여러 차례의 설계변경이 이우어져 완벽한 시공도면이 종합적으로 검토 확정되지 않는 상태에서 공사가 시작되었고 일관성 있는 공정관리가 확립되지 않은 채 공사가 진행 되는 등 설계하자로부터 시공 및 감리 부실, 건물의 안전 유지관리 결여. 행정절차상의 결함 등, 한 마디로 무지와 부주의 그리고 과욕이 부른 인재(人災)라고 할 수 있다.

특히 삼풍백화점의 붕괴 사고는 첫째, 국가적인 참사로 많은 가정에 슬픔을 안겨준 사건이었으며, 둘째, 지진이나 태풍 등 돌발적인 자연재해에 의한 사고가 아니고 구조물 자체의 내력부족에 기인한 사건이었으며 셋째, 건설도중에 붕괴된 사고가 아니고 5년간 사용도중에 발생한 사건이었으며 넷째, 건축사, 기술사, 그리고 시공기술인등 많은 건축인들이 관련된 사건이었음을 생각해 볼 때 우리 모든 건축인들은 깊은 자성(自省)의 계기로 삼아야 한다.

사실 우리는 발 빠른 현대화 과정에서 외형에 있어서는 높은 성장을 이룩했다. 하지만 그 성장이 과연 충실한 기반 위에서 단계적으로 이룩되었는지 우리 스스로를 돌이켜 보아야 할 것이며, 이러한 외형적 성장에만 치중하는 가운데 최소한의 절차와 안전성마저 무시하여 온 조급함, 그리고 자기성찰(自己省察)의 부족이 일으킨 필연적 결과이며 상징적 사고라는 자탄(自嘆)의 소리가 퍼져 나왔었다. 먼저 우리는 새로운 기술의 개발보다는 기술의 모방이나 개선, 더욱이 외국에서 개발된 기술의 향유(享有)만으로 만족했었음을 자인하지 않을 수 없다. 더욱이 도입기술의 대부분이 개발된지 이미 오랜 중고 기술이며 많은 로열티를 지불해야 하는 기술수입들이 기업간의 중복기술이었음을 부인할 수 없을 것이다. 그러므로 기술개발이 산업안전뿐 아니라 국가 발전에 직결되고 있다는 인식의 전환인 국민적 차원에서 요청되어야 하며 이를 뒷받침할 수 있는 기술개발 연구의 획기적인 기술 드라이브 정책의 수립이 필수적이라 생각된다.

또한 우리는 아직도 기술선진국에 비해 자기 기술 즉 기술 집적이 충분치 못한 상황에서 임금상승, 3D현상의 출현, 사치풍조 등으로 많은 어려움을 실감하고 있는데다 선진국들에 의한 기술 블록화 현상, 국제 개방화의 압력으로 우리의 사정은 더욱 악화되고 있음을 직시해야 할 것이다.

특히 1995년 이후 시설물의 안전관리에 대한 정기적 안전점검이 의무화 되고 부실시공 추방이라는 국가적 모토가 내세워 졌으나 관리 주체들의 인식부족, 감독기관의 사후관리 미흡, 안전점검기관의 점검상태 미흡 등 삼풍백화점의 붕괴참변을 겪고 난 후에도 건축공사에서 기술인, 기능인들의 안전 불감증은 조금도 달라진 기미가 보이지 않는데 큰 문제점이 있다 하겠다. 삼풍백화점 참사의 교훈은 이 땅에서 다시는 이러한 부실건축물이 생기지 않도록 우리에게 내려준 엄중한 경고이다. 이러한 뼈아픈 경험을 통해서 우리 모두는 이와 같은 사건이 재발되지 않도록 깊은 각성과 노력이 계속 되어야 할 것이다.

3.2 붕괴 원인

건물의 붕괴현황(사진1), 구조재료의 성능 및 시공 상태조사, 현장과 설계도서(도면 및 구조계산서)의 비교·검토를 통하여 A동의 건물의 붕괴 원인을 다음과 같이 추정하였다.

1) 재료상의 측면

콘크리트의 경우, 압축강도는 설계기준 강도를 상회하고 있으며, 또한 콘크리트에 함유된 염화물량도 KS 규정치인 0.3kg/㎥을 초과하지 않았다. 그러나, 콘크리트의 경우는 내부의 공극, 이어치기 부위(기둥과 기둥, 내력벽과 슬래브 등)에서 발생한 콜드 조인트(사진 2), 재료분리가 부분적으로 발생되어 있어 콘크리트 타설 시의 품질관리가 불량했던 것으로 추정된다. 그러나, 이들 요인이 붕괴의 직접적인 요인이라고 판단하기는 곤란하다. 철근의 경우, 항복강도 및 인장강도, 연신율 모두가 KS D 3504에 규정된 값에 매우 가까운 값을 나타내고 있다. 철근 크기는 규정치에 비하여 약 4~6% 작은 값을 보이고 있으나 슬래브의 뚫림 전단이나 기둥의 측압 지지에는 이러한 단면결손에 의한 내력저하 정도가 1%를 넘지 않으므로 구조체 붕괴에 대한 철근의 영향은 거의 없었을 것으로 판단된다.

2) 시공상의 측면

옥상 바닥의 무근 콘크리트 두께는 설계상으로는 60㎜이나, 실제는150㎜로 시공되어 있어 고정하중이 초과되었다. 슬래브 두께는 설계상으로 300㎜이나, 조사된 부위의 평균 두께는 이보다 작은 값을 나타내고 있다. 슬래브의 유효춤이 작아 졌으며 이로 인해 휨 내력과 전단 내력이 감소하였다.

3) 감리·감독상의 문제점

감리는 건축물의 품질확보를 위해 매우 중요한 현장업무이다. 조사에 의하면 5층 골조공사가 끝날 때까지 상주감리를 실시하지 않았고 마감공사 무렵에 감리계약을 하여 감리를 시작하였다. 그러한 감리계약의 지연으로 시공 상의 문제점들이 사전에 발견·시정되지 못하였다.

4) 유지관리상의 측면

(1) A동 5층의 용도변경

본 건축물 붕괴사고에 관한 조사 결과 잦은 설계 및 용도변경이 문제로 제기되었다. 5층 바닥은 설계상 롤러 스케이트장으로 마감 30㎜ 모르터로 되어있으나, 식당으로 용도가 변경이 되면서 상당부분이 두께가 100㎜의 고름 모르터에 두께 18~24㎜의 화강석 깔기 등으로 변경되었다. 또한, 식당가로의 개조 과정에서 설치한 벽돌벽체, 분수대, 대형냉장고가 과하중 으로 작용하였다.

(2) 부재의 훼손

5층 식당가 주방의 배기덕트 설치를 위해 옥상바닥을 받치는 북측 코아 내력벽을 높이 400㎜, 폭 980㎜로 절단하여 내력벽의 지지력을 약화 시켰으며, 매장부위와 화장실 부위에는 쓰레기 투입구 및 화장실 설비배관 증설로 인한 개구부 설치를 위해 10~150㎜의 구멍을 뚫어 1층에서 5층까지의 슬래브를 벽체와 분리시켰다(사진 3), 또한, 매장의 플로어 덕트 설치로 인한 슬래브 훼손, 파이프 덕트 관통을 위한 슬래브와 내력벽의 손상 등으로 인해 구조적인 훼손이 심하였다.

(3) 무리한 구조 변경

건축주의 요구에 의한 것으로 추정되는 설계변경이 많았으며, 잦은 설계 변경으로 건축, 전기, 기계 설비의 설계와 시공이 순차적으로 이루어지지 않아 건축공사 완료 후에 추가로 변경 시공된 흔적이 많았다. 즉, 사후 유지관리에 대한 대비책이 소홀하여 매장 증축·용도 변경에 따른 전기 배관 공사나 설비용 덕트 공사 시에 구조체의 주요 부위를 훼손함으로써 건물의 안전에 직·간접으로 영향을 미쳤을 것으로 판단된다.

(4) 관련도서(준공, 변경)의 보관부실

설계도서와 현장을 조사한 결과 여러 차례 증축, 용도변경 등에 관한 설계변경이 있었음에도 해당 분야별 준공도면이 작성되어 있지 않아 전후 관계가 명확하지 못하였다. 또한 당초 설계와 상이하게 시공된 부분이 다수 발견된 것으로 보아 관련 설계도서 관리가 소홀하였음을 알 수 있다.

(5) 붕괴 징후에 대한 판단착오

철근콘크리트 구조는 파괴되기 전에 콘크리트의 균열폭이 급격하게 증가하며, 철근이 그 부위에서 항복하면서 상당한 변형을 보이는 것이 일반적인 현상으로 본 건물에서는 특히 상부 슬래브를 뚫고나오는 현상(뚫림 전단)(사진 4)이 나타났으나 구조적 위험성에 대한 대비가 불충분한 것으로 조사되었다.

5) 구족계획상의 문제점

의장상의 이유로 그림 1과 같이 외측 기둥 주위의 슬래브를 파내어 뚫림 전단에 취약한 구조가 되었으며, 4개 코아의 지지 벽체 두께가 200㎜ 또는 250㎜로 되어 있어 슬래브 철근의 정착 시 정착 길이 확보에 무리가 있었던 것으로 추정된다. 4, 5층에서 기둥이 구조계산서의 내용과 상이하게 설계도서에 표기 되었고 이에 따라 시공 되었다.

6) 구조 설계상의 측면

구조 설계상의 요인을 파악하기 위해 설계시의 하중 및 실제하중으로 구조 검토를 하였다. 설계하중은 설계 도서를 근거로 하였기 때문에 어려움이 없었으나, 실제하중은 건물이 붕괴된 상태였으므로 정확한 하중산정이 곤란하였다. 다만, 준공 후 작성된 5층 식당 층 평면도 등을 근거로 하여 검토한 결과, 구조 설계상의 문제점은 크게 3가지로 요약된다.

(1) 슬래브 배근상의 문제점

설계상의 하중 적용시에는 각층에서 별 문제가 없으나, 실제하중 적용시 특히, 5층 식당 바닥에서 철근이 부족하다. 표 1에서 알 수 있듯이 5층 식당가 공용공간 부분을 주열대 기둥 부근에서의 극한 모멘트(Mu)가 설계 모멘트값 (φMn)을 크게 상회하는데 (53.5/23.3=2.3배), 이주열대 모멘트가 주 간대 측에 일부 재분배된다고 보더라도 주열대 및 주간대 모멘트 총량에 부족하다.

(2) 슬래브 뚫림 전단의 문제점

설계하중으로 검토할 때 각 층의 외측 및 내측 기둥 주위에서 뚫림 전단 응력이 설계 값을 약간 상회한다. 실제하중 적용 시는 2~4층 내 외측 기둥 주위를 비롯하여 5층 바닥 외측 기둥 및 내측 기둥에서 설계 값을 크게 상회한다. 특히, 5층 바닥 공용 공간 부분의 내측 기둥 주위에서는 설계 값을 2.41배나 상회 하므로 심각하다(표 2참조). 슬래브의 뚫림 전단(사진 5)에 대한 검토에서 시공 시 슬래브 상단철근의 내려 앉음을 감안할 경우 더욱 불리해지므로 뚫림 전단이 가장 중요한 붕괴원인이 된다고 본다. 실제로 B동에서 조사된 유효춤의 감소가 A동에서도 동일하게 일어났을 것으로 유추하여 볼 때 더욱 설득력을 갖는다.

(3)기둥의 문제점

축하중을 가장 많이 받는 E,5열 기둥의 경우를 보면, 설계하중 작용시 5층을 제외한 전층에서 작용 축 하중이 설계값을 최소 1.03(650.2/630=1.03)배에서 최대 1.36(463.9/340 =136)배 상회한다.

실제하중에서는 동일 기둥에 작교하는 축 하중은 설계 값을 최소 1.14(720.3/630=1.14)배, 최대 1.57(534.1/340=1.57)배 상회한다. 그러나, 기둥의 경우는 모든 층에서 동시에 최대의 적재하중이 작용하는 것이 아니므로, 수치상으로 나타난 값처럼 심각하지는 않겠으나 설계하중에 의한 기둥 단면산정이 일부 잘못된 것을 알 수 있다.

이상의 문제점들을 종합하면 슬래브 배근의 경우, 부분적으로 철근이 부족한 부분이 있으나 배근에 여유가 있는 주위 슬래브로 모멘트가 재분배되므로 약간의 응력 부족 부분이 존재하더라도 별다른 문제가 없을 것이나, 다만 5층 식당가 일부 부분의 과 하중이 작용하여 건물의 안전에 영향을 미쳤을 것으로 판단된다.

[참고자료 4] 영국의 근원적 건설사업 안전관리체제 사례

CDM(Construction Design and Management Regulations 1994)의 기본 개념

1. 제정배경 및 취지

건설재해의 근원은 관리상의 결함으로서 공사의 기획에서 유지관리 및 해체에 이르기까지 건설사업의 전과정에 걸친 양호한 안전관리가 필요하며, 이를 위해서는 건설공사는 생산활동, 위험, 자재, 기술, 고용형태 및 도급방식의 다양성으로 새로운 접근방법과 책임의 확립이 불가결한 바, 건축, 유지관리, 수리, 개보수, 해체, 기타 건설작업을 포함한 모든 공사 참여자들에게 필요한 건설공사의 안전보건관리 방법으로 CDM을 제정하여 1995. 3. 31.부터 시행하였다.

CDM은 산업에서 실무적 효과를 건설공사 참여자들에게 주기 위한 일반적인 MHSW 규정을 더 확대하여 안전보건에 기여하는 건설산업의 참여자들에게 구체적인 의무를 부여하고 있다. 즉, CDM을 통해서 발주자, 발주자의 대리인, 개발업자. 설계자, 계획감리자, 주도급자 및 하청업자에게 새로운 의무를 부과하여, 시공자에게 건설공사의 전과정에 걸쳐 기존의 안전보건 접근방법을 재고시키고 있다.

CDM은 다수의 새로운 책무부담자에게는 혁신을 요구하고, 건설공사 참여자 모두에게 건설공사의 안전보건에 기여할 수 있도록 하였으며, 그 중에서도 특히 발주자, 감리자 및 설계자의 기여가 크다는 것을 이해하고 여기에 필요한 책임을 다하도록 하는 것이 요체라 할 수 있다. CDM의 기본전제는 '산업안전보건의 효과적인 지시와 협조'는 '기획부터 인도까지 그리고, 그 이상까지' 공사의 전과정을 통해서 확보되어야 한다는 것이다.

2. 적용 대상공사

적용 대상공사, 신고해야할 공사의 규모는 공기 30일이상 또는 연인원 500인이상의

건설공사로서, 발주자가 공사를 신고할 필요가 없는 경우는 공사가 5명이하의 인원으로 진행된다고 예상할 때이다.

3. CDM의 핵심요소

CDM의 핵심개념은 발주자(공사를 의뢰한 사람이나 단체)가 각각의 건설단계마다 한 명의 중심적 인물로서 -계획감독관(Planning Supervisor)과 주도급자(Principal Contractor)를 임명하게 되어있다. 계획감독은 주로 일을 시작하기전의 계획에 관련된 문제에 주로 관련되어있고, 주도급자는 건설과정에 주로 관련되어 있다. 둘사이의 연관 관계는 안전보건계획에 있다. 이 계획은 계획감독에 의해 시작되고, 주도급자에 의해 조정되며, 주도급자는 공사에 관련된 다른 도급자와 협의를 하게된다.

건축주는 각각의 프로젝트에 계획감독관과 주요 도급자를 임명하게 되어있다. 공사의 과정은 적절한 안전보건계획이 준비되지 않았다면, 진행되어서는 안된다. 그리고 공사 시작전에 구체적인 정보를 계획감독에게 제공해야 한다. 또한, 안전보건대장이 항상 이용될 수 있도록 해야 한다.

설계자는 건축주가 다음의 규제하에서 그들의 의무를 알게 해야 한다. 설계는 예측될 만한 위험들을 피해야 하고, 위험에 대한 논쟁의 요인들 또한 피해야 한다. 공사근로자와 건설활동에 관련된 사람들을 보호하기 위한 조치들이 최우선시 되어야 한다. 그리고 안전보건에 관련된 위험에 대한 적절한 정보가 포함되어야 한다. 설계자는 안전계획감독관과 나머지 다른 설계자와도 협력해야 한다.

이러한 개념을 실현시키는 CDM의 핵심요소는 발주자(발주자의 대리인 및 개발업자 포함), 설계 및 시공계획단계의 안전계획감독, 설계자, 원도급자, 하도급자(사업주 및 자영업자 포함), 안전보건계획(Health and safety plan), 안전보건관리대장(Health and safety file) 그리고, 안전보건 자질 및 규정 등이다.

4. CDM규정상 공사참여자의 책임

(1) 발주자 또는 건축주의 책임

이것은 많은 발주자들이 안전보건문제가 과거에는 전혀 고려치 않았던 영역이었기 때문에 작업을 계속해서 '최대한 빨리, 비용은 싸게 공사를 완성하도록' 전문가들에게 맡기면서 안전보건에는 무관심하여 그저 공사만 하였다. 결과적으로 많은 공사들이 대개는 입찰하고 시행하고 준공해 왔다. 발주자의 주된 관심사는 당연히 공사에 대한 전반적 비용에 관여해 왔지만, 관계자 모두의 안전보건에 관한 관심을 갖고 작업이 실행되고 연속적으로 유지되는지는 관여치 않았다. 그러나 이제부터 발주자는 안전보건원리에 따라 건물이나 구조물의 초기설계에서 궁극적인 해체까지 안전보건을 확보하도록 노력해야 한다. 구체적인 발주자의 책무는 다음과 같다.

- 안전계획감독을 임명한다.
- 산업안전보건정보를 안전계획감독에게 제공한다.
- 주도급자를 임명한다.
- 안전계획감독과 주도급자는 유자격자이고 안전보건 책임을 이행할 '적절한 자질'을 갖추도록 확인한다.
- 건축주가 설계를 준비하도록 배치하는 설계자의 유자격과 적정 자질을 확보한다.
- 적합 '안전계획'은 작업이 시작되기 전에 주도급자에 의해 준비되도록 한다.
- 공사가 완공되면 안전계획감독으로부터 보건과 '안전파일'을 얻어내서 미래의 사용을 위해 이용할 수 있도록 보관한다.

(2) 설계자의 역할

설계자는 자신이 설계하는 작품의 '안전' 측면을 고려할 필요를 오래전에 인식하였다. 설계자의 마음속에 맨 먼저 생산품의 안정, 통합, 내구성 등과 같은 인자들이 있었을 것이다. 이러한 접근방법은 대체로 성공적이었고, 최종생산품을 이용하는 이들의 '안전'은 설계자에 의해 드물게는 위험에 직면해 왔다. 그러나, 이제 설계자는 '최종상품을 제작하고 유지하는' 사람들의 안전보건을 '안전' 고려사항에 부가시켜야함을 요청 받고 있다. 설계

자는 이제 위험을 줄이기 위한 좀 더 상세한 설계 및 계획을 고려해야 한다. 즉,

- 가스, 전기 등의 매설선로
- 임시 및 영구 현장 진입 및 위치
- 주변 경계 옹벽 설계
- 일시적인 안전문제 확인
- 본 계단의 초기 설치
- 프리캐스트 항목의 상세 양중지점
- 비계 혹은 기타 가시설의 고정지점
- 시공 및 마감에 사용하는 물질
- 건물 및 구조물의 유지 및 해체 방법

구체적으로 설계자의 역할은 어떤 종류의 구조물을 시공하고, 보수하고, 청소하는 사람들의 안전보건을 위해 위험을 제거하거나 감소시키는 방식으로 설계하는 것이다.

예) · 보설계 → 슬라브 설계로 변경, 추락가능한 지붕구조 설계불가

· 콘크리트 블록은 무게가 20kg 이상은 설계불가

– 시공중 안전보건에 관한 위험요소를 위험성평가(Risk Assessment) 5단계 방법에 의거 작성하고 설계로는 막을 수 없는 위험요소(Hazards)를 명시한 안전보건계획(Health & Safety Plan)을 작성하여야 한다.

(3) 안전계획감독의 역할

안전계획감독의 주요임무는 주도급자와 연관된 안전계획의 개발을 포함하고 있다. 안전계획감독은 설계자가 자신들의 의무를 준수하는 것을 합리적으로 실천 가능토록 해야 한다. 원도급자가 규정에서 언급된 의무를 준수토록 해야 한다. 건물 혹은 구조물은 기타 구조물에 대해 실시해야 하는 장래작업을 위한 정보를 제공하는 안전보건대장을 개발해야 한다. 구체적인 안전계획감독의 책무는 다음과 같다.

- HSE에 공사를 신고해야 한다
- 설계의 타당성을 검토해야 한다.
- 설계자와 도급자간의 충분한 협력이 이루어지게 해야 한다.

- 안전보건계획의 타당성 검토
- 안전보건대장이 올바른 정보를 저장하고 있어야 하고, 공사기간 동안 최신정보를 보유해야 한다.
- 작업하기 전에 안전보건에 관한 계획이 도급자에게 제공되어야 한다.
- 작업으로 인한 위험에 대한 포괄적인 정보 준비
- 모든 도급자가 작업에 관련된 위험에 대한 정보를 제공하게 하여야 한다.

(4) 원도급자의 책무

또한 모든 도급자는 주도급자와 협력해야 하며, 안전보건에 관한 적절한 정보를 주도급자에게 제공해야 하며, 주도급자의 지시 혹은 안전보건에 관한 규칙을 따라야 한다. 발주자는 주도급자의 자격과 적정자질에 관해 안전계획감독을 통하여 점검하여야 하며 구체적인 내용은 다음과 같다.

- 안전보건을 실질적으로 관리하도록 적정배치
- 시공사가 안전보건계획을 개발하고 보충하기 위해 채택해야 할 절차
- 설계자와 안전계획감독에게 의해 확인된 위험이 큰 구역을 다루도록 하는 접근방법
- 주도급자가 산업안전보건준수를 감시하도록 하는 배치
- 작업수준, 지식, 경험, 자격 및 훈련을 포함한 작업을 실행하고 관리할 사람들
- 사람들이 안전보건법준수를 보증하는데 채용되는 방식

주도급자의 또 하나의 역할은 그들이 공사에 사용하고 있는 각각의 하청업자들이 외부를 지키도록 하고 실무적 효과를 주도록 해야 한다. 주도급자는 또한, 하청업자들이 근로자들의 안전보건을 관리하도록 적절히 배치했는지 점검해야 한다. 유사하게 발주자가 배치하는 것도 점검해야 한다. 주도급자의 구체적인 책무는 다음과 같다.

- 계획은 특정한 정보를 포함해야 한다.
- 도급자간의 협력을 도모해야 한다.
- 안전보건규칙에 순응해야 한다.
- 건설현장으로 통하는 허가된 진입로설치
- 특정문구의 표지판 설치

- 적절한 정보가 계획 감독관에게 제공되어야 한다.
- 도급자에게 올바른 지시를 해야 한다.
- 안전보건계획의 범위내에서 공사현장의 경영에 대한 규칙을 포함해야 한다.
- 모든 도급자는 안전에 관한 계획을 제공받을 수 있어야 한다.
- 모든 도급자는 부상, 사망, 위험요소의 발생에 관한 정보를 주도급자에게 제공해야 한다.

(5) 하도급자의 책무

안전보건계획의 수립과 이의 효과적인 관리는 하도급자와 주도급자까지의 정보흐름에 따라 좌우된다. 하도급자는 주도급자의 지시와 안전보건계획상의 규칙을 준수해야 한다. 사고정보는 주도급자로 하여금 안전보건법을 준수토록 해야 한다. 그리고, 안전보건관리를 위한 배치가 적정하도록 해야 한다.

5. CDM규정의 실시에 따른 영향

다음은 영국의 CDM제도 실시에 따른 영향을 미국의 미국안전기술자협회(ASSE)의 소식지에 소개된 내용이다.

초기 1960년대 이후로 건설공사에서 안전보건에 관한 가장 커다란 변혁이 주어졌다. 새 규정은 영국내에서 생산과정에 관련된 모든 사람들에게 영향을 끼쳤다. 새 규정 아래에서 새로운 의무는 건설사업을 의뢰한 사람, 설계자, 도급자 등을 위해 만들어졌으며, 효과적인 안전보건관리를 위해 몇 가지의 부수적 규정이 작성되었다. 이 결과로 영국의 산업 특히, 건설산업에 관한 새로운 법령의 도입실시는 사상사고건수를 상당히 감소시키는데 기여해 왔다. 현재 영국의 건설현장의 사망률은 선진국 중에서 최저로 알려지고 있다. 다음의 내용들은 변화된 내용에 대한 근거들을 정리한 것이다.

1) 영국에서 끊이지 않는 심각한 사고와 산업체의 질병기록

현장근로자들은 300명중의 1명은 현장에서 사망할 가능성이 있다고 추정되고 있다. 이 사실은 현장근로자가 공장근로자보다 5배나 사망할 확률이 높다는 것을 말해준다. 모든 현장근로자들은 부상이나 병으로 인하여 적어도 한 번은 일시적으로 작업을 수행하지 못하기 쉽다.

2) 사고에 대한 비용

건설업에 있어서, 직접비용의 비율이 간접비용보다 11배나 많다고 한다.

3) 건설현장의 위험에 대처하는 경영관리(Management)를 뒷받침하는 근거

1985년 한해 동안 부상과 질병의 발생을 줄이는 데 경영관리가 중요한 역할을 수행했다는 것은 명확하게 밝혀졌다. HSE는 사망자들의 70%는 더 효과적인 경영관리에 의해 미연에 방지할 수 있었다고 결론지었다. 이 메시지는 유럽전체에 대한 수치를 추정하면서 더욱 더 확고해졌는데, 건설현장의 60%이상의 사망자들은 작업하기 전의 계획과 경영관리의 결정에 기인한다고 한다.

4) EU의 강령 채택–건설현장의 안전보건과 관련된 규정

안전보건에 대한 경영관리를 위한 규정들을 확립했다. 그리고 비상탈출로, 비상구, 소화, 통풍 등 특정 위험요소에 대한 조치가 취해졌다. 다음은 CDM 규정을 위반한 발주자 등에 대한 벌칙사례들로서, CDM의 강령이 실행된 후의 최근의 기소건들을 분석해 보면, 발주자가 자주 자신의 의무를 잘 이해하지 못하고 있음을 보여주고 있다.

- 발주자가 안전보건에 관한 적절한 계획 없이 공사를 진척시키는 것을 묵인할 경우 ; 벌금 £2,000
- 발주자가 안전보건에 관한 적절한 계획 없이 공사가 착수 되는 것을 묵인할 경우 ; 벌금 £2,000
- 발주자가 대지에 대한 상태나 조건에 대한 정보를 제공하지 않았을 때; 벌금 £2,000
- 발주자가 부적격자를 어떤 자리에 임명하고, 안전보건계획이 없이 공사가 진척되는 것을 묵인할 때; 각각 벌금 £2000와 £1000
- 발주자가 계획감독을 임명하지 않았을 경우, 주요 화학품 제조업자가 공장을 해체할 경우, 공장의 부분적인 붕괴와 크레인의 전복시 부상자가 없을 경우 ; 벌금 £10,000

또 다른 경우를 살펴보면,

- 도급자가 능력에 대한 적절한 평가없이 하위도급자를 선정할 경우; 벌금 £3,000
- 설계자가 안전보건에 관한 올바른 정보를 설계내용에 포함시키지 않았을 경우 설계자가 기초공사를 설계한 뒤 건물이 부분적으로 붕괴되고, 부상자가 없을 경우 ; 벌금 £3,000

등으로서 도급자보다는 발주자에게 더 많은 벌칙이 부과되고 있다.

[참고자료 5] 일본 건설성의 공중재해방지대책 고시

[建設省建設經濟局建設業課·住宅局建築指導課 監修, 建設工事公衆災害防止對策要綱の解說: 建築工事編, 大成出版社, 東京, 1993.]

[建設省建設經濟局建設業課 監修, 建設工事公衆災害防止對策要綱の解說: 土木工事編, 大成出版社, 東京, 1993.]

연혁 및 주요 내용

1962년「건설공사 특별성과 시가지에 대한 입지조건을 감안하여 특칙을 정하고, 새로운 규제를 설치하는 등 기술적 기준을 재검토하고, 정비할 필요가 있다」의 중앙건설업심의회 건의를 받아들이고, 시가지에서의 토목공사에서 공중안전을 도모하기 위해 필요한 최소한 사항을 정한「시가지 토목공사 공중재해 방지대책 요강」1964년 제정, 1992년「건설공사 공중재해방지대책 요강」제정

토목공사 시공에서는 널리「시가지 토목공사 공중재해방지대책 요강」이 활용되고, 공중재해 방지에 효과를 올려 왔다. 그러나 최근 건설공사에 대한 대형화와 신공법의 도입에 의한 기술개발 진전에는 놀라운 것이 있고, 또, 질이 높은 공사에의 사회적 요청이 강하다. 또한 노동자 부족과 고령화 등에 동반하는 합리화 대책, 또, 시공기술력 향상대책도 행해져야 한다는 상황에 있고, 공중재해에 관계되는 중대사고 발생은 건설업에 대한 사회적 신용에 큰 영향을 주는 것이다. 이 때문에 건설공사의 광역화에 동반하는「시가지」의 삭제, 행위를 행하는 주체자의 명확화, 적용조건 명시, 폭주하는 공사환경에 대한 사전조사 충실과 시공관리체제의 강화등 관점에서「시가지 토목공사 공중재해방지대책 요강」을 다시 보고, 새롭게「건설공사 공중재해방지대책 요강」으로 다시 제정하였다.

① 건설공사 광역화에 대응하기 위한 개정

② 실시주체 명확화를 위한 개정

③ 설계사상의 설계단계에서 시공단계에의 전달 강화를 위한 개정

④ 시공관리 강화등 위한 항목 추가, 삭제

⑤ 안전성 향상을 위한 개정

⑥ 매설물 관리 강화를 위한 개정

⑦ 보조공법 중요성 및 관리강화를 위한 개정

⑧ 건설기계 관리 강화를 위한 개정

⑨ 지하추진공사 적용대상 확대를 위한 개정

공공공사 발주에 대한 공사안전대책 요강(건축공사편)

공공공사에 대한 시공 안전확보에 대해서는 종래부터 설계, 적산, 공기설정, 시공조건 명시 및 설계변경등에서 배려하여 온 것이다. 또, 「건설공사 안전대책」등 고시(통달)에 의해 공사의 안전대책 철저를 도모하여 왔는데, 금번, 제123회 국회에 대한 노동안전위생법 개정등에 맞추어 금후 더욱 토목공사의 안전대책에 대해서 한층의 충실을 도모하기 위해, 사업집행에 유의해야 하는 사항에 대해서 아래와 같이 정리하였다.

1. 발주에서 안전시공에의 배려

(1) 숙련노동자의 연중 확보를 도모하고, 시공 안전성향상에 기여하기 위해 국고책무담당행위를 활용하는 등 공사의 평준화에 노력할 것

(2) 지명업자의 선정에서는 공사 안전성적에도 유의하기로 하고, 공사내용에 따른 시공기술력을 가진 청부업자를 선정할 것

(3) 발주 준비는 계획적으로 행하고, 적산에서는 필요한 공기를 확보할 수 있도록 배려할 것. 용지매수 등의 지도에 의해 연도내 완성이 불가능하게 될 우려가 있는 경우는 적절한 대책을 취할 것. 또, 공사중에 시공조건 변화등에 의해 공기가 연도말을 넘을 우려가 있는 경우는 적절하게 이월수속을 취할 것

2. 설계단계에 대한 안전시공에의 배려

(1) 건설공사는 통상 옥외에서 실시되므로 기후, 지형, 지질등의 자연적 조건에 크게 좌우되는 것 외, 소음, 진동 등에 대한 사회적 조건의 배려에서 시공방법, 시공시간등이 제약을 받기 쉽다. 이들 원인에 의하여 공사현장마다 가설공, 시공방법등이 다르므로 현장 시공

조건을 충분히 조사할 것

(2) 공사 시공방법은 공사목적물 및 가설물등에 의해 크게 좌우되는 것이 많으므로 설계단계에서 시공 안전성에 배려한 시공방법을 검토할 것

(3) 공사 안전확보를 도모하기 위해 상세설계시에 시공에 따른 항목에 관해서, 그 내용을 충분히 조사할 것. 특히 안전한 시공에 배려가 필요한 공사에 대해서는 설계시에 대한 설계심사제도를 활용하여 내용의 충실을 도모할 것. 이 경우 필요에 따라서 경험이 풍부한 기술자 등 조언을 받고, 심사내용의 충실을 도모할 것

(4) 적산 전단이 되는 시공계획 책정에서는 관계법령, 각종기술지침 및 요강등에 준하여 실시할 것

또, 안전성에 배려한 시공계획을 입안하기 위해서는 특히 이하의 점에 유의할 것.

가. 시공방법

현장상황, 주변지역의 상황등, 현장조건에 맞는 시공방법, 건설기계를 선정할 것. 이 경우 안전확보, 공해방지등에 충분히 유의할 것.

나. 가설계획

가설도로, 가체절, 토류공, 기계설비등 가설 계획에서는 현지시공조건, 시공방법등에 따른 적절한 것으로 할 것. 특히, 시공중의 안전성은 가설 적부에 좌우되는 수가 많으므로 현장조건에 맞는 가설계획이 되도록 충분히 배려할 것

3. 적정한 적산 실시(세부내용 생략)

4. 적절한 공기 설정

(1) 적정하게 공기를 설정하기 위해, 공사내용, 현장시공조건 등에 따른 작업일수 및 준비·정리정돈에 요하는 일수를 산정함과 더불어 건설노동자의 건강유지, 재해방지관점에서 휴일일수 및 강우등에 의한 작업불능일수를 가하여 설정할 것. 동종 내용·동규모공사이더라도 시공조건, 시공시기 등에 따라서 필요한 공기가 다른 것에 주의할 것.

(2) 공기를 설정할 때에는 휴일일수로서 일요일·경축일, 하기휴가 및 년말·년시휴가 외 1992

년도부터는 작업기한내의 전토요일을 넣기로 했으므로 주의할 것. 또, 강수(강우·강설) 등에 의한 작업불능일수에 대해서도 특기사양서 등에 명기할 것

(3) 발주에서는 건설근로자의 확보, 건설자재의 수요동향 등을 배려하고, 사전에 계획적으로 준비를 행하기 위한 기간으로서 4개월이 넘지 않는 범위에서 여유기간을 적절하게 넣을 것. 특히 수급이 쪼들리는 자재를 사용할 경우는 이 제도의 적극적인 활용을 도모할 것

(4) 공사계약후에 다른 관계기관과 협의, 지주와의 협의등에 시간을 요하고, 공사착수가 늦어질 우려가 있는 경우는 협의 성립예상시기등을 시공조건으로 하여 명시함과 더불어 이들 조건에 변경이 있을 필요가 있다고 인정될 때는 설계변경에 의해 공기를 변경할 것

5. 적정한 가설공 및 시공방법 선정(세부내용 생략)

6. 설계도서에 대한 시공조건 명시(세부내용 생략)

7. 시공조건의 변화에의 적절한 대응

(1) 시공도중에서 예기되지 않은 사태가 발생한 경우에는 공사청부계약서 약정에 준하여 적절하게 설계변경을 한다. 또한 안전시공에 관한 주의사항으로서 아래 사항에 대해서 현장설명에서 입찰참가자에게 철저하게 할 것

가. 기상상황등에 관해서 항시 충분한 주의를 기울일 것

나. 작업시에 위험을 예지한 경우 등에는 즉시 작업을 중지하고, 작업원을 안전한 장소에 피하게 할 것

다. 이상개소 점검·원인 조사등은 2차 재해방지를 위한 응급조치를 행한 후, 충분히 주의하여 실시할 것

(2) 시공도중에 예기되지 않은 사태가 발생하고, 필요가 인정되는 경우에는 신속하게 공사일시중지 조치를 강구할 것. 또, 공사의 일시중지를 행한 경우는 공기 및 비용에 대해서 적절하게 처치할 것.

8. 청부업자 시공체제 및 작업원 안전훈련 충실에의 배려(세부내용 생략)

9. 건설현장 작업환경 개선에의 배려(세부내용 생략)

10. 건설현장에 대한 연락체제 충실(세부내용 생략)

11. 공사 안전대책을 위한 활동 실시(세부내용 생략)

공공공사 발주에 대한 공사안전대책 요강{토목공사편)

공공공사에 대한 시공 안전확보에 대해서는 종래부터 설계, 적산, 공기설정, 시공조건 명시 및 설계변경 등에서 배려하여 온 것이다. 또, 「건설공사 안전대책(평성4년 3월 2일부 건설성기조발 제54호)」등 통달에 의해 공사의 안전대책 철저를 도모하여 왔는데, 금번, 제123회 국회에 대한 노동안전위생법 개정 등에 맞추어 금후 더욱 토목공사의 안전대책에 대해서 한 층 충실을 도모하기 위해, 사업집행에 유의해야 하는 사항에 대해서 아래와 같이 정리했으므로 통달한다.

記

1. 발주에서 안전시공에의 배려

⑴ 숙련노동자 연간 확보를 도모하고, 시공 안전성 향상에 기여하기 위해 국고책무담당행위를 활용하는 등 공사의 평준화에 노력할 것

⑵ 지명업자의 선정에서는 공사 안전성적에도 유의하기로 하고, 공사내용에 따른 시공기술력을 갖은 청부업자를 선정할 것

⑶ 발주 준비는 계획적으로 행하고, 적산에서는 필요한 공기를 확보할 수 있도록 배려할 것. 용지매수 등의 늦음에 의해 년도내 완성이 불가능하게 될 우려가 있는 경우는 적절하게 다음 수속을 취할 것. 또, 공사중에 시공조건 변화등에 의해 공기가 연도말을 넘을 우려가 있는 경우는 적절하게 이월 수속을 취할 것

2. 설계단계에 대한 안전시공에의 배려

⑴ 건설공사는 통상 옥외에서 실시되므로 기후, 지형, 지질 등의 자연적 조건에 크게 좌우되는 것외, 소음, 진동등에 대한 사회적 조건의 배려에서 시공방법, 시공시간등이 제약을 받기 쉽다. 이들 원인에 의하여 공사현장마다 가설공, 시공방법등이 다르므로 현장 시공조건을 충분히 조사할 것

⑵ 공사 시공방법은 공사목적물 및 가설물등에 의해 크게 좌우되는 것이 많으므로 설계단계에서 시공 안전성에 배려한 시공방법을 검토할 것

⑶ 공사 안전확보를 도모하기 위해 상세설계시에 시공에 따른 항목에 관해서, 그 내용을 충분히 조사할 것. 특히 안전한 시공에 배려가 필요한 공사에 대해서는 설계시에 대한 설계심사 제도를 활용하여 내용의 충실을 도모할 것. 이 경우 필요에 따라서 경험이 풍부한 기술자등 조언을 받고, 심사내용의 충실을 도모할 것

⑷ 적산 전단이 되는 시공계획 책정에서는 관계법령, 각종기술지침 및 요강등에 준하여 실시할 것

또, 안전성에 배려한 시공계획을 입안하기 위해서는 특히 이하의 점에 유의할 것.

가. 시공방법

현장상황, 주변지역의 상황등, 현장조건에 맞는 시공방법, 건설기계를 선정할 것. 이 경우 안전확보, 공해방지 등에 충분히 유의할 것-이하 생략-

3 삼풍백화점의 붕괴사고로 인한 제도적장치의 개선성과와 향후 개선방안

박홍신(한국시설안전기술공단 본부장)

1. 서론

지금부터 10년 전, 삼풍백화점은 너무도 어처구니없이 갑자기 무너지고 이로 인해 무고한 시민이 이유도 모른 채 502명이나 졸지에 죽었고 937명이 부상당했다. 어찌 이럴 수가 있나? 우리 모두는 경악하지 않을 수 없었다. 그리고 얼마 후에 지상에 발표된 사고의 원인이 건축허가와 설계·시공·준공·유지관리에 이르기까지 모든 과정에서 부실과 문제점을 안고 있었다는 것을 알고, 필자는 다시 한번 기막힌 충격을 받았다. 바로 삼풍백화점 건물은 태생적 결함을 안고 있었으며 준공이후 5년간 마치 심한 중병에 시달리는 사람처럼 신음하고 있었고, 건축주는 이를 애써 외면하고 방치하며 돌보지도 아니한 채로 결국에 예상된 파국을 맞이하게 된 것이다. 이렇게 건축물이 붕괴된 사유를 알고 나니 건축구조 전공자인 필자는 자괴감을 떨쳐 버릴 수 없었다. 이런 심경은 지금도 마찬가지다.

사실 건설 분야에서의 사고에 관한 문제는 어제와 오늘의 일이 아니다. 이미 오랜 역사를 갖고 있다. 지금으로부터 약3,800년 전(B.C1850~1750년경)의 '함무라비' 를 통해 보면 이를 미루어 짐작할 수 있다. 국내에서는 지금까지 논의 되었던 건설관련의 문제점은 건설관련 부조리와 부실공사가 주류였고, 이를 해결하고자 하는 해법은 건설관련 부조리

근절 대책과 부실공사 방지대책 그리고 안전사고 및 재해예방 대책들로서 건설 관련자들에 대한 제재와 제도개선이었다. 다시 말하면 우리는 현재까지 어떤 건설이나 시설물관련 사건·사고를 직면할 때 마다 위의 범주에서 대책을 마련하고 개선을 위한 노력을 하여 왔다. 그리고 이러한 노력에 의하여 실제로 과거의 사정보다 현재가 훨씬 개선되었고 발전한 것 만은 사실이라 할 수 있다. 그렇지만 이 시점에서 살펴 볼 때 그 어느 누구도 건설공사의 부실이 근절되었다고 단정 지어 말할 수는 없다. 이에 대한 확신이 없는 것이다. 삼풍백화점 붕괴사고 10년이 지난 지금, 이 대목에서 우리는 위의 문제와 해결을 위한 노력을 놓고 다시 한번 지난 일들을 깊이 반성하고 지금까지의 생각을 바꿔야할 필요성에 대하여 진지하게 논의하지 않으면 안 된다고 본다.

이런 취지에서, 본고는 정부와 건설 산업계가 지난 10년간 치열하게 추진해온 건설공사의 안전 확보를 위한 제도개선의 성과를 살펴보고, 현행 제도가 삼풍백화점 붕괴사고와 같이 유사한 사고를 충분히 예방할 수 있는지를 고찰하여 혹시 아직도 우리에게 조금이라도 남겨진 과제가 무엇인지를 도출하고, 더 나아가 향후 건축물안전 확보를 위한 제도개선 방안을 살펴 몇 가지 원론적인 사항을 제안하고자 한다.

2. 사고원인 고찰과 문제제기

1) 사고의 원인에 대한 재조명

삼풍백화점의 붕괴사고 이후에 공표된 사고의 원인은 서울지방검찰청의 '사건 수사 및 원인규명 감정단 활동보고서[58]'와 서울특별시의 '백서[59]', 그리고 대한건축학회의 '삼풍백화점 참사의 원인과 진단결과[60]'와 기타의 문헌[61][62]에 수록된 내용을 종합해 보면 한 마디로 요약할 수 있다. 즉, 설계하자, 시공·감리 부실, 사후 안전 및 유지관리 소홀, 행정절차의 하자 등의 모든 건축주를 비롯한 관계자의 '무지와 부주의 그리고 탐욕의 복합요인이 부른 인재(人災)'이다.

삼풍백화점에서 선택한 구조의 형식은 무량판(無梁板)구조로서 각 층의 바닥을 바로 아래층의 기둥이 직접 지지해주고 있어서, 일반적인 건축구조와 같이 바닥슬래브를 받쳐

58) 서울지방검찰청, '삼풍백화점 붕괴사건 수사 및 원인규명 감정단 활동백서', 1995. 11.

59) 서울특별시, '삼풍백화점 붕괴사고 백서', 1996. 6.

60) 대한건축학회 이리형, 지남용, '삼풍백화점 참사의 원인과 진단결과', 대한건축학회지 41권제6호(통권 제217호), p.12, 1997. 6.

61) 김덕재, '삼풍백화점 참사의 교훈', 대한건축학회지 41권제6호(통권 제217호), p.10, 1997. 6.

62) 손봉세, '삼풍백화점 구조·구난현황 및 문제점', 대한건축학회지 41권제6호(통권 제217호), p.20, 1997. 6.

주는 보가 없어, 층고를 줄일 수 있고 거푸집공사가 간단하며 설비용의 배관이나 덕트의 배치가 용이한 점 등의 경제적 이익효과가 있다. 반면에 이 구조는 어느 한 기둥의 지지부에 어떤 하자라도 생기게 되면 곧바로 전체 구조물의 붕괴로 이어지는 연쇄붕괴가 가능한 구조이다. 그래서 이러한 건축구조를 건축하는 경우에는 면밀한 설계와 정밀한 시공이 각별히 요구될 뿐만 아니라 사용단계에서도 무단(無斷) 용도변경이나 구조변경을 삼가 해야 하는 등의 지속적인 안전과 유지관리가 필수적으로 요구되고 있다. 그러나 삼풍백화점의 경우에는 이러한 건축구조의 특수성에 대한 올바른 이해와 적정한 조치나 대책을 망각하고 사용상의 이점과 건축주의 이익만을 집착한 나머지 그 결과로써 나타난, 실로 엄청난 참사로 이어진 너무도 값비싼, 실패의 경험이 되고만 것이다.

일반적으로 어떤 사고의 원인은 향후의 유사한 사고의 재발을 방지하기 위한 교훈과 제도적 장치의 정비에 필요불가결한 요소로서 작용하게 된다. 이러한 의미로 여기서는 10년 전 당시에 밝혀진 사고원인을 토대로 삼풍백화점 붕괴의 직접적인 원인발생을 가능하게 한 근본원인을 설계·시공·감리·유지관리·건축행정 등의 분야로 나누어 재조명해보기로 한다.

가. 설계상의 결함

(1) 허가받은 내용과 다른 설계도서

원래 건축물은 허가관청으로부터 허가받은 설계도서에 따라 시공하는 것이 원칙이고, 허가받은 설계도서의 내용을 변경하고자 하는 경우에는 건축법에 따라 사전에 설계변경 허가를 받아야 한다. 삼풍백화점 건축물의 경우는 이러한 사전 설계변경 절차를 무시한 채 허가받은 설계도서를 임의로 변경해 처음과 전혀 다른 별개의 설계도서를 작성하고 이를 적용하여 시공하고, 공사완료 후에 관련 공무원들에게 뇌물을 제공하여 편법으로 사후 설계변경 승인을 받은 것으로 드러났다. 이와 같이 허가받은 설계도서의 내용을 정리해보면 아래와 같다.

- 착공당시에 지상 4층이 준공단계에는 지상 5층으로 증축, 5층 증축설계조건은 철골구조, 유리지붕으로 계획되었으나 철근콘크리트로 시공되었다.

- 허가당시의 용도가 일반상가로 설계하였으나, 골조공사 완료단계에서 백화점으로 변경됨에 따라 설비 등의 대폭 증설, 이로 인해 야기되는 하중 증가와 더불어 골조 손상 등의 구조적인 문제점을 간과하였다.
- 5층의 건축물 전·후면의 평면의 가장자리에 연한 위치에 샛기둥을 설치, 구조적으로 5층 바닥 슬래브와 지붕 층 바닥 슬래브가 부분적으로 일체 거동하는 결과를 초래하였다.

(2) 시공하면서 설계도면 작성

건축공사에서 종합적인 시공계획의 수립을 위해서는 착공 전에 시공설계도면을 완성하는 것이 필수조건이다. 삼풍백화점의 경우는 건축주가 잦은 설계변경을 요구하는 관계로 설계자는 착공 전에 설계도면을 완성하지 못하고 공사를 진행하면서 각 공정의 단계별 또는 층별로 제각기 그때 그때의 형편에 따라 설계도면을 작성하여 수시로 납품하게 되었고, 이로 인해 시공자는 체계적인 시공계획의 수립에 차질을 빚을 수밖에 없었던 것으로 밝혀졌다. 이렇다 보니, 삼풍백화점은 1987년 7월 설계사무소와 1차 사업계획승인서를 작성한 후 1990년 7월 준공검사까지 수 차례의 설계변경이 이루어져 완벽하게 완성된 시공설계도면이 종합적으로 검토되고 공사계획이 확정되지 않은 상태에서 공사가 진행되어 구조계산서와 설계도서 및 시공에 이르기까지 일관성 있는 정밀한 시공관리가 이루어지지 않았다. 특히, 잦은 설계변경(용도변경 포함)과 함께 이루어져야하는 구조적 안전성 검토나 상세 구조설계도서가 제대로 작성될 수도 없었던 것으로 드러났다.

(3) 구조계산과 다른 구조설계도면

건축물의 구조안전 확보에 결정적인 요소인 구조설계는 전문가에 의해 실시된 구조계산의 결과에 따라야 하고, 이를 지키지 않는 경우에는 건축구조에 중대한 문제를 야기시킬 수 있음은 두말할 나위가 없는 일이다. 그런데 삼풍백화점의 경우에는 설계자가 작성한 구조설계도면을 정밀 검토한 결과에서 드러난 것과 같이 기둥, 슬래브, 철근배근 등 크게 11개 항목이 구조계산서와 다른 것으로 나타났다. 당시에 설계를 담당했던 건축사사무소의 직원들 중에는 구조계산을 수행할 능력을 갖춘 사람이 전혀 없었던 것으로 드러났다.

따라서 이와 같이 구조에 관한 전문기술을 보유하지 아니한 설계자가 구조계산서와 다른 구조설계도면을 임의로 작성한 것은 건축물 구조를 취약하게 만든 중대한 원인 중의 하나로 지적하지 않을 수 없다.

나. 시공 상의 결함

(1) 슬래브의 철근배근 부실

시공과정에서 슬래브 상·하부 철근의 배근간격을 부실하게 하여 상부철근이 적정위치보다 4~6cm정도 내려앉게 되어 결과적으로 슬래브의 휨에 대한 내력이 크게 감소되었고, 북측 코어의 2~5층까지 화장실 슬래브 배근을 설계도면과 다른, 철근량이 부족하게 배근함으로써 슬래브의 내력을 감소시킨 것으로 드러났다. 또한, 슬래브와 층 바닥의 하중을 지지하는 내력벽에 정착시키는 슬래브의 철근의 정착길이를 필요한 적정길이에 훨씬 부족하게 시공함으로서 슬래브의 지지력을 크게 감소시킨 것으로 밝혀졌다.

(2) 슬래브 지판부의 시공불량

무량판구조에서 슬래브의 지판 부는 층 바닥과 슬래브의 하중을 분산시켜 기둥에 전달시켜주는 중요한 역할을 함으로 소정의 넓이와 두께를 확보하는 것이 매우 중요하다. 그런데 삼풍백화점의 경우에는 실측한 결과, 각층의 지판부의 두께가 설계보다 5cm정도 작게 시공하고, 5층의 북측 코어에 인접한 E/4열에 위치한 기둥 위의 지판은 아예 시공하지 않았다. 그래서 그 내력이 크게 감소된 것으로 드러났다. 5층 식당주인 등의 증언에 따르면, 이 부분은 실제로 준공 후 얼마 지나지 않아서부터 누수와 균열현상이 나타난 것으로 밝혀졌다.

또한, 슬래브의 지판부위에서 콘크리트를 이어치기 하면서 수평으로 층이 지게 하는 등의 시공부실로 지판의 구조성능을 약화시킨 결과를 초래하였고, 더욱이 각 층을 방화구획하기 위해 방화셔터를 설치하면서 에스컬레이터 주변의 기둥(D-E/6~9열, 6개 기둥)위의 지판을 부분적으로 제거하거나 단면을 손상시켜 그 내력을 크게 감소시킨 것으로 드러났다.

(3) 보의 철근배근 시공부실

5층의 북측 코어 4열부위에 위치한 보의 중앙부 하단철근과 양단구간의 전단보강철근을 설계보다 절반이나 부족하게 시공하여 휨력과 전단력에 대한 내력이 크게 감소되었던 것으로 밝혀졌다.

(4) 기둥의 철근배근 시공부실

원형기둥의 철근은 수직으로 배근되는 주 철근과 주 철근을 외부에서 감싸는 나선철근 그리고 주 철근으로 둘러싸인 중앙부에 'X' 자 모양의 보조철근으로 구성된다. 삼풍백화점의 경우에는 붕괴된 4, 5층 기둥의 잔해를 조사한 결과, 주 철근이 기둥단면의 가장자리로부터 일정한 간격을 유지하지 못한 채 제멋대로 흩어져있고 주 철근이 전체적으로 중앙에 모여 있거나 한쪽으로 쏠려 있으며, 나선철근도 주 철근의 안쪽에 배치되어있는 등 시공이 부실하여 기둥의 구조내력이 형편없이 감소되었다. 그리고 골조공사가 완료된 이후에 전기배선을 위해 기둥의 주근을 감고 있는 원형 띠철근을 절단하면서 주 철근도 함께 절단되는 등의 단면 손상이 심각했던 것으로 드러났다.

(5) 과도한 초과하중 작용

옥상의 방수층의 누름콘크리트를 설계보다 훨씬 두껍게 시공하고, 5층의 용도는 허가당시에는 롤러스케이트장 이었던 것을 식당으로 용도변경하면서 내부를 개조하고 대리석과 화강석마감, 벽돌쌓기, 돌 정원구성 그리고 주방바닥을 150mm두께의 콘크리트를 덧붙여 무리하게 시공하고 대형냉장고 설치 등으로 결과적으로 과도한 하중을 추가시킨 결과를 초래한 것으로 드러났다.

(6) 주요 구조부재 무단 절단·훼손

골조공사가 완료된 이후에 건축물의 주요 용도변경에 따라 5층의 식당주방의 배기덕트와 각층의 쓰레기 투입구 그리고 화장실 배관용 개구부를 추가로 설치하면서 코어 부근의 슬래브와 내력벽을 무단으로 절단하여 무량판슬래브의 지지기능을 상실케 하거나 불안정한 상황을 초래하는 등의 주요구조부재에 치명적인 손상을 야기시킨 것으로 드러났다. 또한, 5층 신용판매부 위치의 플로어 닥트 공사나, 대리석 및 화강석 등의 바닥마감재를 시공하기 위해 바닥 슬래브의 피복콘크리트를 제거함으로써 바닥슬래브 콘크리트뿐만 아니라 철근부착에도 큰 손상을 준 것으로 밝혀졌다.

다. 감리·감독 부실

감리계약을 체결한 설계자는 건축주가 상주감리 비를 주지 않는다는 이유로 골조공사가 완료될 때까지 상주감리를 하지 않아 골조의 시공과정에서 결함 등의 문제점을 사전에 발견하거나 이에 따른 적절한 시정조치를 전혀 이행하지 못했을 뿐만 아니라 마감공사부터 겨우 시작하게 된 상주감리도 부적격한 직원을 배치하였고, 더구나 건축물의 주 용도가 일반상가에서 백화점으로 변경됨에 따라 각종의 시설이나 설비의 증설을 위해 무단으로 자행된 과도하중의 증가와 주요 구조부재의 절단과 훼손에 대한 제재가 전혀 이루어지지 못했던 것은 참으로 안타까운 일로 밝혀졌다. 끝으로 이와 같이 정상적인 상주감리를 이행하지 않았음에도 건축주와 감리자는 중간검사와 준공검사과정에서 성실 감리를 수행한 것으로 허위내용의 현장조사서를 작성하여 관할구청에 제출하였고, 담당공무원은 위와 같이 주 용도의 변경에 수반되는 구조의 무리한 부담이나 훼손 등에 대해서 전혀 알 수도 알 필요도 없다는 듯이 이를 아무런 검토 없이 곧바로 승인해 준 것으로 드러났다.

라. 안전 및 유지관리 잘못

(1) 계속된 증축 및 용도변경

삼풍백화점은 사용검사 이후에도 수차례에 걸쳐서 공사과정에 자행됐던 무분별한 증축과 용도변경 및 구조변경 등을 계속해서 실행하였고, 이로 인해 과다하중의 추가나 주요 구조부재의 절단과 단면손상 등을 야기시킨 것으로 드러났다.

(2) 무분별한 냉각탑의 이설 및 설비 증설

건축주와 시공자는 구조계산서에 반영되지 않은 냉각탑을 직접 옥상슬래브에 설치하여 400kgf/㎡ 이상의 초과적재 하중을 작용시켰고, 또한 설치 후의 1달 만에 냉각탑을 남측의 옥상으로 이설하면서 완전히 분해시키지 않은 상태로 이동시켰는데, 이 과정에서 이동경로상의 옥상바닥 슬래브 등의 구조물에 진동과 충격 등의 구조적인 악영향을 끼친 것으로 밝혀졌다. 또한, 전기배선용 전기박스나 방화셔터 설치를 위해 주변의 기둥을 주 철근이 노출될 정도로 콘크리트를 훼손시킨 것으로 드러났다.

(3) 위험 판단미숙과 안전조치 결여

관리주체는 붕괴되기 오래전부터 관리자나 상인들에 의해 보고 된 기둥주변에 발생한 거미줄 형태의 균열, 바닥슬래브의 급격한 처짐, 얼음을 깨는 듯한 균열 소리 등의 붕괴진행 상황을 알려주는 징후를 철저히 무시하거나 적절한 조치에 대한 건의 등을 묵살하였으며, 더욱이 옥상과 5층 바닥이 솟아오르고 심한 균열이 드러나 구조적인 위험성이 나타나 붕괴의 징후가 확연히 드러났음에도 관리주체나 안전점검 자가 이를 간과하고 안일한 생각에서 대피나 사용금지 등의 안전조치를 전혀 취하지 아니하는 등의 위험상황에 대한 판단착오와 적정한 안전조치를 취하지 아니한 것으로 드러났다.

마. 건축행정의 절차상의 문제점

(1) 건축허가과정의 한계

건축허가권을 가지고 있는 지자체는 전문 인력을 확보하지 못해 건축허가 과정에서 설계의 기초 자료인 구조계산서와 구조설계 도면에 대한 적정성의 여부와 설계도면 상의 구조관련 문제점을 검토하지도 아니하였으며, 이를 검토하거나 파악할 수도 없는 실정인 것으로 드러났다.

(2) 무리한 허가

서울시와 서초구청은 삼풍백화점의 건축주가 신청한 무리한 매장면적 증설(125%증, 1994. 10. 21.) 및 증축(1995. 6. 15.)을 사후에 허가하는 과정에서 예상되는 구조적인 문제점을 전혀 검토하지 아니한 채 허가승인을 해줌으로써 결과적으로 전체 건축물의 구조안전성에 무리를 준 것으로 밝혀졌다..

(3) 형식적인 준공검사

민간건축공사의 준공검사는 담당 공무원이 감리자가 작성한 현장조서를 근거로 건축 위치·규모·용도·단열상태·주차장확보·조경시설 등에 대해 설계도면이 허가사항과 일치하는지 만을 확인하는데 그침으로써, 건설과정에서 각종의 부실이 이루어졌음에도 사용승인을 위한 검사에서 담당 공무원이 이를 점검할 수 없었다는 점이 큰 문제로 드러났다. 또한 사용검사는 건축물의 내·외장공사가 완료된 상황에서 시행됨으로써 구조안전 확보에 핵심적인 부위가 되는 골조나 철근배근 등의 상태에 대해서 정밀하게 검사하는 것은 근본적으로 어려운 측면이 상존하고 있는 것으로 드러났다.

바. 당시, 건축안전 확보상의 문제점

앞에서 전술한 1절에서 살펴본 바와 같이, 삼풍백화점의 붕괴원인에 대한 재조명을 통해서 당시의 우리 제도나 건축 환경에서 나타난 건축안전 확보상의 문제점을 집어볼 수 있을 것이며, 이에 관한 상세내용을 다음과 같이 기획·관리, 설계, 시공, 유지관리, 건축행정 등의 단계로 나누어 상술하기로 한다.

1) 건축 기획과 관리의 실패

(1) 건축주의 일방적이고 무모한 건축공사의 기획·관리

삼풍백화점의 붕괴는 근원적인 차원에서 살펴보면, 건축과정에서 드러난 건축주의 탐욕과 이를 채우기 위한 기만적이고 변칙적인 기획과 허가나 승인 절차 그리고 무모한 방법을 총동원한 건축주의 비뚤어진 사업추진으로부터 기인한 것으로 보인다.[63] 건축주는 본질적으로 기획단계에서부터 건축 목적물의 용도를 건축주의 궁극적인 목표와 전혀 다르게 4층 규모의 일반상가용도로 은폐하고 출발하였으며, 골조가 완공된 단계에 이르러서야

63) 홍성태 ; '위험사회를 넘어서', 새길, p.219~256, 2000. 9.

비로소 건축주가 기대하고 있던 궁극의 목표를 드러내고 5층 규모의 백화점용도로 설계변경허가를 변칙적인 절차로 받아냈다. 그리고 4층 규모의 일반상가에서 5층 규모의 백화점으로 그 용도를 변경하고 증축하면서 대대적인 기본시설과 설비의 증설과 변경이 불가피한데도 애써 이를 외면한 채로 변경사항에 대한 기술적인 검토나 정상적인 시공 등에 대한 관리가 전혀 고려되지 아니하는 등, 건축주가 일방적이고 막무가내기식으로 무모하게 밀어붙인 기획과 관리가 핵심적인 문제로 떠오른다.

- 건축주의 궁극 목표 : 백화점(지하 4층, 지상 5층)
- 허가당시의 기본계획 : 일반상가(지하 4층, 지상 4층)

(2) 건축공사의 전문적인 기획·관리 대행자의 부재(不在)

민간건축공사의 경우에는 일반적으로 설계자가 건축주로부터 의뢰받은 건축설계를 수탁수행하면서 건축사업 전반에 대하여 기획관리를 대행하거나 자문이나 상담을 통해 이행하는 것이 관행이나, 삼풍백화점의 경우는 건축주가 무량판구조의 특성을 모른 채로 이 구조가 갖는 경제적 이익만을 집착하여, 하중증가와 구조기능의 손실 등이 수반될 수밖에 없는 증축과 용도변경 그리고 이에 수반되는 제반 시설·설비의 증설 등의, 무리하게 요구한 사항에 대해서 설계자가 이를 구조전문가 등의 건축 관련전문가에 의한 면밀한 검토와 협력 없이 결국에 건축주의 요구를 전적으로 수용하고만 것이 문제이다. 다시 말하자면, 설계자가 건축주에게 무량판구조에 대한 특성을 제대로 설명치 못한 것이다. 이는 설계자가 무량판구조에 대하여 몰이해하였거나, 또는 무관심한데서 비롯한 것으로 추정할 수 있다. 이와 같이 건축주의 무리한 요구에 수반하여 내재되는 건축구조안전의 확보에 심각한 지장을 주는 문제에 대하여 합리적으로 해결하는 역할을 단순히 설계자 개인의 능력과 가치관이나 윤리성에 맡겨 두는 것은 자칫 언제든지 위험을 초래할 가능성이 상존하고 있음을 배제할 수 없는 일이다. 실제로 건축주와 설계자의 관계는 통상적으로 계약체결에 의해 주종관계를 형성하게 된다. 즉, 설계자는 건축주와의 계약관계에서 종속적인 입장에 처해있어 계약 이후에 이루어지는 건축주의 일방적이고 무리한 요구를 쉽게 거부하거나 완전히 제어하기에는 원천적으로 어려운 상황이 예견될 수 있다. 비전문가인 건축주의 일방적인 요구는 대개 최소한의 투자마저 절감하려 들고 어떠한 상황에서도 최대한의 이익을 추구하는 조건에서 용역비의 큰 변경 없이 제시되고, 이에 대응하는 모든 설계자는 건축의 모든 요소기술 분야에 정통한 전문가일 수 없으며, 또한 모든 분야의 전문가를 항시 보유할 수도 없는 것이 현실이라 건축주의 요구에 대한 검토와 대안을 무리수를 동원해서라도 자체적으로 해결하려 하거나, 문제해결을 해당분야 전문가의 간단한 자문수준에 의존할 수밖에 없는 계약당사자의 입장을 면하기 어려운 것이 현실이다.

여기서 드러난 건축사업의 기획과 관리상의 문제점을 해결하기 위해서는 민간건축사업의 기획과 관리를 전문가(제3자)로 하여금 건축주를 대행하게 하여 건축주의 요구와 제약조건을 사전에 검토하게 하여 대안을 마련케 하고 건축행정절차를 대행하도록 하는 것이 필요하다. 또한 건축주의 요구와 이에 관한 설계자와의 의견대립을 계약당사자인 쌍방이 직접해결하게 하기보다 건축기획·관리의 대행 전문가로 하여금 중재, 조정·절충하도록 하는 것이 객관적이고 합리적일 것이다.

2) 종합설계의 실패

(1) 건축 관계전문가의 협력이 부족한 건축설계

일반적으로 건축설계는 건축사법에 의거한 건축사가 실시하면서 설계자는 건축구조 분야나 건축설비 분야 등의 건축 관계전문가와 협력하여 설계하는 것이 원칙이나, 삼풍백화점의 경우는 건축설계자와 구조계산자의 의사교류가 전혀 이루어지지 않은 가운데 각자가 독립적으로 과업을 수행한 결과에서 나타난 문제점이 바로 구조계산서와 구조설계도면이 서로 다르다는 것이다.

현실적으로 구조계산은 기본설계단계에서 건축 설계자에 의해 하도급과 유사한 형식으로 건축구조 전문가에게 위탁시행 되고, 구조설계도면은 건축설계자가 건축구조 계산자로부터 납품받은 구조 계산서를 근거로 추가적으로 작성하는 것이 관행으로 알려져 있다.

(2) 건축구조안전 확보에 대한 정밀한 확인 없이 건축공사 진행

건축허가신청을 위해 작성된 기본설계도서에는 구조계산서를 포함하지 않고 있으며, 다만 구조에 관한 사항은 건축구조계획 및 방침서의 수준에 그치고 있어 실제로 정밀한 구조안전성의 확보에 대한 적정성을 검토할 수 없다. 또한 기본설계의 이후에 착공 전까지 작성되는 상세 설계과정에서 부분적인 실이나 기둥의 배치·실의 용도·구조·설비·마감재 등의 변경에 대해서는 추가적인 구조계산비용을 억제하기 위해 별도로 구조계산이나 구조검토를 이행하지 않거나, 부분적으로 구조전문가에 의한 약식의 검토자문에 의존하는 것이 보통이다. 이러한 관행은 건축과정의 설계변경사항에 대해서도 대개의 경우에 있어서 마찬가지인 것으로 알려지고 있다. 이러한 이유로 해서, 삼풍백화점의 경우에는 착공 전에 시공설계도면이 미확정된 채로 시공을 병행하면서 시공설계도면을 작성함으로써 시공설계도면이 종합적으로 검토되지 않은 채로 공사가 진행되었다. 더욱이 골조공사가 완료된 단계에서 당초 4층을 5층으로 1개 층이 증축되고, 당초의 일반상가에서 백화점으로 용도가 변경됨에 따라 실내 공간내부에 에스컬레이터 및 공기조화 설비(냉각탑 포함) 등이 증설되는 등의 설계변경과정에서 전체건축물에 대해서 종합적인 구조안전성 검토가 필요한데도 이를 제대로 실시하지 않은 것으로 밝혀졌다.

3) 정상적인 시공의 실패

상주감리자도 없는 가운데, 시공자가 무량판구조에 대한 기초지식 없이 골조를 시공하면서 주요 구조부재 단면치수의 불안정, 각종의 철근배근 불량, 콘크리트의 타설 불량 등의 부실시공을 행한 것으로 지적되고 있다. 더욱이 마감공사의 시공자는 설계변경공사를 시행하면서 주요 구조부재를 무분별하게 절단하고 구조부재의 단면을 아무런 생각 없이 손상시키고, 설계하중을 훨씬 초과하는 무게의 마감공사를 감행하는 등의 건축구조의 기본적인 기준과 상식을 무시하였으며, 마감 및 설계변경 공사 때부터 상주한 감리자가 건축구조에 관한 기초지식이 없어 구조물에 심각한 손상을 야기 시키고 이로 인해 치명적인 구조결함이 발생하는 등의 변경공사를 무모하게 시도하는 것에 대해 지도·통제하거나 사전에 방지하지 못한 것이 주요한 문제점으로 지적되고 있다. 이는 바로 건축공사의 골조공사 과정과 전반적으로 이루어진 설계변경공사의 과정에는 반드시 건축구조 전문가를 상주감리자로 현장에 주재시켜 이들로 하여금 건축공사의 관련자들에게 구조에 관하여 상세한 시공방법을 지도하게 하고 구조적인 문제를 일으킬만한 부실을 미연에 방지할 수 있도록 하는 것이 위와 같은 문제를 해결하는데 필요한 최선의 방안이 될 수 있음을 시사해주고 있다.

4) 안전 및 유지관리의 부재(不在)

관리주체는 안전과 유리관리를 담당하는 직원들이 건축구조에 관한 기초지식이 전혀 없으면서도 전문가에 의한 아무런 구조검토도 없이 옥상위에 설치된 중량물인 냉각탑을 남측위치의 옥상으로 옮기는 과정에서 적절한 설비의 분해를 생략한 채로 이설하면서 구조에 진동과 충격을 가하여 구조성능을 약화시켰으며, 무분별하게 각종의 설비를 증설하는 과정에서 구조부재를 아무런 생각 없이 무분별하게 훼손시켰는가 하면, 5층의 롤러스케이트장을 식당가로 용도변경하면서 과중한 마감재와 장식물을 적재시켜 구조물의 허용하중을 초과시키는 등의 무책임하고 무모한 행위를 주저 없이 자행한 점은 실로 어처구니가 없는 일이다. 더욱이 붕괴되기 전 5년 전부터 계속해서 나타난 균열과 누수 그리고 슬래브 바닥의 처짐 현상에 대한 종업원들의 보고를 관리주체가 애써 묵살하고, 심지어 붕괴 직전에 나타난 이상 징후에 대해서도 관리주체와 안전점검자가 붕괴위험성을 제대로 판단하지 못하고 긴급한 상황에 필요한 긴급대피 등의 안전조치를 취하지 아니한 것은 실로 안타까운 일로 지적하지 않을 수 없다. 이와 같이 어처구니가 없는 일이 벌어진 것은 관리주체나 안전점검자의 건축구조에 대한 막연한 맹신과 건축물에 대한 안전관리의 중요성을 미처 인식하지 못한 채로 평소에 유지관리를 소홀히 한 결과에서 비롯된 것이라 여겨진다.

5) 건축행정절차 상의 하자

건축허가권을 가진 행정기관이 시행하는 허가·승인 등의 과정에서 담당 공무원이 설계도서를 검토하면서 구조계산서와 구조설계도면 및 건축설계도면 등을 비교·확인하는데 실패하였으며, 일반상가에서 백화점으로 용도변경 및 증축(지상4층에서 지상5층으로) 등의 설계변경 신청서류에 대해서도 마감 및 장식물의 작용하중의 증가, 시설 및 설비의 대폭적인 증설에 따른 구조부재의 훼손 여부 등의 건축구조안전에 지장을 주는 요소를 면밀히 검토·확인하는데 실패하는 등의 설계도서를 대상으로 건축물의 구조안전 확보에 관한 검토와 확인이 누락된 것은 매우 중대한 문제점이다. 또한, 건축물의 사용승인을 위해 필요한 준공검사 과정에서 주요 구조물의 심각한 훼손 등의 구조안전 확보에 치명적인 지장을 끼친 사항에 대해서 담당 공무원이 직접 현장조사를 실시하거나 구조검토 등을 전혀 이행하지 않고 있으며, 준공검사 이후에 이루어진 매장증설과 증축 및 용도변경 신청에 대한 승인과정에서도 구조안전 확보에 지장을 초래하는 요소에 대한 검토·확인을 행하는데도 실패한 것은 건축행정 절차상의 중대한 문제점으로 지적하지 않을 수 없다.

3. 건축물의 안전 확보를 위한 제도개선과 그 성과

1) 정부의 건설 분야 안전관리 제도개선 노력

정부는 주요 대형사고 발생시마다 부실공사를 방지하여 안전사고를 예방하고 건설 산업의 투명성을 제고하기 위하여 1987년 2월 이후로부터 지금까지 10회 걸쳐 부실공사 방지 및 안전관리 종합대책을 끊임없이 마련해오고 있으며, 삼풍백화점의 붕괴사고의 이후부터는 무려 5회에 걸쳐 안전관리 종합대책을 제안한 바 있고, 이를 통해 그 동안에 많은 결실을 맺게 되었으나, 아직도 근본적 원인해소를 위해서는 앞으로도 계속적으로 발전적인 보완이 필요한 상태이다.

〈표 1〉 정부의 부실공사 방지 및 안전관리 종합대책 제안사례[64)]

발 단	대 책	주요특징	대책의 주요내용
독립기념관 화재사고('86)	건설공사제도 개선 제도 및 부실방지대책 ('87. 2)	경제기획원 주관, 「부실방지대책위원회」가 마련한 범정부차원의 대책	면허제도의 정비, 입찰·계약제도의 개선,책임시공 및 감리제도의 확립, 원·하도급 관계의 건전화, 건설기술의 진흥, 기타 대책
신행주대교	건설공사부실방지대책	'93. 5. 3 대통령 보고	민간책임감리도입 및 입찰참가자격사전

교각붕괴('92) 구포열차 전복사고('93)	('93. 5)		심사제도의 도입 등
청주 우암 아파트붕괴 사고('94)	건설부조리실태 및 방지대책('93. 8. 3)	감사원 주도아래 부정방지대책위원회가 수립	건설단계별 대책의 수립
성수대교붕괴 사고('94)	건설재해 예방을 위한 종합대책 ('94. 10)	'94. 10. 25 당정협의	시설물특별법 제정 및 설계·입찰·감리 제도보완 등(기존시설물의 안전관리체계 강화)
대구지하철 가스폭발사고 ('95)	지하굴착 굴착공사장 안전관리체계 강화대책 ('95. 5)	'95. 5. 2 국무회의 보고	지하매설물 관련정보 전산화 및 지하 굴착공사장 관리 강화 등
삼풍백화점 붕괴사고('95)	부실공사방지 및 건축물 안전 확보대책('95.7)	'95. 7. 13 국회 건교위 보고	민간다중이용건축물에 대한 설계 및 감리 강화 등
부실공사에 대한 근본 대책과 건설 산업의 공사 경쟁력 강화	건설 산업의 경쟁력 강화와 부실방지대책[65] ('96. 2)	'96. 2. 13 중앙안전대책 위원회 확정	건설제도의 국제화와 경쟁기반 구축, 건설인력육성과 고용안정, 시행기관 전문성과 책임성제고, 건설현장품질관리 체계구축, 건설업체에 대한 지원강화, 민간건축물에 대한 안전 확보 등
사회에 안전 의식을 불러 일으키는 일대 전기마련	새천년「안전한 나라 만들기」 안전관리 종합대책[66] ('00. 9)	'99. 11. 국무회의, 대통령 지시 안전관리대책기획단 구성	인위재난대책, 대형화재와 산업재해, 교통사고 대책 등의 개선– 정부의 안전관리제도를 효과적으로 개선하기 위해 작은 정부, 시장경제원리, 현장중심대책 등의 「3대 원칙」과 예방위주, 정보화촉진, 지방기능강화, 민간참여 확대 등 「4대 방침」을 설정
건설 산업 신뢰회복, 21C 건설 환경에 능동 적 대처	건설공사 부실방지 종합대책[67] ('00. 12)	대통령 지시사항 및 국정과제로서 건설교통부장관 방침결정에 따라 추진 ('00. 2)	건설공사의 기획, 설계, 시공 및 감리, 유지관리 등 각 단계별 문제점을 도출하고 개선방안 제시– 목표: 합리적 시장경제원리를 바탕으로 다양한 제도의 탄력적 운용, 불필요한 규제성 업무간소화 공정성과 투명성 확보, 건설주체의 자율성을 최대한 확보하되 책임소재 명확화
대구지하철 화재사고('03)	건설교통 안전관리 개선방안[68]('03. 7)	건설교통안전기획단 (건축안전기획단) 구성	건축물의 생산과정과 유지관리 단계의 안전관리에 관한 현황의 문제를 검토, 해결하기 위해 제도·설계·구조·방재 등의 제 규정을 정비·보완하는 등의 개선책을 제시

64) 자료 : 국무총리실('00. 9), 건설교통부('99. 3)

65) 천태삼 : '삼풍백화점 참사 이후의 건설제도개선', 대한건축학회지 41권제6호(통권 제217호), p.17, 1997. 6.

정부가 국무총리실의 「안전관리 종합대책 보고서」에서 천명하고 있는 안전관리 종합대책 중에서 건설 분야와 관련하여, 우리나라의 인위재난 대책 방안 중 가장 핵심적인 과제가 바로 건설공사의 부실화 방지대책으로 보고, 이에 관해서 구체적으로 밝히고 있다. 여기서 강조하고 있는 건설공사 부실방지를 위한 개선방향을 살펴보면, 현행제도가 지금까지 어떤 방향에서 개선되어 왔고 앞으로 어떤 방향으로 개선되어 갈 것인지를 어느 정도 가늠해 볼 수 있을 것이라 생각한다. 그래서 여기에 그 내용을 발췌하여 소개하고자 한다.

건설공사의 부실로 인한 사회적 손실은 이루 말할 수 없을 정도로 크다. 부실공사의 원인은 우리가 겪고 있는 가장 부정부패된 사업 중의 하나이다. 따라서 우리나라의 인위재난 대책 방안 중 가장 핵심적인 과제가 바로 건설공사의 부실화 방지대책이다. 그 특징을 보면

첫째, 부실공사로 인하여 사회가 입는 피해는 한두 가지가 아니다.

둘째, 부실공사로 인한 국민적 피해는 당대로 끝나지 않고 수십 년, 수백 년간 대대손손 그 피해를 입히는 특성을 가지고 있다.

셋째, 사회 분위기를 흐려 국민성을 그르친다. 따라서 정직한 사회를 만들기 위해서는 우선 건설 산업 전반에 걸쳐 엄격한 부정방지대책을 세워야 한다.

넷째, 건설상품은 그 시대를 살아온 시민들의 생각을 대표하는 문화적 유산이다. 조형적 예술뿐 아니라 건축학적 예술성, 공학적 수준, 그리고 그 시대의 생활문화 등 건설은 그 사회의 기초이며 사회문화의 단면이다.

따라서 건설 산업의 우선적 인위재난 예방(화재, 붕괴) 차원에서 현행 제도를 전반적으로 재검토하여, 우리나라의 사회문화 수준을 한 차원 높인다는 목표 아래 개혁적 조치가 필요하다.

부실한 건설공사로 인한 사고발생과 사회적 손실은 건설공사의 특성을 고려할 때 생산절차의 투명성을 확보함으로써 방지될 수 있다. 여러 단계를 거쳐 다양한 부품들과 결합되는 건설공사의 안전성 확보는 생산절차의 투명성 확보와 발주청의 책임관리체계 구축, 품질제고 및 성능의 확보 및 전문기술이 우선하는 체계의 확립을 통해 이루어진다. 어느

66) 국무총리실 ; '새천년「안전한 나라 만들기」 안전관리 종합대책', 안전관리대책기획단, 2000. 9.

67) 건설교통부 ; '건설공사 부실방지 종합대책', 2000. 12.

68) 건설교통부 ; '건설교통 안전관리 개선방안 연구', 건설교통안전기획단/건축안전기획단, 2003.7

단계에서든지 또는 어느 부품이든 단 하나의 부실이 건설공사의 전면적인 부실을 야기하기도 한다.

건설생산과정의 단계마다 책임 있고, 기술력 있는 공사가 이루어지기 위해서는 전문성이 우선하는 사회적 풍토가 조성되어야 한다. 과거 성수대교의 붕괴는 여러 단계의 부실공사가 복합적으로 작용하여 발생한 사고였다.

특히, 각 단계별 책임 있는 관리와 전문성이 우선되지 않은 시공 때문에 사고가 발생하였다. 전문성 보다는 관료제에 의한 통제와 관리가 우선하였으며, 건설공사도 성과위주로 사업이 추진되어 부실공사를 야기한 것이다. 또한, 건설하도급제도의 불합리한 운영으로 불필요한 관리비용만 증가하고 실제 공사에 필요한 재원조달이 적절하게 이루어지지 않아 부실공사를 야기한 측면도 있다.

이상과 같이 부실한 건설공사의 재발을 방지하고 안전한 건축물을 만들기 위해서는 건설공사의 특성을 고려한 새로운 안전관련 제도를 구축하는 노력이 필요하다.

이를 위해 우선적으로 건설생산절차를 투명화해야 한다. 건설생산절차는 설계와 시공 그리고 유지관리 등 일련의 사전준비과정으로 구성된다. 각 단계별로 시행과정이 투명화될 때 사고를 야기 시키는 '부패의 연결고리' 가 차단되고 전문성이 확보되며, 결과적으로 안전한 건설공사를 통한 건축물이 만들어진다.

한 예로서 현재 설계심의과정의 투명성 결여로 공정성 논란과 비리발생의 소지가 높다는 점이다. 설계단계에서부터 투명하고 합리적인 절차가 이루어지지 않아 시공단계에서 설계를 변경하는 예가 빈번한 실정이다. 이와 같이 초기 및 중간단계의 문제점은 준공후 시설물 관리단계에까지 영향을 크게 미친다.

특히, 시설물의 상태평가 시 초기자료의 결함으로 정확한 상태평가가 불가능하며, 결과적으로 막대한 사회적 손실을 지불하면서 비효율적인 관리를 할 수밖에 없게 된다. 이러한 운영상의 결함은 결과적으로 부실공사와 품질저하 등을 가져오고 급기야 사고발생으로 이어진다.

따라서 건설생산절차를 투명화하기 위해서는 관련 정보를 체계적으로 관리할 수 있는 제도적 장치가 구축되어져야 한다. 건설공사의 발주청과 관련업체간의 「건설통합정보시스템」(CALS : Continuous Acquisition and Life-cycle Support)의 구축과 공공사업에 참여한 관계자 전원에 대한 「건설실명제」실시 등이 이러한 정보화의 시작이다.

또한 건설생산과정의 각 단계별 운영체계를 합리화하는 작업으로 현행 하도급위주의 공사관행과 불법, 중층 하도급관행에 따른 관리비용의 낭비를 근절시킬 수 있는 것이다. 이를 위하여 건설하도급제도를 전면 개선하여 주 계약자형 공동도급제도를 시행하고 하도급 비율을 미리 제한할 수 있도록 조치해야 한다.

건설공사는 서로 다른 종류의 각종 공사가 결합되어 이루어진다. 따라서 전체를 종합적으로 관리할 수 있는 공사관리체계가 합리적으로 구축되지 않으면 안 된다. 그동안 책임감리제도가 공사관리의 핵심적인 역할을 담당하여 왔다. 그러나 발주청의 취약한 관리능력과 책임성의 한계 및 불합리한 감리제도 등으로 공사관리를 위한 비용에 비해 효율성이 크게 떨어져 있다. 공종별로 별도의 감리책임제를 시행하고 있어 구조적으로 공사 전체를 감리할 수 없어 복잡한 공정으로 이루어지는 대형공사에 많은 부실을 초래하게 만들었다.

그러한 이유는 기술적인 연계성을 상실함으로써 종합적인 기능 상실로 이어지기 때문이다. 따라서 발주청의 사업관리능력을 보완하고, 건설생산절차에 대한 종합적인 관리체제를 확립하기 위해서는 「건설사업관리제도」(CM : Construction Management)를 조기에 정착시켜야 한다. 또한 우리나라의 건설관련 현행제도는 주로 공사의 기술적 향상보다는 공사발주와 대금관리에 치중하고 있다.

물론 건설공사의 부실을 방지하고 생산성을 높이기 위해서는 기술수준을 높이는 것도 중요하다. 현재 건설표준화의 미흡으로 공기가 지연되어 결과적으로 공사가 부실해진다. 그러므로 기술기준의 표준화를 통해 건설공사의 생산성을 높여야 한다. 부품의 품질관리와 시공상의 정확성은 건축물의 생명이며, 이와 같은 건축물의 유지관리에 대한 제도적 장치의 부실로 건축물 수명주기(life cycle)가 아주 짧아졌다.

이상과 같이 건설공사의 부실을 방지하기 위한 제도개선은 대형사고를 예방할 수 있는 가장 중요한 대책이 되고 있다. 따라서 사회적 손실을 최소화 할 수 있는 대책인 것이다. 이는 사고로 인한 피해의 규모를 줄이고 불필요한 사회적 비용을 줄일 수 있는 기초가 될 수 있다.

이를 위해 우선적으로 추진해야할 사항은 건설생산절차의 투명화를 위한 관련 정보의 생산체계와 관리체계를 구축하는 것이다. 현재 정부가 건설통합정보시스템구축을 위해 막대한 투자를 하고 있으나 아직 미흡한 실정으로 파악되고 있다. 따라서 안전투자에 앞서 전문가집단을 구성하여 정확하고도 제대로 쓸 수 있는 건설관리시스템 개발추진이 필요하다.

또한 건설공사와 관련된 관계자들의 실명제를 곧바로 실시해야 한다. 감리제도와 건설하도급제도 관련 법령을 정비하고 개선하는 일은 당장 실시하기 어렵겠지만 지금부터 시작해야 한다.

또한 건설관련 기술기준을 표준화하는 작업도 간단한 대상에서부터 서둘러 시작하지 않으면 안 된다. 기술기준의 표준화 작업은 건설생산과정과 유지관리 모든 분야에 걸쳐 지속적으로 추진하여야 할 과제로서, 이는 장기간의 기술력을 축적하면서 실행되어야 한다.

2) 제도개선의 주요내용

앞에서 전술한 바와 같이 삼풍백화점의 붕괴사고 이후로 5회에 걸쳐 정부차원에서 이루어진 건설공사의 부실방지와 안전관리 종합대책에 관한 제안을 통해 1995년 7월부터 현재까지 이루어진 각종의 법규정 건설교통부 ; '건설산업기본법'

건설교통부 ; '건설기술관리법', (이하 '건기법' 이라 한다)

행정자치부 ; '재난 및 안전관리 기본법, 제정 2004. 3. 11.'

건설교통부 ; '건축법'

건설교통부 ; '주택법'

의 제정 및 개정된 성과 법제처 ; 홈페이지 http://www.moleg.go.kr

를 기본제도의 정비, 기획·관리, 설계 등의 용역 및 건설공사 관리, 건설공사의 품질관리, 건설공사 감리, 건설인력관리, 유지관리 등의 분야로 나누어 상술하기로 한다.

가. 건설 산업 및 안전관리 기본제도의 정비

(1) 건설산업기본법 제정(1996. 12. 제정, 1997. 7.시행)

정부는 건설 산업의 국제시장의 개방에 대비하여 경쟁력강화와 부실공사의 방지를 위해 건설산업기본법을 제정하고 건설 분야의 기획, 설계, 시공, 감리, 사후관리 등에 관한 기본사항을 법제화 하였다.

이법에서는 특히, 대규모 공사를 대상으로 발주자를 대신해서 건설공사의 기획, 설계, 시공, 감리, 사후관리 등 업무의 전부 또는 일부를 전문가로 구성된 업체나 단체로 하여금 종합적으로 조정·관리하는 '건설사업관리' 제도를 도입함으로써 건설 산업의 선진화와 품질향상을 도모하고 있다.

(2) 재난 및 안전관리기본법 제정(2004. 3.)

정부는 삼풍백화점의 붕괴사고를 계기로 1995년 7월에 국민생활의 안전을 도모하기 위하여 국민의 생명과 재산에 많은 피해를 줄 수 있는 대형사고 등 재난의 예방과 수습에 필요한 국가 및 지방자치단체의 재난관리체제의 구축과 재난 발생시의 긴급구조구난 체계의 확립을 위하여 재난관리법[69]을 제정한바 있다. 이법에서 적용대상은 화재·폭발·붕괴 등의 사고로서 자연재해를 제외한 모든 사고로 정의하고 있다.

그리고 지난 2003년 2월의 대구지하철 중앙역화재사고를 계기로 정부는 2004년 3월에 재난 및 안전관리기본법을 제정하여 각종 재난으로부터 국민의 생명·신체 및 재산을 보호하기 위하여 재해 및 재난 등으로 다원화되어 있는 재난관련 법령의 주요내용을 통합함으로써 국가 및 지방자치단체의 재난에 대한 대응관리체계를 확립하고, 각 부처에 분산되어 있는 안전관리업무에 대한 총괄조정 기능을 보강하는 등 기존 제도의 문제점을 개선·보완하여 재난의 예방·대비·대응·복구 및 긴급구조 등에 관하여 필요한 사항을 규정하고 있다. 이법에서는 재난의 개념에 자연재해와 에너지·통신 등 국가기반체계의 마비 등으로 인한 피해를 포함하여 정의하고 있다.

나. 기획·관리 분야

(1) 건설공사의 시행과정에 관한 규정

69) 행정자치부 ; '재난관리법, 제정 1995. 7. 18'

정부는 건설공사의 시행과정에 관한 규정을 정하여 공공건설공사를 경제적·능률적으로 시행할 수 있도록 함으로써 부실공사를 방지하고 공사의 품질확보와 예산의 절감을 도모한바[70] 있다. 이 규정에 의해 공공건설공사의 발주청은 건설공사를 경제적이고 능률적으로 시행하기 위하여 건설공사의 계획·설계·시공·감리·유지·관리 등이 상호 유기적으로 이루어지도록 하여야 하고, 이를 위한 건설공사의 시행과정의 내용과 구체적인 방법에 관한 규정을 반드시 이행하도록 명시하고 있다.[71] 여기서 발주청이 책임이행 해야 할 건설공사의 시행과정은 다음과 같다.[72]

– 기본구상 : 건설공사내용에 관한 기본적인 개요

– 타당성 조사[73] : 건설공사로 생산되는 건축물과 시설물 등의 설치단계에서 철거단계까지의 모든 과정을 대상으로 기술·환경·사회·재정·용지·교통 등의 필요한 요소를 고려하여 조사 및 검토한다.

– 건설공사기본계획 수립 및 고시[74]

– 공사수행 방식의 결정[75]

– 기본설계 : 주요 구조물의 형식, 지반 및 토질, 개략적인 공사비, 실시설계의 방침 등을 포함하고[76], 여기서 제시된 공사비가 타당성조사시에 제시된 공사비의 증가한도를 초과하는 경우에는 타당성조사를 다시 하도록 하고 있다. 또한, 이해당사자의 의견을 듣고자 하는 경우, 14일 이상 일반에게 공람하도록 한다.

– 실시설계 : 당해 건설공사의 성질상 기본설계와 실시설계를 구분하여 작성할 필요

---

70) 건기법, 개정 2000. 3. 28

71) 단, 총공사비 100억 원미만인 공사, 보안을 요하는 국방·군사시설공사, 재해복구 등 긴급히 시행할 필요가 있는 공사는 시행과정의 일부를 조정하여 적용할 수 있도록 함.

72) 건기법 영, 개정 및 신설 2000. 3. 28

73) 총공사비 500억원 미만은 대상에서 제외가능

74) 포함 내용 : ① 공사의 목표 및 기본방향, ② 공사내용, 공사기간, 시행자 및 공사수행계획, ③ 공사비 및 재원조달계획, ④ 개별공사별 투자우선순위, ⑤ 연차별 공사시행계획, ⑥ 시설물 유지관리계획, ⑦ 환경보전계획, ⑧ 기대효과 기타 발주청이 필요하다고 인정하는 사항

75) 방식 : ① 기술공모방식, ② 대안입찰방식, ③ 일괄입찰방식, ④ 기타방식

76) 기술공모방식, 일괄입찰방식의 경우 제외

가 없다고 인정하는 경우, 기본설계의 내용을 포함하여 실시설계를 할 수 있다.

– 측량 및 지반조사 : 발주청은 기본설계 및 실시설계를 함에 있어서 측량 및 지반조사를 실시하고, 이 때에 필요한 비용의 확보와 조사기간을 충분히 부여하도록 한다.

– 설계의 경제성 등 검토·반영 : 발주청은 기본설계 및 실시설계를 함에 있어서 설계내용에 대한 경제성 및 현장적용의 타당성을 검토한다. 검토는 직접 또는 설계감리자 등의 전문가가 실시하도록 한다.[77]

– 시공 상태의 점검·관리 : 발주청 및 책임감리원은 건설공사의 적정한 이행과 품질확보 및 기술수준의 향상을 위해 시공 상태를 점검·관리하도록 한다.

– 공사의 관리 : 발주청 및 책임감리원은 건설공사의 시공자가 공사관리계획과 교통소통 및 환경오염방지에 대한 대책을 적절히 이행하는 지의 여부를 감리·감독하도록 한다.

– 준공보고서 작성[78]

– 공사참여자의 실명관리 : 발주청은 건설공사의 시행과정에 참여한 관계공무원 및 용역기관의 담당자[79]에 대해 참여기간·수행업무 등을 기록·관리 및 준공 후에 그 기록을 책임감리원에게 통보해야 하고, 책임감리원은 발주청으로부터 통보받은 기록과 감리원 및 시공자[80]의 공사참여기간·수행업무 등에 관한 기록을 최종감리보고서에 수록하도록 한다.

– 사후평가 : 발주청은 총공사비 500억 원 이상인 건설공사가 완료된 때에는 공사내용 및 그 효과를 조사·분석[81]하여 사후평가서를 작성하고, 향후에 이와 유사한 공사의 시행에 참고가 될 수 있도록 한다.

– 유지·관리 : 관리주체는 시설물을 관계법령에 따라 안전하고 효율적으로 유지·관리하여야 하고, 건설공사에 관한 자료를 유지·보존[82]하도록 한다.

77) 대상 : 총공사비 500억 원 이상으로서 ① 시특법의 1종 시설물이 포함된 건설공사, ② 신공법 및 특수공법에 의하여 시공되는 건설공사, ③ 기타 발주청이 필요하다고 인정하는 건설공사

78) 첨부서류 : ① 준공도서, ② 품질기록(품질시험 또는 검사성과 총괄표 포함), ③ 구조계산서(실시설계의 구조계산서와 다르게 시공된 경우), ④ 시설물의 유지관리에 필요한 사항, ⑤ 신공법 또는 특수공법 평가보고서, ⑥ 시운전 평가결과서(시운전을 한 경우)

79) 타당성조사의 수요예측 수행자, 설계도서의 작성자, 공사비의 산정자 등

80) 원도급자 및 하도급자의 현장작업책임자 이상의 직책을 수행한 자

81) 설계 및 시공평가서와 준공보고서를 토대로 조사·분석할 사항 : ① 예상 공사비 및 공사기간과 실제 공사비 및 공사기간의 비교·분석, ② 공사기획 시에 예측한 수요 및 기대효과와 공사완료 후의 실제수요 및 공사효과의 비교·분석, ③ 당해 공사의 문제점과 개선방안, ④ 주민의 호응도 기타 발주청이 평가에 필요하다고 인정한 사항

82) ①준공도서, ② 품질기록(품질시험 또는 검사성과 총괄표 포함), ③ 구조계산서, ④ 시공상 특기사항에 관한 보고서, ⑤ 사후평가서, ⑥ 안전점검·진단보고서 기타 관리주체가 시설물의 유지관리에 필요하다고 인정하는 자료

(2) 가격·기술분리입찰제 도입[83)]

공공건설공사의 부실공사를 방지하기 위하여 가격·기술분리입찰제를 도입하여 과당 경쟁이나 업체간의 담합으로 기술수준이 낮은 업체에 저가로 낙찰되는 폐해를 방지하기 위해 기술조건이 우수한 업체 순으로 협상을 벌여 낙찰자를 정하도록 개선하고 있다.

(3) 건설정보전산망 구축

정부는 건설 산업의 경쟁력을 높이고 부실공사를 근원적으로 방지하기 위하여 건설정보전산망을 구축하기로 하고, 건설교통부장관은 건설 산업의 정보화를 촉진하여 공공건설공사의 효율성을 높이기 위해 건설공사의 기획·설계·계약·시공 및 유지관리의 전 과정에서 발생하는 정보를 통합·관리하는 건설정보통합전산망을 구성·운영할 수 있도록 한바 있으며,[84)] 건설공사의 설계·시공·감리 등 각 단계별로 업무를 정보화하는 건설공사지원통합정보체계를 효율적으로 구축하기 위해 5년 단위의 기본계획 및 연차별 시행계획을 수립하도록 하고, 기본계획의 내용 및 수립절차를 정하고 있다.[85)]

(4) 인·허가 및 심의 등의 관리제도 개선

건축허가를 받고자 하는 자는 허가신청서에 건축계획서, 배치도, 평면도, 입면도, 단면도 등의 기본설계도서를 첨부하여 허가권자에게 제출하도록 하여 건축허가절차를 간소화 한바 있다.[86)] 또한, 21층 이상이거나 연면적 10만 제곱미터 이상인 건축물(공장 제외)을 건축하는 경우에는 건축계획서[87)]와 기본설계도서[88)]를 제출하여 해당 도지사에게 건축허가 사전승인을 받도록 하고 있다. 건축허가를 받은 건축물에 대한 각층의 평면도·입면도 및 단면도와 구조도등 세부설계도서는 착공신고 착공신고[89)]를 할 때에 제출하도록 하고 있다.[90)]

83) 건기법, 개정 1995. 8. 4

84) 건기법, 개정 1997. 1. 13

85) 건기법 영, 개정 2001. 7. 30

86) 건축법, 개정 1996. 1. 18, 1999. 5. 11, 2001. 9. 28

87) 건축계획서 : 설계 설명서, 구조계획서, 지질조사서, 시방서(표준시방서에 없는 공법인 경우)

88) 기본설계도서 : 투시도(또는 사진), 평면도(주요 층, 기준층), 입면도(2면 이상), 단면도(2면 이상), 내외 마감 표, 주차장평면도, 건축설비도, 소방설비도, 상·하수도 계통도

89) 착공신고 설계도서 : 건축설계도, 구조도, 시방서, 실내마감도, 소방설비도, 건축설비도, 토지굴착 및 옹벽도

90) 건축법 규칙, 신설 1996. 1. 18

특별시·광역시·도·시·군 및 구의 지방건축위원회는 다중이용건축물의 구조안전·피난 및 소방에 관한 사항을 심의하도록 하고, 다중이용건축물중 16층 이상 또는 연면적 3만 제곱미터이상인 건축물[91]의 건축허가에 관한 사항인 경우에는 특별시·광역시 또는 도의 조례가 정하는 바에 의하여 이를 특별시·광역시 또는 도에 설치된 지방건축위원회의 심의사항으로 할 수 있도록 하고 있다.[92]

일정규모 이상의 공공건설공사의 경우에는 설계의 타당성, 시설물의 안전 및 시공의 적정성에 대하여 건설기술심의위원회의 심의를 받아야 하지만, 미리 설계 등 용역업자의 설계감리를 받은 경우에는 심의를 받지 아니하여도 되도록 하고 있다.[93] 또한, 발주청의 설계자문위원회 위원을 공무원 및 관계전문가로 한정하던 것을 시민단체가 추천하는 자도 참여할 수 있도록 하고 있다.[94]

다. 설계 등의 용역 및 건설공사 관리 분야

(1) 설계부문

삼풍백화점의 붕괴사고를 계기로 정부는 다중이용건축물의 안전을 위하여 건축물의 구조계산을 구조기술사 등[95]이 하도록 하고, 건축허가 시 구조안전에 관한 건축위원회의 심의[96]를 받도록 하고 있다.[97]

91) 문화 및 집회시설(전시장 및 동·식물원을 제외한다), 판매 및 영업시설, 의료시설중 종합병원 또는 숙박시설중 관광숙박시설의 용도에 쓰이는 바닥면적의 합계가 5천제곱미터이상인 건축물과 16층 이상인 건축물

92) 건축법 영, 신설 1997.9.9, 개정 1999.4.30, 2001.9.15

93) 건기법, 개정 1997. 1. 13

94) 건기법 영, 신설 1999. 10. 30

95) 건축구조기술사외에 건축구조분야의 박사학위를 가진 자로서 3년이상의 실무경력이 있는 자, 건축구조분야의 석사학위를 가진 자로서 9년이상 실무경력이 있는 자 및 건축기사 1급 자격을 가진 자로서 10년이상 실무경력이 있는 자도 건축물의 구조계산을 할 수 있도록 함

96) 대상 : 16층 이상인 건축물, 기둥과 기둥 사이의 거리 30미터 이상인 건축물, 다중이용건축물

97) 건축법, 신설 1995. 12. 30

그리고 구조기술사 등이 구조계산에 따라 구조안전을 확인한 건축물의 구조설계도서에는 설계자와 함께 당해 구조계산자가 서명·날인 하도록 하고 있다. 건축물의 구조계산에 적용되는 각종 하중 및 외력의 구체적인 산정방법은 건설교통부장관이 정하여 고시하도록 함으로써 건축기술의 발전에 신속하게 대처하도록 하고 있다.[98][99] 아울러 토지굴착이나 옹벽공사등 대규모 토목공사를 수반하는 건축공사의 설계 및 공사감리 시 토목기술자의 협력을 받도록 의무화하여 공사현장 및 인근의 안전관리를 강화한 바 있다.[100]

일정규모 이상의 건축물[101]을 건축하거나 대수선하는 경우에는 구조기준 및 구조계산에 따라 그 구조의 안전을 확인하도록 하고 있으며, 또한, 일정규모 이상의 건축물 6층 이상인 건축물, 연면적이 1만 제곱미터 이상인 건축물, 건설교통부령이 정하는 지진구역안의 건축물[102]을 건축하거나 대수선하는 경우에는 지진에 대한 안전여부를 확인하도록 하고 있다. 다만, 사용승인서를 교부받은 후 5년이 경과된 건축물의 증축[103] 및 일부개축의 경우에는 제외하도록 하고 있다.[104]

지진에 대비하여 안전 확인을 받아야 하는 건축물의 범위를 판매시설은 연면적 1만 제곱미터 이상에서 5천 제곱미터 이상으로, 아파트는 6층 이상에서 5층 이상으로 확대하여 강화한 바 있다.[105]

또한, 종전에는 15층 이상인 아파트의 경우 5층 이상 14층 이하인 아파트와 동일한 내진설계기준을 적용하던 것을, 앞으로는 15층 이상인 아파트에 대하여는 5층 이상 14층 이하인 아파트보다 강화된 내진설계기준을 적용하도록 하고, 내진설계기준이 강화되는 숙박시설·오피스텔 및 기숙사의 범위를 6층 이상에서 5층 이상으로 확대한바 있다.[106]

---

98) 건축구조규칙, 개정 2000. 5. 22

99) 주 내용 : 하중 및 외력에 관한 기준을 고시로 분리

100) 건축법 영, 개정 1995. 12. 30

101) 층수가 3층이상인 건축물, 연면적이 1천 제곱미터이상인 건축물, 높이가 13미터이상인 건축물, 처마높이가 9미터이상인 건축물, 기둥과 기둥사이의 거리(기둥이 없는 경우에는 내력벽과 내력벽사이의 거리를 말한다)가 10미터이상인 건축물

102) 국가적 문화유산으로 보존할 가치가 있는 건축물로서 건설교통부령이 정하는 것

103) 연면적의 10분의 1이내의 증축 또는 1개 층의 증축

104) 건축법 영, 개정 1999. 4. 30.

105) 건축구조규칙, 개정 1996. 2. 13

106) 건축구조규칙, 개정 2000. 5. 22

건축신고를 하여야 하는 대수선(大修繕)에 다가구·다세대주택의 가구·세대간 주요구조부인 경계벽을 수선 또는 변경하는 경우를 포함시켜 임의적인 가구·세대의 증가에 따른 구조안전상의 문제를 점검할 수 있도록 안전관리를 강화한바 있다.[107]

(2) 용역 및 건설공사 관리부문

공공건설공사에 대하여 설계감리의 대상을 시특법의 1종 시설물에 관한 설계로 하되, 신공법 또는 특수공법이 도입되거나 주요시설물이 포함되는 설계의 경에는 발주청의 판단에 따라 설계감리를 할 수 있도록 하여 부실을 방지하고 건설공사의 효율성과 경제성을 확보한바 있다.[108]

설계 및 시공평가의 실시시기를 종전에는 설계 또는 건설공사를 발주한 다음연도에서 기본설계에 대한 평가는 실시설계가 완료된 후로, 실시설계와 시공에 대한 평가는 당해 건설공사가 완료된 후로 조정함으로써 현장상황에 부합되는 평가가 이루어지도록 개선한바 있다.[109]

종전에는 설계 등의 용역업자가 용역계약을 이행함에 있어 고의 또는 과실로 당해 용역목적물 및 제3자에게 손해를 발생하게 한 경우에 그 배상을 담보하기 위한 손해보증료를 설계 등의 용역업자와 감리전문회사가 부담하도록 하던 것을 설계 등의 용역업자와 감리전문회사가 손해보증 대신에 보험 또는 공제에 가입하도록 하고 가입비용을 발주청이 용역비용에 계상하도록 개선한바 있다.[110]

한편으로 건설 산업의 복합화 및 대형화 추세에 따라 대규모 건설공사를 효율적으로 시행할 수 있도록 건설사업관리 제도를 활성화하기 위한 시행기준을 마련하여 건설사업관리의 업무내용 및 대가기준 등을 규정하고, 건설사업관리자가 용역목적물 및 제3자에게 손해를 발생하게 한 경우에 그 배상을 담보하기 위해 보험 또는 공제에 가입하도록 하고 가입비용을 발주청이 용역비용에 계상하도록 개선한 바 있다. 건설공사 또는 설계 등의 용

107) 건축법 영, 신설 2003. 2. 24

108) 건기법 영, 개정 1995. 8. 4

109) 건기법 영, 개정 1999. 10. 30

110) 이하, 건기법, 개정 2001. 1. 16

역 업무를 부실하게 한 경우에는 부실벌점을 의무적으로 부과하도록 하여 부실공사를 예방하도록 하고 있다.

라. 건설공사의 품질관리 분야

(1) 품질관리 부문

건설교통부장관은 건설 공사비를 절감하고 시설물의 품질을 향상시키기 위하여 설계·건설자재 및 시공방법을 표준화하도록 하고, 표준화를 촉진하기 위하여 필요한 경우에는 설계자·생산업자 및 건설업자에게 시험생산·시험시공 등을 권고할 수 있도록 하고, 철강구조물의 품질을 보증하기 위하여 철강구조물제작공장에 대한 공장 인증 제도를 도입하여 철강구조물제작공장을 제작능력에 따라 분야별(교량, 건축)로 등급화(1급~4급)하도록 하며, 건설공사의 품질관리 및 안전관리에 보다 완벽을 기하기 위하여 건설공사의 계약을 체결하는 때에는 공사금액에 품질관리 및 안전관리에 소요되는 비용을 반드시 계상하도록 하고 있다.

이와 함께, 주요 대형공사[111]에 국제수준의 품질관리기법을 적용하기 위하여 품질보증계획을 수립하도록 의무화하고 있다.[112]

끝으로, 레미콘·모래 등 건설자재의 품질확보를 위해 건설자재의 생산·공급 및 보관에 관하여 필요한 기준을 정하고, 품질확인 결과 부적합한 경우에는 건설교통부장관이 관계행정기관의 장에게 시정명령 등 필요한 조치를 요청할 수 있도록 하고 있다.[113]

(2) 현장조사·점검부문

부실공사의 방지를 위하여 건설교통부장관이 건설현장을 점검할 수 있는 대상을 종전의 모든 건설공사에서 총 공사비 100억 원 이상인 건설공사와 건축물 바닥면적 1만m^2 이

111) 적용 대상 : 총공사비가 500억 원 이상인 공항, 댐, 고속도로, 항만, 철도 등의 건설공사와 연면적 3만m2 이상인 다중이용건축물의 건설공사

112) 건기법 영, 개정 1997. 7. 21

113) 건기법, 신설 2001. 1. 16

상인 건축공사로 한정하여 행정기관의 과도한 관여를 줄여 현장종사자의 불편을 해소한 바 있다.[114] 그리고 건축현장에 대한 조사·검사 및 확인결과를 허위로 보고한 건축사에 대한 처벌을 종전의 200만 원이하의 벌금에서 2년 이하의 징역 또는 2천만 원이하의 벌금으로 강화한바 있다.[115]

(3) 안전관리부문

건설공사의 안전관리계획을 수립하여야 하는 건설공사를 규정[116]하고 다만, 원자력시설공사를 제외한바 있다.[117] 건설업자 또는 주택건설등록업자는 안전관리계획[118]을 작성한 때에는 공사감독자 또는 감리원의 확인을 받아 건설공사를 착공하기 전에 발주청 또는 허가·인가·승인 등을 한 행정기관의 장에게 제출, 제출받은 발주자 또는 행정기관의 장은 안전관리계획의 내용을 검토하여 보완하도록 하고 있다.[119] 아울러 건설업자 또는 주택건설등록업자는 직접 또는 한국시설안전기술공단·안전진단전문기관에 의뢰하여 안전점검을 실시하도록 하는 규정[120]을 제정한바 있다. 건설업자 또는 주택건설등록업자가 정기안전점검 또는 정밀안전점검의 실시를 건설안전점검기관에 의뢰하고자 하는 때에는 발주자와 미리 협의하여야 한다. 이 경우에 당해 건설공사를 설계·시공 또는 감리하는 자와 동일계열회사인 건설안전점검기관에 의뢰해서는 아니 되는 것으로 규정하고 있다. 그리고 안전점검을 실시한 건설안전점검기관은 안전점검실시결과를 발주청, 당해 건설공사를 허가

114) 건기법 영, 신설 1999. 10. 30

115) 건축법, 신설 2001. 1. 16

116) 대상 : 시특법에 의한 1, 2종시설물(영 별표1제8호의 시설물 제외)의 건설공사, 지하 10미터이상을 굴착하거나 폭발물을 사용하는 건설공사로서 20 미터 안에 시설물이 있거나 100 미터 안에 양육하는 가축이 있어서 당해 건설공사로 인한 영향을 받을 것이 예상되는 건설공사,,당해 건설공사 계약에 품질보증계획의 수립이 명시되어 있는 건설공사, 기타 건설공사로서 당해 건설공사를 허가·인가·승인 등을 한 행정기관의 장이 특히 안전관리가 필요하다고 인정하는 건설공사

117) 이하, 건기법 영, 신설 1997. 7. 21, 개정 2001. 7. 30

118) 안전관리계획의 내용(건기법 영, 신설 1997. 7. 21) : 1.건설공사의 개요 및 안전관리조직, 2.공정별 안전점검계획, 3.공사장 주변의 안전관리대책, 4.통행안전시설의 설치 및 교통소통에 관한 계획, 5.안전관리비집행계획, 6.안전교육 및 비상시 긴급조치계획, 7.공종별 안전관리계획(대상시설물별 건설공법 및 시공절차를 포함한다)

119) 건기법 영, 신설 1997. 7. 21, 개정 2001. 7. 30

120) 1.건설공사의 공사기간동안 매일 자체안전점검을 실시할 것, 2.안전관리계획에서 정한 시기와 횟수에 따라 정기안전점검을 실시할 것, 3.정기안전점검결과 건설공사의 물리적·기능적 결함등이 발견되어 보수·보강 등의 조치를 취하기 위하여 필요한 경우에는 정밀안전점검을 실시할 것, 4.안전관리계획 수립대상 건설공사에 대해서는 준공하기 직전에 정기안전점검 수준 이상의 안전점검을 실시할 것

·인가·승인 등을 한 행정기관의 장, 건설업자 또는 주택건설등록업자에게 통보하여야 하며, 점검결과를 통보받은 발주자 또는 행정기관의 장은 건설업자 또는 주택건설등록업자에게 보수·보강 등 필요한 조치를 요청할 수 있도록 안전관리를 강화한바 있다.

또한, 건설업자 또는 주택건설등록업자는 건설공사를 준공한 때에는 안전점검에 관한 종합보고서를 작성하여 발주자에게 제출하여야 하며, 발주자[121]는 당해 건설공사의 준공 후 3월 이내에 종합보고서를 한국시설안전기술공단에 제출하도록 하고, 발주자[122]와 건설업자 또는 주택건설등록업자는 작성한 종합보고서를 당해 공사의 하자담보책임기간만료일까지 보관하도록 하고 있다.

마. 건설공사 감리 분야

정부는 건설공사의 품질향상과 부실공사 방지를 위해 외국감리전문회사도 국내감리전문회사와 동일한 등록절차를 거쳐 감리업무를 할 수 있도록 개선하고 있다.[123]

삼풍백화점 붕괴사고를 계기로 다중이용건축물에 대하여 감리전문회사에 의한 책임감리수준으로 공사감리를 강화하여 부실방지 대책을 마련한바 있다.[124] 그리고 공사감리자는 중간감리보고서[125]와 감리완료보고서를 작성하여 건축주에게 제출하고, 건축주는 건축물의 사용승인을 신청할 때에 이들을 첨부하여 허가권자에게 제출하도록 하고 있다.[126]

121) 시설물안전관리에관한특별법(이라 "시특법"이라 한다)에 의한 1, 2종 시설물에 관한 건설공사의 발주자에 한한다.

122) 한국시설안전기술공단에 종합보고서를 제출한 발주자 제외

123) 건기법 영, 개정 1995. 8. 4

124) 건축법, 개정 1995. 12. 30

125) 감리중간보고서 작성 시기(건축법, 개정 1997. 9. 9, 1999. 4. 30) : 철근콘크리트조, 철골조, 조적조 등의 경우에는 기초공사의 철근배치를 완료한 때, 지붕슬래브배근을 완료한 때, 5층 이상인 건축물의 경우 지상 5개 층마다 상부슬래브배근을 완료한 때, 기타의 구조인 경우에는 기초공사의 거푸집 또는 주춧돌의 설치를 완료한 때

126) 건축법, 개정 1997. 12. 13, 1999. 2. 8

일정한 규모 이상의 건축공사[127]에 대하여는 2년 이상 설계·시공·감리업무 등에 경력이 있는 건축사보로 하여금 공사 현장에서 감리업무를 수행하도록 하고 있다.[128]

정부는 전면책임감리의 내실을 기하고 감리 인력의 부족현상을 대처하기 위하여 전면책임감리의 대상을 정비[129]하여 총공사비가 50억 원 이상인 건설공사에 대하여 공종에 관계없이 실시하던 것을 총공사비가 50억 원 이상인 공항, 댐, 고속도로, 항만, 철도 등의 건설공사로 조정한바 있다. 또한, 행정규제기본법에 의한 규제정비계획에 따라 건설공사의 발주자가 건설공사의 품질향상 등을 위하여 감리전문회사로 하여금 책임감리를 하게 하는 대상을 50억 원 이상의 건설공사에서 100억 원 이상의 건설공사로 상향 조정함으로써 발주자의 부담을 완화시킨바 있다.[130][131]

종전에는 책임감리 대상이 아닌 중소규모의 건설공사에 대해서는 별도의 감리제도가 없어 부실공사의 우려가 있었으나, 앞으로는 건설공사가 설계도서 및 관계법령의 내용대로 시공되는지 여부를 확인하거나 시공·안전 등에 대하여 기술지도를 행하는 검측감리 및 시공감리제도를 도입한 바 있다.[132] 감리원의 등급체계를 효율적으로 관리하기 위하여 종전의 5개 등급(특급, 고급, 중급, 초급, 검측 감리원)에서 3개 등급(수석감리사, 감리사, 감리사보)으로 조정한바 있다.[133]

한편으로, 정부에서는 책임감리수행능력 등을 평가하여 그 결과에 따라 우수업자 뿐만 아니라 우수감리원도 지정·우대할 수 있도록 하고, 우수업자 등으로 지정된 자가 부정한 방법으로 지정받았거나 부실공사로 행정처분을 받은 경우에는 그 지정을 취소하도록 개정한바 있다.[134]

127) 바닥면적의 합계 5천 제곱미터 이상의 건축공사, 5개 층(지하층 포함) 이상으로써 바닥면적의 합계 3천 이상의 건축공사, 아파트의 건축공사

128) 건축법 영, 개정 2001 9. 15

129) 건기법 영, 개정 1997. 7. 21

130) 건기법 영, 개정 1999. 1. 21

131) 대상건축공사 : 관람집회시설, 전시시설, 공용청사, 공동주택

132) 건기법, 개정 2001. 1. 16

133) 건기법 영, 개정 2001. 7. 30

134) 건기법, 신서 2004.12.31

바. 건설인력 관리 분야

정부는 행정규제기본법에 의한 규제정비계획에 따라 건설기술자 또는 감리원은 신규 교육 외에 3년에 1회 이상 의무적으로 받던 보수교육을 폐지하고 자율적으로 받도록 규제를 완화하고,[135] 건설기술자 또는 감리원에 대한 교육훈련을 기술자의 소양함양과 제도의 이해 등에 관하여 실시하는 기본교육과 전문기술능력의 향상을 위하여 실시하는 전문교육으로 구분하고, 건설기술자 또는 감리원이 현재의 기술등급보다 높은 등급을 받고자 하는 경우에는 높은 기술등급에 맞는 전문교육을 받도록 하는 등 그 교육내용을 정하여 개선·보완한바 있다.[136]

건설공사의 부실을 방지하기 위하여 건설기술자격증 대여 등에 대하여 처벌근거를 마련하고, 경력·학력 등을 거짓으로 신고하여 건설기술자가 된 자와 건설기술자격증을 대여하거나 대여받은 자에 대하여 1년 이하의 징역 또는 500만 원 이하의 벌금에 처하도록 하고 있다.[137]

사. 유지관리 분야

(1) 재난 및 안전관리 체계의 강화

정부는 삼풍백화점의 붕괴사고를 계기로 대형사고 등 재난의 예방과 수습에 필요한 국가 및 지방자치단체의 재난관리체제의 구축과 재난 발생시의 긴급구조구난 체계의 확립을 위해 재난관리법을 제정한바 있으며, 이 제도가 운영된 이후로 약 10여 년간에 걸쳐 지속된 각종의 화재사고나 풍수해를 경험하면서 드러난 문제점을 보완할 필요성을 인식하게 되었다. 특히, 지난 2003년 2월에 일어난 대구지하철화재사고를 계기로 재해 및 재난 등으로 다원화되어 있는 재난관련 법령의 주요 내용을 통합함으로써 국가 및 지방단체

135) 건기법 영, 개정 1999. 1. 21

136) 건기법 영, 개정 2001. 7. 30

137) 건기법, 신설 2004. 12. 31

의 재난에 대한 대응관리체계를 확립하고, 각 부처에 분산되어 있는 안전관리업무에 대한 총괄조정 기능을 보강하는 등 기존의 제도상 문제점을 개선·보완하여 '재난및안전관리기본법'을 제정하였다.

(2) 시특법[138]의 안전관리 대상 확대

삼풍백화점의 붕괴사고를 계기로 시설물의안전관리에관한특별법(이하 '시특법'이라 한다)의 적용대상 시설물의 범위에 건축물 연면적 5천m^2 이상인 다중이용시설물을 추가하고, 건축물 연면적이 5천m^2 미만인 다중이용시설물도 시장·군수·구청장이 필요하다고 인정하는 경우에는 대상시설물로 지정할 수 있도록 개정[139]한바 있다.

대구지하철화재사고를 계기로 재해 및 재난 사고우려가 있는 지하차도·지하도상가 등을 특별히 관리할 필요가 있다고 인정되어 시특법의 적용대상인 1종 또는 2종 시설물에 추가하고, 재난관리법상의 시설물중 공중의 안전을 위하여 필요하다고 인정되는 경우에는 관계중앙행정기관의 장 등이 직권으로 2종 시설물로 지정할 수 있도록 개정[140]한바 있다.

(3) 안전 및 유지관리 계획의 내실화

민간시설물의 안전 및 유지관리의 실효성을 증진시키기 위하여 민간관리업체가 관리하는 시설물에 대하여 종전에는 동 시설물의 안전 및 유지관리계획을 제출하고 이를 자율적으로 시행하도록 하던 것을 시장·군수 또는 구청장이 그 시행여부를 년 1회 이상 확인하도록 하고, 시장·군수 또는 구청장이 민간관리주체로부터 시설물에 대한 안전 및 유지관리 계획을 제출받는 경우에는 이를 매년 3월 31일까지 시·도지사에게 보고하도록 하고, 시·도지사는 이를 종합하여 4월 15일 까지 그 현황을 건설교통부장관에게 제출하도록 개정한바 있다.[141] 또한, 건설교통부장관은 시설물이 안전하게 유지관리 될 수 있도록 하기 위하여 5년마다 시설물의 안전 및 유지관리에 관한 기본계획을 수립하여 시행하도록 하고 있다.[142]

138) 시설물의 안전관리에 관한 특별법, 1995. 1. 5. 제정

139) 시특법 영, 개정 1996. 5. 4

140) 시특법 영, 개정 2002. 9. 6

141) 시특법, 개정 1999. 1. 29., 시특법 규칙, 신설 1999. 6. 11

142) 시특법, 개정 2002. 1. 14

(4) 안전점검 또는 정밀안전진단

시특법에 의거해 실시하는 정밀안전진단을 실시함에 있어서 댐·항만·하구둑·상수도 등과 같이 시설물의 구조안전에 관계되는 전기설비 및 기계설비에 대하여는 관련분야의 기술자로 하여금 정밀안전진단을 병행하여 실시하도록 제도를 보완하여 개정한바 있다.[143)]

정밀안전진단 결과의 객관성을 보장하기 위하여 규정한 정밀안전진단 의뢰금지 대상을 시설물을 시공한 자의 계열회사인 안전진단전문기관으로 정한 것을 시설물을 설계·감리한 자의 계열회사인 안전진단전문기관으로 확대하여 보완한바 있다.[144)]

정부는 행정규제기본법에 의한 규제정비계획에 따라 안전점검 대상시설물에 대한 정기점검의 회수를 분기 1회 이상에서 반기 1회 이상으로, 교량의 정밀점검의 회수를 매년 1회 이상에서 2년마다 1회 이상으로 줄이고, 공동주택에 대한 정기점검 제도를 폐지하여 공동주택관리령에 의한 안전점검으로 일원화함으로써 안전점검의 실시에 대한 시설물관리주체의 부담을 줄이고, 정밀안전진단결과 안전상태가 양호하다고 인정된 시설물에 대하여는 시설물관리주체의 판단에 따라 다음 1회에 한하여 정밀안전진단을 실시하지 아니할 수 있도록 함으로써 시설물관리주체의 비용부담을 줄일 수 있도록 개정하고 있다. 또한, 종전에는 한국시설안전기술공단이 실시하는 정밀안전진단의 대상시설물을 일률적으로 대통령령이 정하는 기준에 해당하는 시설물로 하였으나. 앞으로는 이러한 시설물 중에서 건설교통부장관이 별도로 정하여 고시하는 시설물로 하여, 사고발생시 피해규모가 적은 시설물 등은 공단의 정밀안전진단의 대상에서 제외할 수 있도록 함으로써 민간 안전진단업체의 업무영역이 확대될 수 있도록 개정한바 있다.[145)]

정부의 규제정비계획에 따라 하자담보책임기간 만료 이전에 정밀안전진단을 실시하도록 의무화한 것을 관리주체가 자율적으로 이행하도록 하고, 시공자의 중대한 귀책사유로 발생한 하자의 치유가 완료될 때까지 하자담보책임기간이 연장되도록 한 것을 폐지하고, 무한

143) 시특법 영, 개정 1996. 5. 4

144) 시특법 영, 개정 1996. 5. 4

145) 시특법 영, 개정 1999. 6. 8

책임을 규정한 하자담보책임기간 완료 후에도 시공자의 중대한 귀책사유로 발생한 구조안전상의 하자에 대한 시공자의 보수책임을 폐지한바 있다.[146] 그러나 시공사의 중대한 귀책사유로 발생한 하자의 치유를 위해서 하자담보책임기간이 만료되기 전에 마지막으로 실시하는 정밀점검의 경우에는 안전진단전문기관이 이를 실시할 수 있도록 보완한바 있다.[147] 또한, 시설물을 설계 시공·감리한 자의 계열회사 또는 당해 관리주체의 자회사인 안전진단전문기관은 하자담보책임기간이 만료되기 전 마지막으로 실시하는 정밀점검을 직접 실시할 수 없도록 하여 시설물에 대한 정밀점검의 객관성 및 신뢰성을 확보한바 있다.[148]

정부는 민간관리주체가 부도 등 불가피한 사유로 안전점검을 실시하지 못하게 되는 경우에는 관할 시장·군수·구청장이 안전점검을 대신 실시할 수 있도록 하여 시설물에 대한 안전관리를 강화하고 있다.[149]

(5) 안전조치 및 유지관리

시특법에 의해 실시하는 안전점검 또는 정밀안전진단의 실시결과에서 시설물에 중대한 결함이 있는 경우에 종전에는 당해시설물의 관리주체가 이를 관계행정기관에 통보하도록 하던 것을 안전점검 또는 정밀안전진단을 실시한 자도 이를 통보하도록 하고,[150] 현행법에서는 일정한 시설물의 관리주체 등에게 주기적인 안전점검 등의 의무를 부여하면서 그 결과에 따른 후속조치를 강제하는 절차가 없었는바, 안전점검 등의 결과 구조안전에 영향을 줄 수 있는 중대한 결함사항에 대하여는 시설물의 보수·보강 등의 조치를 하도록 의무를 부과[151]하고, 관리주체는 중대한 결함사항을 통보받은 날부터 2년 이내에 보수·보강에 착수하고, 착수한 날부터 3년 이내에 이를 완료하도록 하는 등 보수·보강조치의 이행에 필요한 사항을 정하며,[152] 또한, 관리주체는 중대한 결함사항에 대하여 보수·보강조치를 완료

146) 시특법, 개정 1999. 4. 15
147) 시특법, 개정 2002. 1. 14
148) 시특법 영, 신설 2002. 9. 6
159) 시특법, 신설 2002. 1. 14
150) 시특법, 개정 1999. 1. 29
151) 시특법, 신설 2003. 7 25

한 때에는 이를 관할행정기관의 장에게 통보하여야 하고, 이를 통보받은 관할행정기관의 장은 현장점검을 할 수 있도록 함으로써 사고의 예방과 공중의 안전을 도모하고 있다.[153]

(6) 안전점검 및 정밀안전진단 실시 자

시특법에서 규정하고 있는 안전점검 및 정밀안전진단의 책임기술자의 범위에 연면적 5천m^2 이상인 건축물의 설계·감리실적이 있는 건축사를 추가한바 있으며,[154] 종전에는 안전진단업체에 한하여 공동주택에 대한 안전점검을 실시할 수 있도록 하여 입주자의 안전점검비용의 부담이 과중하였으나, 당해 단지의 관리소장인 주택관리사도 안전점검을 실시할 수 있도록 함으로써 입주자의 관리비를 절감할 수 있도록 개정한바 있다.[155]

행정규제기본법에 의한 규제정비계획에 따라 종전에는 정기점검을 실시할 수 있는 책임기술자의 자격을 기술자격자와 학력·경력자에 한정하였으나, 건설기술관리법에 의한 건설기술자로 인정받고 있는 경력자도 정기점검을 실시할 수 있도록 함으로써 정기점검 인력의 확보가 용이하도록 하고,[156] 안전진단전문기관의 지정제도가 안전진단전문기관의 등록제도로 변경하고, 종전에는 안전점검 및 정밀안전진단을 실시하는 책임기술자는 3년마다 5일 이상의 정기적인 보수교육을 받도록 하였으나, 앞으로는 이러한 정기적인 보수교육을 폐지하여 책임기술자의 교육훈련 부담을 완화할 수 있도록 개정한바 있다.[157]

(7) 실태점검 및 평가

건설교통부장관 및 주무부처의 장 등은 시설물의 안전 및 유지관리를 위하여 필요한 경우에는 실태점검을 실시할 수 있도록 하고, 시설물의 사고발생시 전문가에게 의뢰하여 사고조사를 실시할 수 있도록 개선한바 있다.[158]

152) 시특법 영, 신설 2003. 10. 24
153) 시특법, 개정 2005. 5. 26
154) 시특법 영, 개정 1996. 5. 4
155) 시특법 영, 개정 1998. 12. 31
156) 시특법 영, 개정 1999. 6. 8
157) 시특법 규칙, 개정 1999. 6. 11

건설교통부장관은 정밀안전진단의 부실을 방지하기 위하여 안전진단전문기관의 정밀안전진단 실시결과를 평가할 수 있도록 하고,[159] 시설물의 정밀안전진단을 성실하게 실시하지 아니함으로써 공중의 안전에 위험을 발생시킬 우려가 있다고 인정되는 경우 등에는 건설교통부장관이 그 정밀안전진단의 실시결과에 대한 평가를 할 수 있도록 하는 등의 정밀안전진단의 실시결과에 대한 평가대상 등을 정하고 있다.[160]

아. 공중의 안전 확보를 위한 벌칙 강화

정부는 삼풍백화점 붕괴사고를 계기로 공중의 안전을 확보하고 건설공사의 질적 향상을 도모하기 위하여 건설공사의 책임감리 또는 설계 등의 용역업무, 시설물에 대한 안전점검·정밀안전진단과 유지관리를 실시하지 아니하거나 성실하게 수행하지 아니한 자에 대한 처벌을 고의에 의한 경우와 업무상의 과실에 의한 경우로 구분하여 정하고, 이로 인하여 사상자가 발생한 경우에는 형을 가중하도록 한바 있다.[161] 즉, 시설물의 주요부분에 손괴를 야기하거나 시장·군수·구청장의 사용제한조치 등을 이행하지 아니함에 따라 공중에 위험을 발생하게 한 자는 10년 이하의 징역에 처하고, 사람을 사상에 이르게 한 자는 무기 또는 3년 이상의 징역에 처하도록 하며, 업무상 과실로 시설물의 주요부분에 손괴 등을 야기하여 공중에 위험을 발생하게 한 자는 5년 이하의 징역이나 금고 또는 5천만원 이하의 벌금에 처하고, 사람을 사상에 이르게 한 자는 10년 이하의 징역이나 금고 또는 1억 원 이하의 벌금에 처하도록 한바 있다. 또한 양벌규정으로써 법인의 대표자, 법인 또는 개인의 대리인·사용인 등이 위반행위를 한 때에는 행위자를 벌하는 외에 법인 또는 개인에 대하여도 최고 10억 원의 벌금에 처하도록 하는 등의 벌칙을 강화하고 있다.

시특법에 의거하여 정밀안전진단을 실시하지 아니하거나 성실하게 수행하지 아니한

158) 시특법, 신설 2002. 1. 14

159) 시특법, 신설 2002. 1. 14

160) 시특법 영, 신설 2002. 9. 6

161) 건기법 · 건축법 · 시특법, 1995.12.30

자는 1억원 이하의 과태료를 과하고, 감리보고서·설계도서 또는 시설물관리대장 등의 관계서류를 보존하지 아니한 자는 2년 이하의 징역 또는 2천만원 이하의 벌금에 처하도록 개정하고 있다. 또한, 안전 및 유지관리계획을 수립하지 아니한 자, 안전점검을 실시하지 아니하거나 성실하게 수행하지 아니한 자, 감리보고서·설계도서 또는 시설물관리대장 등의 관계서류를 제출하지 아니한 자 등에게는 300만 원이하의 과태료를 과하도록 개정하고 있다.[162] 다른 사람에게 자기의 성명 또는 상호를 사용하여 안전점검 또는 정밀안전진단업무를 수행하게 하거나 안전진단전문기관지정서를 대여한 안전진단전문기관을 처벌할 수 있도록 벌칙을 신설한바 있다.[163]

3) 제도개선의 성과

가. 국가재난·시설물 안전관리체계 확립

삼풍백화점 붕괴사고는 당시에 시행 초기단계에 있던 시설물의 안전관리에 관한 특별법이 조기에 정착할 수 있는 계기를 제공한바 있다. 이법의 적용대상에서 제외 되었던 다중이용건축물이 추가되어 제도적으로는 삼풍백화점과 같은 다중이용건축물에 대한 정기점검이 연중 주기적으로 실시되었는바, 이로서 삼풍백화점의 경우와 같이 붕괴직전에 드러난 위험징후에 대한 오판의 여지를 상당히 축소시킬 수 있었다고 본다. 또한 건축물에 대한 안전점검과 정밀안전진단의 필요성과 중요성이 당시에 국민들 사이에 크게 확산되었으며, 점검·진단의 상태 및 안전성평가결과에 따른 등급판정이 사고 직후에 처음으로 시도되었고, 이 평가등급 판정은 초기에는 주관적인 평가에 의존하던 것을 그동안에 꾸준한 연구개발 결과 최근에는 매우 발전된 객관적인 평가방법을 적용하고 있다. 이와 같이 삼풍백화점의 붕괴사고는 점검·진단기술의 조기정착과 기술발전의 촉매역할을 하였고,

162) 시특법, 개정 2002. 1. 14.

163) 시특법, 개정 1999. 1. 29

그 결과로 현재의 시설물 안전관리체계와 점검·진단기술은 국가 주요시설물의 안전 확보에 크게 기여하고 있다고 본다.

삼풍백화점 붕괴사고 이후 지금까지 새롭게 달라진 제도는 먼저 각종의 재난으로부터 국토를 보존하고 국민의 생명과 신체 및 재산을 보호하기 위하여 국가 및 지방자치단체의 재난에 대한 대응관리체계를 확립하고, 각 부처에 분산되어 있는 안전관리업무에 대한 총괄조정 기능과 재난의 예방·대비·대응·복구 및 긴급구조 등에 관하여 필요한 사항을 규정하고 있는 '재난 및 안전관리 기본법' 이다. 원래 이법은 삼풍백화점 붕괴사고 직후에 제정된 '재난관리법' 의 운영상 문제점을 개선·보완하여 발전시킨 법이다. 이법의 적용대상은 화재·폭발·붕괴 등의 재난사고와 자연재해 그리고 에너지·통신 등 국가기반체계의 마비 등으로 인한 피해를 포함한 모든 사고로 정의하고 있다. 이 법에서 규정하고 있는 주요내용을 살펴보면 다음과 같다.

- 국무총리를 위원장으로 중앙안전관리위원회는 안전관리에 관한 중요정책을 심의 및 총괄·조정 한다.
- 대규모 재난의 예방·대비·대응·복구 등에 관한 사항의 총괄·조정업무를 수행하기 위하여 행정자치부에 중앙재난안전대책본부를 설치하고, 주무부처에는 중앙사고수습본부를 설치하도록 한다.
- 국무총리는 중앙행정기관의 장이 제출한 안전관리업무에 관한 기본계획을 종합하여 국가안전관리기본계획을 수립하고, 중앙행정기관의 장은 소관사항에 관한 집행계획을 수립하며, 시·도지사 및 시장·군수·구청장은 해당 시·도 및 시·군·구의 안전관리업무에 관한 계획을 수립한다.
- 재난관리책임기관의 장은 재난발생의 위험이 높거나 재난예방을 위하여 「특정관리대상시설」[164] 을 지정·관리 및 정비하고, 재난발생위험제거를 위한 장·단기계획을 수립하며, 안전점검 또는 정밀안전진단을 실시한다.
- 소방방재청과 행정기관인 재난관리책임기관의 장은 재난의 발생이 우려되는 등의

164) 특정관리대상시설 : 태풍, 폭우, 지진 등의 자연재난의 위험이 높거나 우려되는 시설, 주요구조부의 노후 또는 결함으로 보수·보강 등의 정비가 필요한 시설, 기타 재난예방을 위해 필요하다고 인정하는 시설

사유가 있는 때에는 소속 공무원으로 하여금 긴급안전점검을 실시하게 할 수 있다.

- 대통령은 재난의 발생으로 국가의 안녕 및 사회질서 유지에 중대한 영향을 미치거나 재난으로 인한 피해의 수습·복구를 위하여 특별한 조치가 필요한 지역을 특별재난지역으로 선포할 수 있도록 하고, 국가 및 지방자치단체는 특별재난지역으로 선포된 지역에 대하여 행정·재정·금융 의료상의 특별지원을 할 수 있도록 한다.
- 시·도지사, 시장·군수·구청장 및 긴급구조기관의 장은 관할 구역 안의 유지기관과 합동으로 정기 또는 수시로 재난대비훈련을 실시하도록 한다.
- 국가는 국민과 지방자치단체가 자기의 책임과 노력으로 재난에 대비할 수 있도록 재난관련 보험 또는 공제를 개발·보급하기 위하여 노력하도록 한다.

다음은 지난 2004년 6월 1일 설립된 '소방방재청' 이다. 소방방재청은 우리나라의 재난관련 업무를 총괄조정 기능을 담당하고 있으며, 그 설립목적은 다음과 같다.

첫째, 재난관련 업무체제의 일원화를 통한 정책심의 및 총괄조정 기능 강화

둘째, 재난예방에 대한 인식제고 및 예방투자 강화

셋째, 구조·구급 및 현장수습 등 현장대응 체제 강화

넷째, 자치단체의 재난관리기능 및 민관 협조체제 강화

다섯째, 안전의식 제고를 위한 대국민 홍보 및 예방활동체제 확립

이로서 국가 및 지방자치단체의 재난 및 안전관리체제가 확립되고, 비용이 아닌 투자의 개념으로 안전 및 재난예방을 위한 사업에 투자를 확대할 수 있게 되었으며, 재난·재해에 대한 현장중심의 대응체제를 강화하고 끝으로 안전문화 운동을 항시적으로 실시할 수 있게 된 것이다.

나. 건설공사의 안전성 확보를 위한 기본체계 확립

지난 10년간에 걸쳐 정부와 건설 산업계가 지속적으로 추진해온 제도개선의 지향목표는 과거에 값비싼 대가를 치루며 경험한 각종의 사건·사고를 통해 얻은 자기반성과 체험적인 교훈으로부터 도출된 부실공사의 방지와 건설공사의 품질향상, 유지관리를 통한

시설물의 성능유지 및 향상 등의 건설공사의 안전성 확보이다. 정부의 안전관리 종합대책에서 밝히고 있는 바와 같이, 건설공사의 안전성 확보는 건설생산절차의 투명성 확보와 발주청의 책임관리체계 구축, 품질제고 및 성능의 확보 및 전문기술이 우선하는 체계의 확립을 통해 이루어진다.

이런 지향목표 아래 추신해온 제도개선의 성과를 한마디로 요약해 보면, 그것은 바로 건설기술관리법에서 건설생산절차인 건설공사의 시행과정을 계획(기획)·설계·시공·감리·유지·관리 등의 단계로 구분하고, 공공건설공사의 발주청이 시행할 각 단계별 책임이행 내용[165]과 방법을 구체적으로 규정하여 생산절차의 투명성 확보와 발주청의 책임관리체계 구축, 품질제고 및 성능의 확보 및 전문기술이 우선하는 체계의 확립을 통해 건설공사의 안전성 확보를 위한 기본틀을 구축하였다는 성과이다. 현재 이 제도가 운영된지 얼마 되지 않아 아직은 건설공사의 안전성 확보를 완벽하게 실현할 수 있는 단계는 아니지만 과거에 발주청이 책임의식이 불명확함에 따라 건설생산절차가 불투명하여 시행착오와 예산낭비 그리고 온갖 유혹과 의혹에 휘말릴 수 있었던 것에 비하면 크게 진일보한 성과라 할 수 있다.

다. 건축구조설계기준 통합[166]

종전에는 고시 및 훈령 등 19종으로 세분된 각종 건축구조관련 설계기준을 적용하여 설계에 직접 적용하는데 불편하고, 발전된 기술을 기준에 반영하는데 어려워 기술의 발전속도에 뒤떨어진 문제점이 있어왔다. 이런 문제점을 전반적으로 개선하여 건설기술 환경변화에 신속하게 대응해서 기준으로 수용할 수 있도록 각종 설계기준을 단일화하여 「건축구조설계기준」으로 통합하고, 단위체계를 국제규격(ISO)에 맞추어 국제단위체계(SI)로 조정하는 등 건축물의 구조안전 설계기준을 합리적으로 개정하였다. 이는 건축물의 구조안전성 확보를 위한 기술기준의 표준화에 한 걸음 더 진일보한 성과이다.

165) 기본구상, 타당성조사, 기본계획수립, 기본설계, 실시설계(측량, 지반조사), 설계의 경제성검토, 시공상태 점검관리, 공사관리, 준공보고서작성, 공사참여자 실명관리, 사후평가, 유지관리

166) 건축구조설계기준, 전부개정 2005. 4. 6

라. 사고 예방에 대한 기여효과

이절에서는 지난 10년간 추진해온 제도개선 성과가 삼풍백화점 붕괴사고에서 드러난 사고원인을 재조명한 결과로 도출된 제도상의 문제점을 어느 정도 해소하고 유사 사고를 예방하는데 얼마만큼 기여하고 있는가, 그리고 아직도 미흡한 점이 있다면 그것이 과연 무엇인지를 살펴보기로 한다.

(1) 기획·관리 분야

▪ 문제점

건축주의 일방적이고 무모한 기획·관리

– 건축주가 궁극 목표를 숨긴 채, 변칙 절차로 건축허가·승인 받음

*건축주의 궁극 목표 : 백화점(지하 4층, 지상 5층)

*건축허가당시의 기본계획 : 일반상가(지하 4층, 지상 4층)

– 설계변경 신청 시, 기술적인 검토나 정상적인 시공 등의 관리를 간과

앞에서 기술한 바와 같이, 건설 분야의 안전관리 종합대책에 대한 정부의 기본방향은 건설공사의 부실을 방지하고 건설공사의 안전성을 확보하는 것이었다. 이를 위해서 건설생산절차의 투명화와 발주자의 책임관리구축, 품질제고 및 성능의 확보 및 전문기술이 우선하는 체계의 확립을 당면과제로 제도개선을 추진한 결과, 건설생산절차를 건설공사의 시행과정으로 규정하고 공공건설공사의 발주청이 책임이행 할 내용과 방법을 구체적으로 정함으로써 건설공사의 안전성 확보를 위한 제도적 장치의 기본 틀이 마련되었다는 것이다. 물론 이 제도적 장치가 마련되었다고 해서 완벽한 효과가 당장에 나타나지는 않겠지만, 앞으로 이 제도를 운영해가면서 보완하여 발전시킨다면 멀지 않은 장래에 반드시 기대하는 실효를 거둘 수 있으리라고 본다. 다시 말하자면, 발주자가 궁극적으로 추구하는 목표를 숨긴 채 불투명하고 일방적이며 무모할 정도로 밀어붙이기 식의 기획과 관리가 이제

는 쉽게 통할 수 없게 된 것이라는 판단이다.

그렇지만 이 제도적 장치는 공공건설공사에 적용되고 있는 것으로서 민간건축공사의 경우에는 아직 적용되지 않고 있다. 따라서 민간건축공사에도 이에 준하는 제도적인 장치가 필요하다.

■ 문제점

건축공사의 전문적인 기획·관리 대행자가 부재(不在)

– 건축사가 대행, 자문, 상담으로 건축기획·관리를 진행하는 것이 관행

– 설계자, 건축주에게 무량판구조의 특성을 대해 설득시키는데 실패

*건축주, 무량판구조의 경제적 이익만을 집착, 구조적 취약성 간과

*설계자, 무량판구조의 정밀 설계·시공에 대해 몰이해, 설명 소홀

건설 산업의 선진화와 건설공사의 품질향상을 도모하기 위해서 대규모공사의 경우에 발주자를 대신해 건설공사의 기획, 설계, 시공, 감리, 사후관리 등 업무의 전부 또는 일부를 전문가로 구성된 업체나 단체로 하여금 종합적으로 조정·관리할 수 있는 건설사업관리 제도를 도입하고 있다. 현재 민간건축공사의 경우에는 아직은 그 활용도가 낮을 뿐으로 언제라도 민간건축주의 의지만 있다면 곧바로 이 제도를 활용할 수 있다.

또한 공공건설공사의 경우에는 부실공사 방지와 공사의 효율성제고 그리고 경제성을 확보하기 위하여 발주청이 설계의 경제성 검토, 설계감리[167], 설계 등 용역 및 시공평가 설계 등 용역 및 시공평가[168][169], 사후평가[170]를 시행하도록 하는 제도적 장치를 마련하고 있다.

건축공사에서도 이 두 제도를 제대로 활용한다면 전문지식이 없는 민간건축주를 대신해서 전문가가 건축공사의 전 과정을 기획·관리할 수 있고, 설계 등의 용역의 결과에 대한 평가를 할 수 있음으로 건축주의 무리한 요구를 반영한 부실을 방지할 수 있을 것이다. 다

167) 설계감리 : 시특법 1종 시설물, 신기술·신공법 공사, 발주청 필요시

168) 설계등 용역 및 시공평가 : 용역 계약금액 1억5천만 원이상 기본설계 및 실시설계

169) 기본설계 평가 실시설계 완료시, 실시설계?시공 평가 건설공사 완료시

170) 사후평가 : 총공사비 500억 원 이상의 건설공사 완료 시

만, 문제는 민간 건축공사의 경우에는 이런 제도를 적극적으로 활용하도록 하는 제도적 장치가 미흡함으로 이에 대한 보완이 필요하다.

그리고 설계, 감리, 조사, 건설사업관리 등의 용역업자가 계약의 이행과정에서 고의 또는 과실로 용역의 목적물이나 제 3자에게 손해를 입혔을 경우에 해당하는 손해배상 담보에 대해 보험 또는 공제에 가입하게 하고, 그 가입비용은 발주청의 용역비에 계상하도록 하여 용역업자의 배상부담을 해소하고 있다. 이 제도도 역시 공공건설공사에서 적용하고 있는 것으로 민간건축공사에도 적극 도입할 필요가 있다.

(2) 설계 분야

▪ 문제점

건축 관계전문가의 협력이 부족한 건축설계

- 설계자와 구조계산자 의사교류 실패, 구조계산서와 구조설계 상이
  - *건축허가신청, 기본설계도서에 구조계산서 및 구조도면 불필요
  - *착공신청, 세부 설계도서의 기둥배치, 공간배치, 설비 변경 등에 대한 구조계산, 검토 불필요
- 착공 전까지 시공설계도면 미확정, 시공 설계도면 종합검토 생략
- 골조완공 시기의 용도변경·증축 변경설계 시에 종합적인 구조안전 검토를 간과
  - *시설, 설비의 대폭증설에 따른 추가하중, 구조부재 훼손 등에 무관심

다중이용건축물은 구조안전을 확인하도록 추가하고, 건축허가 시에는 지방건축위원회의 심의를 받도록 하여 안전을 강화하였다. 여기서 구조안전 확인은 건축구조기술사 등이 건축구조설계기준에 따라 구조계산을 실시하여 이행하도록 하였다. 또한, 구조안전을 확인해야 하는 경우에는 구조설계도서에 설계자와 구조계산자가 공동으로 서명·날인 하도록 하고 있다.

또한, 지진에 대비하여 구조안전을 확인하는 대상 중에 판매시설은 종전의 연면적 1만m^2 이상에서 5천m^2 이상으로, 아파트는 6층 이상에서 5층 이상으로, 숙박·오피스텔·기숙사는 6층 이상에서 5층 이상으로 확대하였고, 그리고 15층 이상의 아파트의 경우에는

중요도가 '1'에서 '특'으로 상향조정되어 강화된 내진기준을 적용하고 있다.

이와 같이, 건축구조안전 확보기준은 강화되었지만 이를 검증·확인하는 장치는 종전과 변함이 없는 관계로 그 실효성이 그만큼 떨어지고 있다. 따라서 이 부분은 허가·승인 등의 건축행정 절차와 연계해서 종합적으로 부완할 필요가 있다.

(3) 시공·감리 분야

▪ 문제점

정상적인 시공의 실패

- 상주감리도 없고, 무량판구조의 기초지식 없이 시공, 부재치수 불안정, 철근배근 및 콘크리트 시공불량이 자행됨
- 설계변경 공사 중, 주요구조부재 무단 절단 및 훼손, 설계하중 초과 등 부실이 만연, 상주감리는 무지·무관심으로 일관

건설공사의 품질관리 분야에서 건설교통부장관은 설계와 건설자재 및 시공방법을 표준화하고, 이를 촉진시키기 위해 설계자와 생산업자 및 건설업자에게 시험생산 또는 시험시공 등을 권고할 수 있도록 하였으며, 철강구조물의 품질보증을 위해 철강구조물제작공장의 공장 인증제를 도입하여 교량과 건축 등의 분야별로 등급화(1급~4급)하는 제도적 장치를 마련하여 시행하고 있다. 또한 건설공사를 계약할 때에는 공사비에 품질관리비용과 안전관리비용을 계상하도록 하고 있으며, 주요 대형공사의 경우에는 품질보증계획을 수립하도록 의무화[171]하고 있다.

또한, 건설교통부장관은 부실공사를 방지하기 위해 총공사비 100억 원 이상의 건설공사와 연면적 1만m^2 이상인 건축공사에 대하여 현장조사·점검을 실시할 수 있도록 하고 있다. 일정규모 이상의 건설공사[172]에 대해서 건설업자 등은 안전관리계획을 수립하고, 안전관리계획서에 따라 안전점검을 시행하며, 건설업자가 안전진단전문기관 등에 안전점검

171) 적용 대상 : 500억 원 이상 공항, 댐, 고속도로, 항만, 철도 등의 건설공사, 연면적 3만m^2 이상인 다중이용건축물의 건설공사

을 의뢰하는 경우에는 발주자와 사전협의를 하도록 하고 있다. 안전점검을 수행한자는 실시결과를 공사자, 발주자 및 행정기관장에게 제출하고, 공사자는 준공단계에 안전점검종합보고서를 작성하여 발주자에게 제출하며, 발주자는 이 보고서를 한국시설안전기술공단에 제출하도록 하고 있다.

감리분야에서는 다중이용건축물은 감리전문회사에 의한 책임감리수준이상[173]으로 공사감리를 강화하였으며, 감리자는 중간감리보고서와 감리완료보고서를 작성하여 건축주에게 제출하고, 건축주는 사용승인 시청 시에 허가권자에게 제출하도록 하고 있다. 또한 책임감리 대상이 아닌 중소규모의 건설공사에 대해서는 검측감리 및 시공감리제도를 도입하여 설계도서 및 관계법령 대로 시공되는지 여부를 확인하고 시공·안전 등에 대하여 기술지도를 하도록 하고 있다.

건축물의 공사감리의 업무가 건축·구조·마감·설비 등으로 세분화 되어 있지 않아 합리적인 감리원의 배치가 곤란하고, 건축주의 선택권이 없으며, 또한 책임과 권한의 한계가 불명확하다. 또한, 현행 제도에서는 건축·소방·전기·통신·가스등으로 분리하여 각 개별법에 의해서 감리를 시행하고 있어 각 감리업무를 종합하고 조정하는 등의 총괄할 수 있는 장치가 없어 각 감리업무 영역 간에 상호 연계성이 떨어져 전체 건축물의 부실이 우려되고 있다. 따라서 이에 대한 적극적인 검토와 보완이 필요하다.

이상과 같이, 시공·감리 분야에 대한 제도적인 장치는 완벽하지는 않지만 어느 정도 기틀을 마련하고 있다.

(4) 안전 및 유지관리 분야

▪ 문제점

안전 및 유지관리의 부재(不在)

- 붕괴 5년 전부터 계속된 누수, 균열, 처짐 현상을 묵살
- 구조계산 미 반영된 중량물 냉각탑 설치 및 무단 이설
- 무분별한 용도변경·증축 반복, 중량 마감·장식 등 하중초과
- 붕괴 직전의 위험징후 판단미숙, 긴급안전조치 결여

– 건축구조에 대한 막연한 맹신, 안전의식 미약, 유지관리 소홀

시특법의 적용대상에 건축물 연면적 5천m^2 이상인 다중이용시설물을 추가하고, 연면적이 5천m^2 미만인 다중이용시설물도 시장·군수·구청장이 안전관리에 필요하다고 인정하는 경우에는 이를 대상시설물로 지정할 수 있도록 하였다. 또한 재해 및 재난 사고우려가 있는 지하차도·지하도상가도 대상으로 추가하였으며, 재난관리법의 관리대상 시설물로서 공중의 안전을 위해 필요시에 관계중앙행정기관 장 등이 직권으로 2종 시설물로 지정할 수 있도록 하고 있다.

또한 건교부장관은 5년마다 안전 및 유지관리 기본계획을 수립하여 관리주체가 시설물을 안전하게 유지관리 할 수 있도록 하고 있다. 민간시설물인 경우에 민간관리주체는 매년마다 안전·유지관리계획서를 시장·군수 또는 구청장에게 제출하고, 시장 등은 이를 매년 3월 31일까지 시·도지사에게 제출, 시·도지사는 이를 매년 4월 15일까지 건교부장관에게 통보하도록 하여 안전 및 유지관리의 실효성을 확보하고 있다.

다중이용건축물의 경우에 관리주체는 주기적으로 안전점검[174]을 실시하도록 하고 있다. 또한, 민간관리주체가 부도 등으로 불가피하게 안전점검을 실시하지 아니한 경우에는 관할 시장·군수· 구청장이 안전점검을 대신해서 실시할 수 있도록 하여 안전관리를 강화하고 있다.

안전점검·진단결과 중대결함이 발생한 경우에는 관리주체·점검자가 관할행정기관에 즉시 통보하여야 하고, 관리주체는 중대한 결함에 대해 보수·보강을 2년 내에 착수하고, 3년 내에 완료하여야 한다. 그리고 관리주체는 보수·보강이 완료된 후에 관할행정기관에

172) 대상 : 시특법 1, 2종 시설물 건설공사, 지하10m이상 굴착 또는 폭발물 사용공사 영향권 내에 시설물(20m)이나 양육가축(100m)이 존재하는 건설공사, 건설공사 계약에 품질보증계획 수립이 명시된 건설공사, 기타 허가·인가·승인 등을 한 행정기관의 장이 필요하다고 인정하는 건설공사

173) 전면책임감리 대상 : 총공사비 100억 원 이상의 공항, 댐, 고속도로, 항만, 철도 등의 건설공사, 책임감리 대상 : 총공사비 100억 원 이상의 건설공사

174) 정기점검 반기마다 1회 이상, 정밀점검 3년마다 1회 이상 실시

통보하여야 하고, 관할 행정기관장은 현장점검을 할 수 있도록 하고 있다.

또한, '시특법'에 의거하여 정밀안전진단을 실시하지 아니하거나 성실하게 수행하지 아니한 자에게는 1억원 이하의 과태료를 과하고, 감리보고서·설계도서 또는 시설물관리대장 등의 관계서류를 보존하지 아니한 자는 2년 이하의 징역 또는 2천만원 이하의 벌금에 처하도록 하고 있다. 또한, 안전 및 유지관리계획을 수립하지 아니한 자, 안전점검을 실시하지 아니하거나 성실하게 수행하지 아니한 자, 감리보고서·설계도서 또는 시설물관리대장 등의 관계서류를 제출하지 아니한 자 등에게는 300만 원이하의 과태료를 과하도록 하고 있다.

건교부장관 및 주무부처 장은 실태점검을 실시할 수 있으며, 사고가 발생한 경우에는 전문가에 의뢰하여 사고조사를 실시할 수 있도록 하고 있다. 또한, 정밀안전진단의 부실방지를 위해 안전진단전문기관이 실시한 정밀안전진단 결과에 대하여 평가할 수 있도록 하고 있다.

이와 같이 현행의 시설물안전관리 대상 건축물의 경우에는 주기적인 안전점검과 안전조치 이행의무 등의 안전관리에 관한 제도적 장치가 마련되어 있음으로, 현행제도 상으로는 삼풍백화점 붕괴사고와 같이 붕괴징후에 대한 판단 미숙과 안전조치 결함에 의한 재발은 억제할 수 있을 것으로 본다. 다만, 이러한 제도를 관리주체와 점검·진단자 그리고 관계공무원 등이 얼마나 성실하게 이행하느냐가 관건이다. 이를 위해서는 사회 전반에 걸쳐 안전문화가 정착할 수 있도록 대국민에 대한 교육과 홍보가 필요하다.

(5) 건축행정절차

■ 문제점

건축행정절차 상의 하자

– 허가·승인 등 과정, 구조계산서와 구조설계도면 비교·확인 실패

 * 허가신청, 기본설계도면 불충분

 * 담당공무원의 전문인력 부족

 * 건축심의, 상세 구조검토 역부족

– 사용검사, 서류위주 검토, 상주감리에게 일임

건축허가 시에 다중이용건축물은 구조안전, 피난, 소방에 관한 사항에 대하여 지방건

축위원회의 심의를 받도록 하고 있으며, 16층 이상 또는 3만㎡이상인 다중이용건축물은 조례에 따라 시·도의 지방건축위원회의 심의를 받아야 하고, 21층 이상 또는 10만㎡이상인 건축물은 시·도지사의 건축허가 사전승인을 받도록 허가요건을 강화하고 있다. 건축공사의 부실을 방지하기 위하여 건축현장의 조사·검사 및 확인결과를 허위로 보고한 건축사에게 2년 이하 징역, 2천만 원 이하의 벌금에 처할 수 있도록 벌칙을 강화하고 있다.

이와 같이 건축허가 요건을 강화 하였지만 삼풍백화점의 경우에서 드러난 건축허가나 승인 과정에서 건축주가 제출하는 기본설계도서에는 구조계산서 및 구조설계도가 불충분하여 담당공무원이나 건축위원이 구조안전의 확보 여부를 상세하게 비교 검토하기 곤란하고, 뿐만 아니라 건축허가 담당공무원의 전문인력 부족함으로 구조검토는 현실적으로 매우 힘든 실정이다. 또한 착공신청 시에 제출하는 세부 실시설계도면에 대한 검토과정이 없어 구조검토가 어려운 것이 문제점으로 남아 있다.

또한 사용승인 검사에서도 현행 제도에 의하면 건축허가과정과 마찬가지로 허가권자가 현장조사·확인을 통한 구조안전에 대한 상세검토가 현실적으로 어렵다.

따라서 이에 대한 충분한 검토와 보완이 필요하다.

마지막으로 공중의 안전 확보를 위하여 벌칙을 강화한 내용[175]은 삼풍 사고가 엄청난 사상자를 냈던 관계로 당시에 특단의 조치로서 내려진 점은 이해가 가나, 너무 과중한 감이 든다. 이런 중형처벌은 단기적으로는 효과가 있어 보이지만, 사고예방 차원에서 볼 때, 건축공사에서 실패한 결과에 대한 처벌로써 얻는 예방효과보다 실패를 억제할 수 있는 제도적 장치로써 얻는 효과가 더 클 것으로 생각된다. 이것은 '두려워서 뛰는 사람보다 육상경기장에서 뛰는 선수가 더 빠르다.' 는 것과 같다. 따라서 이들 강화된 벌칙들은 다른 법령에 의한 형벌과 형평성을 고려해 볼 필요가 있다고 본다.

마. 남겨진 과제

175) 설계, 감리, 점검·진단, 시공 등의 건축 관련자로서 시설물 손괴야기, 시장 등의 사용제한조치 불이행으로 공중에 위험을 발생하게 한 자는 10년 이하의 징역, 사람을 사상케 한 자는 무기 또는 3년 이상의 징역, 업무상과실로 공중에 위험을 발생하게 한 자는 5년 이하의 징역 또는 금고 또는 5천만 원 이하의 벌금, 사람을 사상케 한 자는 10년 이하 징역 또는 금고 또는 1억 원 이하의 벌금

전 4)항에서 살펴본 바와 같이, 사고예방을 위해 제도 상 아직도 미흡한 점을 정리해 보면 다음과 같다.

(1) 기획·관리 분야

가) 민간건축의 책임과 이행의무 규정 정비

발주자가 궁극적으로 추구하는 목표를 숨긴 채 불투명하고 일방적이며 무모할 정도로 밀어붙이기 식의 기획과 관리하는 폐단을 방지하기 위해서는 건축공사의 경우에도 공공건설공사와 동등한 수준에서 발주자/건축주의 책임과 이행 내용 및 방법에 관한 구체적인 규정이 필요하다.

나) 건축공사의 전문 기획·관리제의 활성화

전문지식이 없는 민간건축주의 무리한 요구로 야기되는 부실을 방지하기 위하여건축주를 대신해서 전문가가 건축공사의 전 과정을 기획과 관리할 수 있는 현행의 건설사업관리제를 활성화하는 제도적 장치가 필요하다. 공공건설공사와 동등한 수준에서 발주자/건축주가 시행하는 설계 등의 용역의 결과에 대한 평가제와 용역업자의 손해배상보험제를 적극 도입할 필요가 있다.

(2) 설계 분야

설계분야의 설계자와 건축 관계전문가의 협업과 관련하여 상호 책임 소관과 권한을 명확히 하기 위하여 참여자들의 책임과 이행의 상세 내용과 방법을 구체적으로 정하는 방안이 필요하다. 건축구조안전 확보를 위한 검증·확인하는 장치는 종전과 변함이 없는 관계로 그 실효성이 그만큼 떨어지고 있다. 따라서 이 부분은 허가·승인 등의 건축행정 절차와 연계해서 종합적으로 보완할 필요가 있다.

(3) 시공/감리 분야

건축공사에서 토공사, 골조공사, 마감공사, 설비공사 등의 각 공종의 특성을 고려해 감리원의 배치에 관한 사항과 감리의 총괄기능에 대하여 구체적으로 검토하고 정비할 필요가 있다.

(4) 유지관리 분야

현행 제도의 실효성 제고를 위하여 관리주체와 점검·진단자 그리고 관계공무원 등을 대상으로 위험징후 판단요령과 같은 실무위주의 기술과 시설물에 관련한 안전상식 등을 내용으로 하는 교육을 활성화할 제도적인 장치와 사회 전반에 걸쳐 안전문화가 정착할 수 있도록 대국민에 대한 교육과 홍보 방안의 마련이 필요하다.

(5) 건축행정 분야

건축허가·승인·심의 등에 필요한 건축구조안전 확보에 관한 제출도서 및 이를 검토·확인하는 주체와 절차 등의 전반에 걸쳐 정비가 필요하다.

4. 향후 안전관리 제도의 개선방안

1) 건설 산업의 발전단계

우리가 당면하고 있는 건설 환경은 내적으로 사회의 전반에 걸쳐 드리워진 경기침체라고 하는 현실문제와 외적으로는 건설시장의 전면 개방에 따른 국제경쟁체제 요구의 가속화 등으로 복잡하고 어려워질 전망이다. 이러한 복합적인 난제를 풀기 위한 해법 중의 하나는 현시점에서 우리의 건설 산업이 지금까지 겪어온 과정을 이해하고 앞으로 나아가야 할 지향점을 찾아보는 일이라 할 수 있다. 건설 산업의 발전단계는 사회발전에 따라 기능 확보단계, 생산성 확보단계, 안정사회 구축단계로 나누어 생각할 수 있다.[176]

가. 기능 확보단계

기능 확보단계에서의 건설은 고도 경제성장에 필요한 시설물을 저렴하고 가장 빠르게

176) 박홍신 ; '안전진단결과로 본 견실시공 정책방향', '견실시공 정착을 위한 정책토론회', 한국건설기술연구원·대한건설협회· 한국시설안전기술공단, 건설교통부, 1996. 12.

그리고 최대한 대량으로 공급하는데 관심이 집중되기 마련이다. 이 단계에는 시설물의 기본적인 기능만을 확보하면 된다는 차원이 강함으로 건설의 질적인 수준이 떨어질 수밖에 없다. 이 단계의 건설관리는 품질 면에서 질적인 것보다 양적인 결과를 중시하게 되며 규범도 획일적인 표준화가 유효하게 인식되어 양적인 판단기준에 따른 인·허가나 제재· 검사 등의 양적인 규제 위주의 제도나 관리가 주도하게 된다. 또한, 이 단계의 건설기술의 관리는 고유기술이나 요소기술과 같은 하드웨어적 개발관리가 주류를 이루게 된다.

나. 생산성 확보단계

이 단계에서는 고도 경제성장 이후에 사회의 전반적인 요구가 고품질화, 대형화, 적시성, 경제성으로 변화됨에 따라 국제적인 경쟁력 강화와 생산성 향상을 지향하는 한편으로 건설공사의 전 과정에 걸쳐 건설관리가 매우 중요한 역할을 하게 된다. 생산성 확보를 위한 건설 산업관리는 생산과정에서 과학적인 관리기법을 도입하여 낭비와 오류를 근본적으로 없애는 방향으로 발전하게 된다. 즉, 이것은 종전의 잘못된 것을 제거하거나 수정하고 제재하는 규제 및 검사위주의 양적인 결과중심의 관리방식에서 벗어나 처음부터 올바르게 만들기 위한 과학적인 방법을 모색하는 사고방식으로 바뀌었음을 의미한다.(〈그림1〉참조)

기능 확보단계에서는 건설 산업관리가 표준적인 물량생산이란 일방적인 강요로 인하여 건설업의 종사자들에게 나타날 수 있는 무기력한 현상을 피하기 어렵지만, 생산성 확보단계에서는 종사자의 의욕이나 창의적인 개성을 중시하는 품질관리와 생산성 관리방법으로 발전하게 된다.

〈그림1〉 생산성확보 단계의 개념도

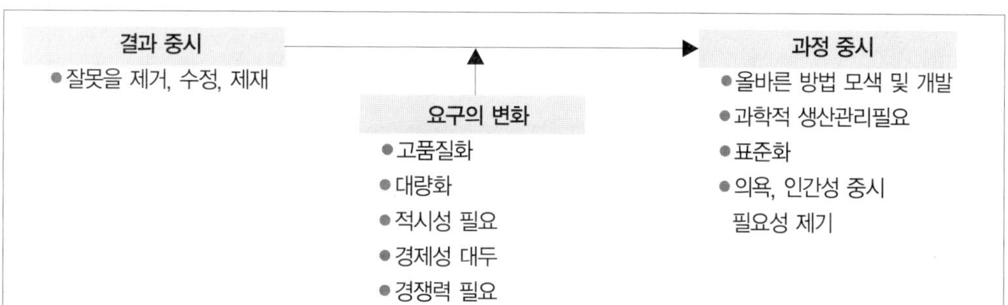

다. 안정사회 구축단계

생산성 확보단계에서는 어디까지나 발주자나 공사자 등의 공급자 중심의 관점에서 생산관리가 이루어지고 있지만, 안정사회에 접어들게 되면 건설관리는 이익고 사용자가 중심으로 바뀌게 된다. 이에 따라 시설물의 품질과 성능이나 기능이 '사용목적을 달성하기 위해 구비하여야 할 성질' 로 정의되고, 사용자의 기호·감각·사용편리도 및 사용방법, 안전성 등에 바탕을 둔 제 요구가 시설물의 양부(良否)를 결정하게 된다.

이 안정사회 구축단계에서의 건설 산업관리는 사용자의 요구를 충분히 이해하고 고려한 기획·설계와 시설물의 품질을 보증하기 위한 사후관리가 매우 중요하게 되며, 사용자의 불평이나 불만 및 불안(3불) 등의 시설물에 관한 정보를 건설공사 과정의 각 단계에 환류(Feedback)시켜 공사과정에서 있을 수 있는 불합리한 요소를 사전에 제거하여 앞으로의 재발을 방지하는 종합적인 관리기법이 주류가 된다. 이러한 측면에서, 안정사회 구축단계에서의 건설 산업은 발주자나 공사자가 인간존중을 제일로 배려하는 생각을 중심으로 사용자의 안전과 환경문제 등과 같이 제 3자에게 영향을 끼치는 모든 것까지를 생각해야 하므로 사용자의 참여가 전제되고 있다. 이 때의 건설 산업은 발주자, 공사자, 사용자가 공통으로 추구하는 양질의 시설물을 생산하고 사용단계에서 오래도록 시설물의 제 기능이 발휘될 수 있게 시설물의 구성요소들에 대한 성능회복이나 성능개량 등의 유지관리 활동을 포함하는 범위로 진화하게 된다. 그리고 건설 산업관리의 목표는 공급자와 사용자가 공동으로 지향하는 양질의 시설물을 통해 사용자는 안전하고 편리한 생활과 활동을 보장받고 공급자는 생산과 서비스제공 등에 대한 보상으로써 적정한 이윤을 보장받게 되는 합목적이 달성된 안정사회 구축이라는 것으로 변천하게 된다. 다시 말하자면, 이 단계에서의 건설 산업관리는 이제 단지 건설공사 관리차원 뿐만 아니라 시설물의 라이프싸이클(life-cycle)의 전 과정을 통한 경영전략으로 인식되어져야 한다.(〈그림2〉참조)

〈그림2〉 안정사회 구축단계의 개념도

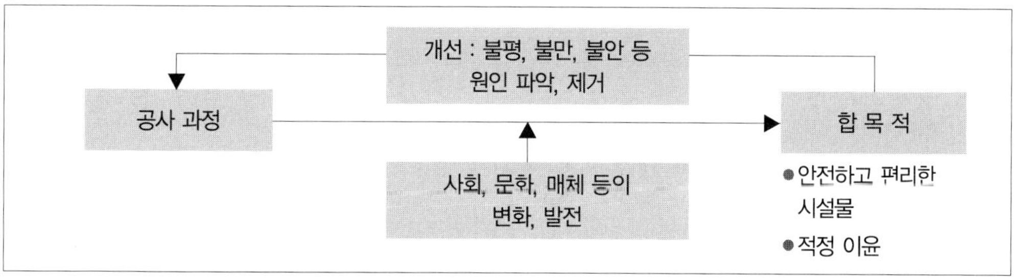

2) 건설 산업정책의 추이

대체로 초기의 건설 산업은 활발한 경제활동에 필요한 기간시설이 부족한 사회에서 부족한 시설물을 단기간에 대량공급하기 위한 건설이 활발해지고, 이 때의 건설 목표는 최소비용과 최단공기로서 많은 물량을 공급하는 것임으로 건설의 질적인 수준은 시설물이 구비해야할 기본적인 기능만을 확보하면 되겠지만, 다음 단계에서는 하드웨어(Hardware)적인 요소기술에서 점차로 종합적이고 소프트웨어(Software)적인 기술로 발전하게 되는 것이 일반적이다. 이러한 논거로 볼 때, 건설 산업정책의 방향도 〈그림3〉과 같이 변천하게 되는 것이 당연하다.

〈그림3〉 건설 산업정책방향의 변천도

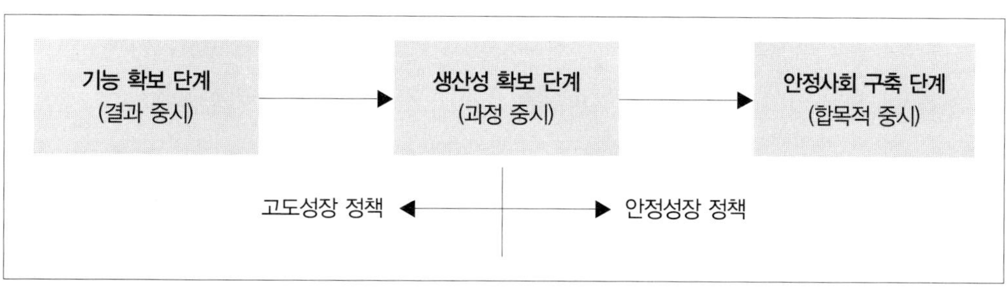

가. 고도 성장정책

건설 산업정책에서 고도 성장정책은 주로 시설물의 수요에 비하여 공급이 부족한 상황에서 산업·경제의 고도 성장과정에서 추진된다. 사회적인 요구에 태부족한 시설물량을 충족시키기 위해서는 품질과 기능이 최소한의 기대치를 갖도록 표준화되고 건설공사가 이 요건에 적합한 정도의 수준에서 이루어지도록 하기만 하면 된다. 이 때는 건설관리가 전적으로 발주자의 일방적 주도로 이루어지고 공사의 결과를 중시하여 양적인 규제나 검사에 의존할 수밖에 없다. 여기서 검사는 일정한 공종이 완성된 단계에서 잘·잘못을 가리는 것에 불과하고, 규제는 잘못된 것에 대한 제재효과 이외에는 기대가치가 없게 된다. 즉, 건설과정에서 검사에 의하여 잘못된 것으로 판정된 것은 엄밀한 의미에서 수정할 수 없으며, 제재를 한다 해서 잘못된 것이 올바른 것으로 바뀌지 않는다. 결국은 목표달성에 실패한 결과를 양산할 뿐이다. 단지 검사와 규제에 의미가 있다면, 그것은 다음 단계의 본보기와 같은 부수적인 효과뿐일 것이다. 부수적 효과로는 근본적으로 합리적인 관리를 기대할 수 없다. 그렇지만, 이 고도성장정책은 산업·경제사회의 요구수준에 비하여 기간시설이 크게 부족한 상황에서는 매우 큰 효과를 거둘 수 있다.

나. 안정성장 정책

기간시설이 확충되고 수요와 공급이 어느 정도로 균형을 이루게 되면, 건설 산업은 기능 확보단계에서 생산성 확보단계로 넘어가게 된다. 전술한 바와 같이, 생산성 확보단계에서의 건설 산업관리는 결과보다 과정중심이고 고유 및 요소기술 개발과 더불어 과학적인 관리기법이 이용되지 않으면 아니 된다. 이 단계의 건설 산업정책은, 고도성장정책과 같이 규제나 검사를 위주로 한 제도개선으로는 원하는 바의 목적달성을 기대할 수 없게 되고, 건설 공사단계에서 낭비나 오류를 최소화하기 위하여 처음부터 올바르게 수행할 수 있도록 기획관리하여 공정이 안정적으로 진행되는가를 확인관리하고, 다음 공정의 추진에 필요한 관리정보의 수집을 위한 수준에서 제도적 장치를 보완하여 마련하게 되는 것이다. 여기서 기획관리라 함은 요구되고 있는 시설물의 시기별 수요파악과 활용목적의 설정은 물론이고 각 고유·요소기술의 개발과 그 수요와 공급을 관리하고 이를 정보화하여 두는 일이다. 생산성 확보단계에서 필요한 제도는 요소기술의 개발을 육성하고 단계별 정보교류나 조정을 원활하게 하기 위한 관리체계와 관리기술을 보장할 수 있도록 하여야 한다.

더 나아가서 생산성을 더 높게 추구하다 보면, 건설 산업에서 보다 본질적인 목적과 가장 효율적인 방법을 찾게 되는데, 그것이 곧 전술한 바와 같이 사용자 중심의 안정사회 구축단계가 되는 것이다. 이 단계에서는 제공되는 시설물의 기능이 사회의 변화된 요구 속에서 안정적으로 유지되는 것이 필요하므로, 정책의 범위가 건설공사와 유지관리를 포함한 건설 산업의 라이프 싸이클 전반으로 확대되지 않으면 아니 된다. 따라서 이 때의 정책은 생산성 확보단계의 정책에 추가적으로 유지관리를 통하여 시설물에 관한 정보를 체계화하고 이것을 건설 공사단계의 기획정보로서 제공되도록 하기 위한 제도를 포함하고 있다. 이와 같이 건설 산업관리가 라이프 싸이클 전반에 걸쳐 체계화되고 안정적으로 이루어지도록 하는 것을 안정성장 정책이라 말할 수 있다.

지금까지 전개한 내용을 정리하여 보면, 건설 산업정책에서 고도성장 정책은 결과를 중심(공급자 중심)으로 한 관리측면을 강조하고 있어서 개선의 초점이 결과로 드러난 부실을 대상으로 재발을 방지하기 위한 대책 마련으로 집약된다 할 수 있으며, 안정성장 정책은 최종적인 합목적을 중심(사용자 중심)으로 하여 개선의 대상을 건설 산업의 라이프 싸이클 전반에 걸친 과정의 정보화 및 최적화에 두고 낭비나 오류를 제거하는 대안 마련을 핵심으로 하고 있다. 다시 말해서, 전자는 부실공사 방지 대책을 위한 환경개선 측면이고, 후자는 건설 산업의 질적 향상을 위한 환경조성이라 할 수 있을 것이다. 따라서 앞으로의 건설 산업의 정책방향은 안정성장 위주로 나가야 할 것이다.

3) 건축안전관리 제도의 개선 방안

여기서는 본 책자인 「삼풍사고의 교훈과 건설안전의 과제」의 주제발표 중에서 「삼풍백화점 붕괴사고의 사회적 교훈과 과제」와 「삼풍백화점 붕괴사고의 원인에 대한 재조명」에서 제시된 제안들을 필자의 시각에서 살펴보고, 이들 제안과 Ⅲ장에서 도출된 과제를 종합해 건축안전관리 제도의 개선 방안을 제시하고자 한다.

가. 사회적 과제[177]

삼풍백화점 붕괴사고의 원인은 건축학적으로는 부실공사이지만, 우리는 부실공사의 사회적 원인은 부실공사를 막기 위한 제도적 장치들이 제대로 작동하지 않았기 때문이다. 따라서 삼풍백화점 붕괴사고에 대해 한국 사회의 개혁이라는 관점에서 접근해야 한다. 그 과제는 크게 세 가지 차원으로 나누어 살펴볼 수 있다.

(1) 구조적 과제

사회 구조는 사회의 구성과 운영을 규정하는 기초와 뼈대를 뜻한다. 삼풍백화점 붕괴사고는 한국 사회의 구조가 대단히 취약하다는 것을 명확하게 보여주었다.

삼풍백화점 붕괴사고를 낳은 문제인 '총체적 부실' 은 단지 건축의 차원에만 한정되는 것이 아니라 한국사회 전반으로 확대되어야 한다. '총체적 부실' 의 산물이라는 점에서 보았을 때, 삼풍백화점의 붕괴는 사실상 '예고된 붕괴' 였다. 무엇보다 중요한 것은 부패와 부실의 연결고리를 개혁하는 것이다. 그러나 그 개혁은 사회 전반에 걸쳐 연결고리를 형성하게 된 근원적인 문제인 과거부터 지속되어온 일방적 성장제일주의를 타파하는데서 출발한다.

(2) 제도적 과제

이것은 크게 건설행정과 재난행정을 바로잡는 것과 관련된다. 먼저 건설행정은 설계, 시공, 감리에 관한 미비한 제도를 보완하는 것이다. 재난행정은 다시 방재행정과 구난행정으로 크게 나뉜다.

이러한 제도적 개혁의 과제는 삼풍백화점 붕괴사고 이후 지속적으로 이루어졌다. 그러나 제도는 그럴싸하게 만들었어도 현실은 그것과 따로 노는 것이다. 우리는 부패와 부실의 연결고리를 단호히 끊지 못하고 있고, 악화되는 자연조건에도 제대로 대응하지 못하고 있다. 무엇보다 전문가가 전문가로서 제 구실을 다 할 수 있도록 하고, 시민이 문제를 명확

177) 홍성태 ; '삼풍백화점 붕괴사고의 사회적 교훈과 과제' 중에서

하게 이해할 수 있도록 해야 한다. 이러한 방향으로 제도의 개혁이 이루어진다면, 그것은 구조의 개혁을 이끌어내고 문화의 개혁을 이룰 수 있다.

(3) 문화적 과제

한국 사회에 '안전 불감증' 의 문제가 있다는 것은 분명하다. '안전 불감증' 은 군사문화의 '무조건 위험을 감수하는 자는 용감하다.' 를 발로로 하여 개발지상주의에서 만연한 인명을 경시하는 풍조에서 안전을 불필요한 비용으로 여기는데서 생겨났다. 더 이상 안전을 불필요한 비용으로 여기지 못하도록 구조와 제도의 개혁을 이루어야 비로소 '안전 불감증' 은 사라질 것이다. 즉, 제도를 제대로 운용하지 못하도록 하는 부패와 부실의 먹이사슬을 타파해야 비로소 새로운 안전문화가 자라나게 될 것이다. 이처럼 문화적 과제는 구조적 과제, 제도적 과제와 밀접한 연관을 맺고 있다.

이상의 과제들을 해결하기 위한 대안으로써, 정부가 실질적인 '안전사회' 의 건설자로 거듭나도록 하기 위한 구체적인 실마리를 우리는 정보기술을 최대한 활용한 '24시간 투명행정' 의 구현에서 찾을 수 있을 것이라 제안하고 있다.

나. 건설사고 방지를 위한 근원적 방안[178]

(1) 책임체제 확립과 엄정한 벌칙의 천명

가) 합리적이고 명확한 책임체제의 확립

이미 발생한 사고가 사회전반에 경각심을 주고 개선의 촉매가 되지 못하는 근원은 사고방지의 역할을 담당한 사람이나 조직에 명확한 책임이 부여되어 있지 않으며, 이에 따라 사고에 대한 엄정한 책임을 물을 수 없었다는 점이다. 모든 참여자와 이해당사자 사이의 책임체제 및 벌칙의 명확화는 안전한 사회 구축의 최소요건이다.

사고보고서에 나나타난 바와 같이 모든 부실과 부조리의 근원은 발주자/건축주의 무지와 과욕에 있었음을 천명하고 있으나, 이에 대한 대책은 제시되지 못하고 있는 것은 최

178) 안홍섭 ; '삼풍백화점 붕괴사고의 원인에 대한 재조명' 중에서

고의사결정권자인 발주자/건축주의 책임 부여와 책임의 이행 수단이 주어지지 못한 데 있다.

발주자/건축주의 책임체제는 영국 등 외국의 안전관리체제와 같이 발주자, 감리자, 설계자, 원도급자, 하도급자, 유지관리주체 모두에게 권한에 비례하는 책임의 부여가 선행되어야 하며, 이러한 책임의 정점은 시설의 유지나 이로 인한 이익을 취하는 발주자/건축주가 되어야 한다.

발주자/건축주에게 건전한 발주의 책임을 묻기 위한 선행조건은 이러한 발주자에게 자신의 책임을 알려주는 기능과 함께 비전문가인 발주자를 보좌할 수 있는 기능 또는 전문인력의 제공이 병행되어야 한다.

이로써 발주자가 전문기술자의 의견에 귀를 기울이고, 자신의 무리한 요구를 억제하게 할 수 있으며, 발주자로 하여금 우수한 집단이나 전문기술자를 선호하게 하여 궁극적으로는 자격 미달의 종이회사나 브로커들이 자동적으로 시장에서 자동적으로 퇴출될 것이다.

나) 엄정한 벌칙

선진국의 기업에 대한 산재사망사고 처벌과 같이 책임의 불이행에 대한 벌칙의 수준은 사고를 발생시킨 당사자뿐만 아니라 유사한 상황에 있는 다른 조직이나 개인들에게도 책임을 다할 수 있도록 충분한 경고가 되어야 한다. 물론 벌칙에는 예외가 없어야하고, 사고를 발생시킨 조직이나 개인에게는 사고위험을 감수하는 무리를 충분히 억제할 수준의 벌칙이 가해져야 한다. 예를 들어 '교통 범칙금을 물게 될 경우에 재수가 없어서 적발되었으며, 적발이 되어도 벌금을 내는 것이 싸다.' 는 인식이 상존하고 있으면 안 된다. 이러한 인식이 불식되어야 할 것이다.

(2) 건설사업의 계층별 도덕성과 기술적 전문성을 겸비한 인재의 육성

현대의 사고는 모두가 인재로서, 기능공부터 전문기술자, 관련 공무원 등 건설생산과정에 직 간접적으로 참여하는 모든 인력의 질적 개선, 특히 직업윤리에 대한 교육의 강화 필요하며, 각 전문분야에 대한 전문성을 평가하고 이를 우대하는 풍토의 조성이 필요하다.

이와 병행하여 설계자, 감리자, 시공자, 유지관리자 등 시설의 생산과 유지에 종사하는 전문가들의 전문성이 보장되어야 하며, 이들의 주요한 역할은 건설물에 대한 전문성이 부족한 발주자/건축주에게 이들의 정당한 책임을 알릴 의무를 부여하고, 이들을 보좌하는 전문가로서 책무를 다할 수 있도록 제도적으로 보장해야 한다.

나아가서 건설물의 생산에 종사하는 전문가들의 전문분야별 영역이 상호 존중되고, 자신의 전문영역에 대해서는 끝까지 책임을 질 수 있도록 해야 한다. 건설 분야 전문가의 역할에 대한 사회적 책임으로서 일반 시민을 비롯한 비전문가들에게 건설물에 관하여 자기 방어에 필요한 최소한의 정보를 제공하는 역할이 추가되어야 할 것이다.

(3) 사회적 환경의 조성

안전이 우선하는 사회적 풍토의 조성을 위한 지속적인 노력이 필요하다. 정책논리에 안전문제가 밀리거나, 모든 조직의 안전전담부서나 안전전문가가의 결정이 우선하는 사회적 풍토의 조성이 필요하다. 이를 위해서는 초등교육부터 대학의 직업교육에 이르기까지 안전문제가 지속적으로 다루어져 삶의 일부가 되도록 하여야 하며, 이로써 안전문화의 정착이 가능해진다.

다. 제도의 개선 방안

(1) 건축생산절차의 투명성 확보

가) 건축공사 관련 관계자의 명확한 책임체제 확립

건축공사 관련 관계자의 명확한 책임체제는 건축주, 건설사업관리자, 감리자, 설계자, 원도급자, 하도급자, 유지관리주체 모두에게 주어지는 권한에 상응하는 적정한 책임의 부여가 선행되어야 하며, 이러한 책임의 정점은 시설의 소유나 이로 인한 이익을 취하는 건축주가 되어야 한다. 각 관계자에게 부여된 책임과 함께 이행내용과 방법에 관한 사항을 구체적으로 제시해야 그 실효성을 거둘 수 있을 것이다.

건축공사에 관해 비전문가인 건축주에게는 자신의 책임이 무엇인지를 명확하게 알려주는 기능과 함께 비전문가인 건축주를 대신하거나 보좌할 수 있는 기능 또는 전문 인력의 제공이 병행되어야 한다. 전문가인 각 관계자에게는 책임이행상의 감당할 수 없는 손해배상 및 보상에 대한 보험제도 등이 필요하다.

나) 건축생산과정의 성과에 대한 평가제 확립

건축주는 건축공사의 주체로서 공사참여자의 책임이행의 적정성을 판단해야할 1차적인 권한이 있는바, 건축생산과정의 성과에 대해 평가할 책임도 가지고 있다. 따라서 성과에 대한 평가는 직접 시행하거나 건축주를 대신해 제3자가 시행하는 방안이 필요하다.

다) 건축생산절차의 전자정보처리체계화

건축생산과정의 전 과정과 건축허가 등의 행정절차를 포함한 건축공사관리에 필요한 전자정보처리시스템(on-line system)을 구축하여 '실시간 투명관리'가 가능하도록 하는 방안을 마련하는 것이 필요하다. 이것은 앞에서 언급한 바와 같이 건축공사관련 관계자에게 책임이행 의무를 부여한 만큼 이에 관한 세부규정 및 기준의 준수여부와 그 성과(행정 및 기술)관리를 실시간으로 일괄 처리하여 건축생산절차의 투명성을 확보하자는 의도이다. 이렇게 함으로서 부패와 부실의 연결고리도 자연히 없어질 수 있을 것이다.

(2) 건축 관련 기술기준의 표준화 및 통합화

현행의 건축 관련 기술기준이 주로 개별법에 의거해 제 각기 마련되어 있음으로 이들의 기준을 표준화하고 통합 D/B화하는 것이 필요하다. 현행의 기준들은 그 성격도 설계기준과 표준시방서가 주종을 이루고 있다. 이들의 기준은 그나마 현재 국내에서 한창 건축중인 초고층이나 대공간 또는 케이블 등 특수구조에 관한 구조설계 및 구조시공해석, 시공 기술을 제대로 반영하지 못하고 있다. 또한 기존의 건축구조물에 대한 실물구조해석이나 평가를 위한 기술도 제대로 반영하지 못하고 있다. 따라서 건축 관련 기술기준개발에 관한 장기적인 종합계획을 수립하고 이에 따라 단계적으로 연구를 수행하면서 순차적으로 전면적인 정비가 이루어지는 것이 바람직하다.

(3) 건설 산업 관계 기술자의 전문교육의 확대

현대의 사고는 모두가 인재로서, 기능공부터 전문기술자, 관련 공무원 등 건설생산과정에 직·간접적으로 참여하는 모든 인력의 질적 개선, 특히 직업윤리에 대한 교육의 강화가 필요하며, 각 전문분야에 대한 전문성을 평가하고 이를 우대하는 풍토의 조성이 필요하다.

(4) 사회적 환경의 조성

안전이 우선하는 사회적 풍토의 조성을 위한 지속적인 노력이 필요하다. 정책논리에 안전문제가 밀리지 말아야하고, 모든 조직의 안전전담부서나 안전전문가가의 결정이 우선하는 사회적 풍토의 조성이 필요하다. 이를 위해서는 초등교육부터 대학의 직업교육에 이르기까지 안전문제가 지속적으로 다루어져 삶의 일부가 되도록 하여야 하며, 이로써 안전문화의 정착이 가능해 진다.

5. 결 론

이상에서 살펴본 바와 같이, 삼풍백화점의 붕괴원인에 대한 재조명을 통해 당시 제도상의 문제점을 도출하고, 지난 10년간 추진해온 제도개선의 성과가 사고당시 제도상의 문제점을 어느 정도 해소하고 유사사고를 예방하는데 얼마만큼 기여하고 있는가를 살펴보았다. 그리고 사고예방을 위해 아직도 남겨진 과제와 향후 제도개선 방안을 고찰해 보았다.

먼저 본 연구를 통해 확인된 제도개선의 거시적인 성과는 국가재난 및 시설물 안전관리체계의 확립과 건설공사의 안전성 확보를 위한 기본체계의 확립 그리고 건축구조설계기준 통합 등이다.

현행 제도 중에서 유사사고를 예방하는데 미흡한 점을 검토한 결과, 남겨진 과제는 다음과 같다.

- 건축주의 책임과 이행규정을 공공건설공사와 동등수준 이상으로 정비
- 건축공사의 민간건축주를 대신한 전문 기획·관리방안으로서 건설사업관리제의 활성화를 위한 제도정비

- 설계분야의 설계자와 건축 관계전문가의 권한과 책임의 합리적인 부여에 관한 제도 정비
- 건축공사의 각 공종과 공정의 특성을 고려한 감리원의 배치와 총괄감리 기능에 관한 제도정비
- 현행 제도의 실효성 제고를 위한 안전관리의 실무교육 강화
- 건축허가·승인·심의 등의 건축구조안전에 대한 검토·확인의 주체와 절차 및 방법 등에 관한 전반적인 검토와 정비

이 연구결과에서 건설 산업의 정책은 결과와 공급자중심의 고도성장위주에서 과정과 사용자중심의 안정성장위주로 전환하여야 하며, 건축공사의 부실방지와 생산성, 품질향상 그리고 사용안정성 등의 확보를 위한 건축안전관리제도의 개선방안은 건축생산절차의 투명성 확보, 건축 관련 기술기준의 표준화 및 통합화, 건축 관계기술자의 전문교육의 확대, 사회적 환경의 조성 등으로서, 아래와 같이 제안한다.

1) 건축생산절차의 투명성 확보

- 건축공사 관련 관계자의 명확한 책임체제 확립

건축공사 관련 관계자의 명확한 책임체제는 건축주 등 공사참여자 모두에게 고유권한과 이에 상응하는 책임을 부여하고 이행내용 및 방법을 규정하도록 한다. 건축공사의 비전문가인 건축주를 대신하거나 보좌할 수 있는 기능 또는 전문 인력의 제공이 병행되어야 한다. 전문가인 각 관계자에게는 책임이행상의 감당할 수 없는 손해배상 및 보상에 대한 보험제도 등의 도입이 필요하다.

- 건축생산과정의 성과에 대한 평가제 확립

건축주는 건축공사의 주체로서 건축생산과정의 성과에 대한 평가할 권한과 책임을 가지고 있다. 따라서 성과에 대한 평가는 직접 시행하거나 건축주를 대신해 제3자가 시행하는 방안이 필요하다.

- 건축생산절차의 전자정보처리체계화

건축생산과정의 전 과정과 건축허가 등의 행정절차를 포함한 건축공사관리에 필요한

전자정보처리시스템(on-line system)을 구축하여 '실시간 투명관리'가 가능하도록 하는 방안을 마련하는 것이 필요하다.

2) 건축 관련 기술기준의 표준화 및 통합(D/B)화

건축 관련 기술에 관한 개별법에 의해 제 각기 마련된 설계기준과 표준시방서 등의 기준을 표준화 및 통합 D/B화하고, 그 내용도 초고층이나 대 공간 또는 케이블 등 특수구조에 관한 구조설계 및 구조시공해석, 시공 기술과 기존의 건축구조물에 대한 실물구조해석이나 평가를 위한 기술 등 변화하는 요구와 발전하는 기술 환경을 반영하도록 한다. 이를 위해 장기적인 종합계획을 수립하고 이에 따라 단계적으로 연구개발을 수행하면서 순차적으로 전면적인 정비가 이루어지는 것이 바람직하다.

3) 건설 산업 관계 기술자의 전문교육의 확대

기능공부터 전문기술자, 관련 공무원 등 건설생산과정에 직 간접적으로 참여하는 모든 인력의 질적 개선, 특히 직업윤리에 대한 교육을 강화하고, 각 전문분야에 대한 전문성을 평가하여 이를 우대하는 풍토의 조성이 필요하다.

4) 사회적 환경의 조성

안전이 우선하는 사회적 풍토의 조성을 위한 지속적인 노력이 필요하다. 정책논리에 안전문제가 밀리지 말아야하고 안전전문가가의 결정이 우선하는 사회적 풍토의 조성이 필요하다. 이를 위해서는 초등교육부터 대학의 직업교육에 이르기까지 안전문제가 지속적으로 다루어져 삶의 일부가 되도록 하여야 하며, 이로써 안전문화의 정착이 가능해 진다.

끝으로 우리는 '건축주가 안전책임을 모르고 건축하면 건물이 불안할 수밖에 없다.'는 말을 잊지 말아야 한다.

참고자료

- 서울지방검찰청 ; '삼풍백화점 붕괴사건 수사 및 원인규명 감정단 활동백서', 1995. 11.
- 서울특별시 ; '삼풍백화점 붕괴사고 백서', 1996. 6.
- 이리형, 지남용 ; '삼풍백화점 참사의 원인과 진단결과', 대한건축학회지 41권제6호(통권 제217호), "삼풍백화점 붕괴 그리고 그후", p.12, 1997. 6.
- 김덕재 ; '삼풍백화점 참사의 교훈', 대한건축학회지 41권제6호(통권 제217호), "삼풍백화점 붕괴 그리고 그후", p.10, 1997. 6.
- 손봉세 ; '삼풍백화점 구조?구난현황 및 문제점', 대한건축학회지 41권제6호(통권 제217호), "삼풍백화점 붕괴 그리고 그후", p.20, 1997. 6.
- 홍성태 ; '위험사회를 넘어서', 새길, p.219~256, 2000. 9.
- 천태삼 : '삼풍백화점 참사 이후의 건설제도개선', 대한건축학회지 41권제6호(통권 제217호), "삼풍백화점 붕괴 그리고 그후", p.17, 1997. 6.
- 국무총리실 ; '새천년「안전한 나라 만들기」 안전관리 종합대책', 안전관리대책기획단, 2000. 9.
- 건설교통부 ; '건설공사 부실방지 종합대책', 2000. 12.
- 건설교통부 ; '건설교통 안전관리 개선방안 연구', 건설교통안전기획단/건축안전기획단, 2003. 7
- 건설교통부 ; '건설산업기본법'
- 건설교통부 ; '건설기술관리법'
- 행정자치부 ; '재난 및 안전관리 기본법'
- 건설교통부 ; '건축법'
- 건설교통부 ; '주택법'
- 법제처 ; 홈페이지 http://www.moleg.go.kr
- 건설교통부 ; '견실시공 정착을 위한 정책토론회', 한국건설기술연구원 · 대한건설협회 · 한국시설안전기술공단, 1996. 12.
- 한국건설업체연합회, 不實工事의 原因 및 對策, 1995.9.
- 부실공사의 사업추진 단계별 원인과 정부의 정책 및 제도개선 방안
- 기획좌담; 구멍뚫린 안전관리체계, 대책마련 시급하다, (재)여의도연구소, 여의도 정책논단, 1995.8, pp.40-55.
- 건설제도 개혁단 실무 작업단, 부실방지 및 건설산업 경쟁력 강화 대책, 1996.2.
- 감사원, 오늘의 부실공사 실태와 향후 감사방향, 공개토론회 자료집, 1996.10.29.
- 감사원, 부실공사 방지 관련 제도개선 백서, 2001.

4
패널발표자료

1. 삼풍백화점의 붕괴사고와 한국사회의 위험

이재열(서울대학교 사회학과)

삼풍백화점 붕괴사고는 한국사회 위험의 특징을 보여주는 역사적 사건이다. 한국사회의 위험은 복합적이다. 그 복합성을 드러내기 위해서 사건의 상호작용의 정도와 사건에 걸린 소요시간이라는 두가지 기준을 교차하여 다음과 같은 분류표를 만들었다.

〈표〉 재난유형 분류

사건의 상호작용 \ 사건의 소요시간	길다	짧다
복잡	유형 1 **복합·증폭형** (환경오염 재난유형) 온산병, 시화호 오염	유형 2 **복합·돌발형** (고도기술 재난유형) 대구지하철 화재
단순	유형 3 **단순·증폭형** (단순기술·부실유형) 삼풍백화점붕괴, 성수대교붕괴	유형 4 **단순·돌발형** (단순사고·범죄유형) KAL기 폭파, 자동차사고

1) 단순, 증폭형 재난으로서의 삼풍백화점 붕괴

삼풍백화점 사고는 1970년대까지의 고도성장기 한국사회의 강점과 약점을 동시에 드러내는 상징성을 가진다. 약 20여년의 시차를 두고 90년대에 집중적으로 발생한 대형 사고들의 특징은 ① 높은 위험추구경향 ② 사회적 조정과 협력의 실패 ③ 긴급구조체제의 미비, 그리고 ④ 관료의 부패와 법집행의 공정성 결여 등이 바탕에 깔려 있다. 짧은 기간동안에 정해진 목표를 달성하고자 수단과 방법을 가리지 않은 성장지상주의는 외형적인 팽창을 가져오는데 성공했으나, 안전을 비용으로 생각하는 단기적인 관점이었기 때문에 장기적 관점에서 재난을 가져왔다. 그리고 이러한 점에서는 외환위기의 발생과도 원인을 같이 한다.

① 높은 위험추구 경향

고위험추구사회에서는 '안전' 보다는 '속도' 를, '내실' 보다는 '외형' 을, '과정' 보다는 '결과' 를, 미래에 '부가될 비용' 보다는 현재 시점에서의 '비용절약' 을 더 중요한 덕목으로 삼았다. 속도에 대한 강박관념에 사로잡힌 사회에서 오늘 절감한 비용은 내일의 비용으로 이전될 뿐이며, 그 크기는 눈덩이처럼 불어나게 된다. 모든 사람이 오늘의 비용을 절감하고자 한다면, 지불유예된 청구서들이 전사회적 수준에서 한꺼번에 밀려들어오는 날 그 총액은 '파산' 의 규모에까지 급속도로 축적되는 것이다.

② 사회적 조정과 협력의 실패

부실의 원인은 공학적 결함만이 아니다. 대형사고의 이면에는 또한 조직과 시장의 실패가 자리잡고 있는 것이다. 복잡하게 얽히고 설킨 하드웨어의 관리 주체와 인력, 노하우는 조각조각 흩어져 서로 조율되지 못한다.

③ 긴급구조체계의 미비

개념의 정의상 실패한 체계는 합당한 긴급구조체계를 제공할 수 없다. 대부분의 사고에서 사고현장에 가장 먼저 투입된 것은 민간인 자원봉사자들이었다. 그 후 공식 구조대가 도착하였지만, 이들은 조직화되지 못하였다.

④ 관료의 부패와 법집행의 공정성 결여

비현실적인 규체체계와 법의 집행자들에게 부여된 과다한 자의적 판단의 여지 등은 집행관으로 하여금 다양한 형태의 통과세를 징수할 수 있도록 하는 여지를 제공하였다. 과도한 정부규제와 비현실적인 법체계, 그리고 예측불능의 법률 적용은 조직의 제도적 환경에 대한 적응을 내부효율성의 발휘보다도 중요한 것으로 만든다.

인위적 재난은 시스템 자체의 오류에 기반한 것과 설계자, 운영자, 참여자등의 오류에 기인하는 것으로 나누어 볼 수 있다. 따라서 조직재난(organizational disaster)이라 불리기도 한다. 그런 점에서 삼풍백화점 사고는 전형적인 조직재난이다. 이러한 재난에 대한 연구로서 가장 도움이 되는 것은 Barry Turner가 집필한 인재사고(Man-Made Disasters)이다. 터너에 의하면 재난은 '사전의 경고들을 무시하거나 간과하는 문화 속에서 축적된 위험요소들이 한꺼번에 동일한 시간과 공간에서 집중하여 나타나서 한 사회나 사회의 하위체계의 존속을 위협하는 사건' 으로 정의된다. 이러한 정의에 입각해서 보면 많은 인재사고들은 상당 기간동안 드러난 사전 징후들을 인식하지 못하게 하는 문화적 요인에 의해 증폭되고 배양된 결과로 나타난다. 사전에 여러 가지 사고의 신호들이 나타나지만 이것을 무시하거나 잘못 해석해서 위험요인이 숙성되는 결과를 낳는 것이다. 터너의 연구는 대형 재난이 갑자기 생겨나는 것이 아니라 오랜 기간에 걸쳐 위험요인들이 축적되고 숙성된다는 것을 보여준다. 특히 이 기간동안에는 위험요소들이 존재하더라도 위험으로 인지하지 않는 잘못된 가정에 따라 행동하거나, 충분한 정보를 얻지 못하거나, 사전 경고를 이해하지 못하는 조직문화가 만들어져 있거나, 최악의 결과를 상정하고 행동하기를 주저하는 경향이 강하다고 본다.

2) 복합 돌발형 재난으로서의 대구지하철 사고

그러나, 사회의 복합성이 증가하면서 위험의 성격도 변화하고 있다. 이제 더 이상 삼풍백화점 붕괴와 같은 사고가 재발할 가능성은 줄어들고 있지만, 대구지하철 참사와 같은 사고는 더 증가할 가능성이 많아졌다. 단순 증폭형 재난에서 복합 돌발형 재난이나 복합

증폭형 재난이 생길 가능성이 더 많아지는 것이다. 2003년에 발생한 대구 지하철 화재사고는 90년대의 대형사고와 많은 요인을 공유하고 있지만, 동시에 한국사회 재난이 미래형으로 변할 수 있다는 가능성을 동시에 보여준 사고이기도 했다.

① 피할 수 있는 사고가 운행시스템의 결함으로 인해 피할 수 없는 사고로 전환된 사례에 해당한다. 복합·돌발형 사고는 '피할 수 없는' 사고의 요소를 많이 내포하고 있는 반면 단순·증폭형 사고는 '피할 수 있는' 사고의 성격을 띤다. 무인운전시스템은 열차운행에서 발생하는 완충의 여지(organizational slack)를 축소함으로 해서, 전체 운행에 드는 인력을 감축하고, 그에 따른 비용절감을 가능케 했지만, 동시에 전체 전동차들의 운영을 집중화해서 느슨하게 움직여야 할 시스템을 지나치게 빡빡하게 결합하고, 그 결과 일시적인 충격에 전체 시스템의 불안이 노출되도록 하는 결과를 가져왔다.

② 비정상사고의 특성을 갖는다. 정상사고는 선의에서 출발하여 발생하는 사고라는 특징을 갖는데, 비정상적인 사고는 시스템을 파괴하려는 악의에서 출발한다는 점에서 대비된다. 우리가 만들어내는 문명과 시설물이 복합적이 되고 고도화될수록 이처럼 악의에 기반한 공격에는 더욱 취약해지는 경향이 드러난다.

③ 본래 시스템을 디자인하였을 때의 의도와는 달리 예상치 못한 방향으로 작동한 시스템들이 많다는 점이다. 복합성의 수준이 높아질수록 전통적인 수리적 모델보다는 사이버네틱스나 시뮬레이션을 통한 디자인이 보다 적절한 것이라고 주장한다. 즉, 실제 화재가 발생하였을 때 방화벽을 포함한 여타 하위시스템들과 사람들이 어떻게 작동하는지를 면밀히 관찰하여 이들 간의 상호연관성을 파악한 뒤, 가장 적절한 방법으로 전체 시스템을 디자인하여야 한다는 것이다. 이러한 관점에서 보면, 대구지하철은 각각의 하위시스템들이 주어진 한 가지 조건에만 반응하도록 하는 단순시스템으로 설정되었고, 하위시스템들이 함께 작동할 때 어떤 결과가 나타날 것인지에 대한 고려는 이루어지지 않았다는 것을 알 수 있다. 즉, 전체 시스템은 부분 시스템의 합 이상이라는 개방체계론적 사고(open system paradigm)의 기본전제를 충족시키지 못한 것이다.

이러한 복합성은 최근 미국과 캐나다에서 발생한 대규모 정전사태나 2003년 1월 발생한 KT 혜화동 사건 등에서도 공통적으로 발견된다. 물리학자들은 이러한 현상을 '네트워크 도미노' 라고 칭한다. 특히 '복잡계' 를 연구하는 학자들은 인터넷이 발달한 현대사회에서 이런 네트워크 도미노 현상이 발생할 경우 사회 전체에 치명적 혼란을 일으킬 수 있다고 경고하고 있다.

3) 복합 증폭형 재난과 위험사회론

우리 앞에는 새로운 형태의 위험이 기다리고 있다. 서구의 위험사회론은 통제할 수 없는 위험의 시대에 진입했음을 경고한다. 공간적, 시간적, 사회적 차원에서 전통적인 경계가 소멸되어 나타나는 현상이다.

첫 번째는 '공간적 경계의 소멸' 이다. 기후변화, 대기오염. 오존층 파괴 등에서 보듯이 이제는 국민국가의 범위를 넘어서는 위험이 생겨나게 되었다. 개별국가의 정책이나 노력만으로는 해결하기 어려운 문제들이 점차 늘어나게 된 것이다.

두 번째는 '시간적 경계의 소멸' 이다. 전통적으로 위험이 만들어지는 인과관계는 즉각적인 것이거나, 우리가 인지할 수 있는 시간의 범위 내에서 있었다. 그러나 위험사회에서는 오랜 기간에 걸쳐 잠복해 있다가 장시간 후에 효과를 발휘하는 위험이 많아진다. 그래서 세대를 넘어서 영향을 미치는 위험들이 주목을 받는다. 방사능 폐기물이나 유전자 변형식품 등의 효과는 전통적인 산업폐기물 처리과정의 시간적 범위를 훨씬 넘어선다. 그래서 우리는 비로소 세대간 고통 전가의 문제를 심각하게 고민해야 하는 상황에 도달하게 되었다.

세 번째는 '사회적 경계의 소멸' 이다. 환경오염이나 경제 위기 등에서 보듯이 잠재적 위험원과 관련해서 누가 책임을 질 것이냐의 문제는 전통적인 법률절차를 통해 밝히기 어려운 복합적 인과관계를 띠는 경우가 많다. 여러 개인들의 행동이 결합되어 나타나는 효과로서의 위험이기 때문에 조직화된 무책임(organized irresponsibility)의 영역이 될 가능성이 많다. 또한 이러한 문제들일수록 개인 보험으로는 해결되지 않는다. 개인적 보험은 계량적인 계산 가능한 위험에 대한 확률적 추론을 통해 비용을 계산할 수 있다는 가정에 근거하기 때문이다.

그러나 위험의 전지구화는 위험의 지구적 동질화(지역, 문화 등에 따라 생태, 경제, 권력이 평등화)를 의미하지는 않는다. 오히려 많은 경우에 불평등한 분배를 의미한다. 전지구적 위험은 구체적으로는 다양한 맥락에서 상이한 역사적 배경과 정치, 문화적 양상을 띠고 전개되기 때문이다. 이 때 주변부의 국가들은 다른 나라(중심부)의 결정에 의해 일방적으로 영향을 받지만 자신의 운명을 바꿀 수정력을 갖추지 못하기 때문에 대책없는 '인질처럼 잡히게 된다. 따라서 전지구적 경제위기상황에서 주변부 사람들은 중심부에서는 대수롭지 않게 생각하는 불황에도 큰 고통을 받을 가능성이 커지게 된다.

여기서 우리는 전지구적 위험에 의해 희생되는 불평등 경험과 문제의 탈 경계적 성격 사이의 변증법적 관계에 대해 주목할 필요가 있다. 탈경계적 성격으로 인해 전지구적 협력은 필수불가결하게 되는 경향이 있다. 문제 자체가 전지구적인 형태로 확대되기 때문에 공동의 운명에 관심을 가진 전지구적 공동체의 형성이 촉진된다. 전지구적 문제는 전지구적 협력을 요구하기 때문이다. 그러나, 이 과정에서 협력에 이르기 전에 전지구적 갈등을 경험할 가능성도 농후하다.

생태적 위험과 세계 경제위기는 현대성의 의도치 않은 자기파괴력을 상징하는 반면, 테러리즘은 의도적인 악의적 공격이라는 점에서 원인을 달리 한다. 그러나 테러리즘의 위험은 기술발전에 따라 훨씬 폭발적이 되었다는 점에서 매우 시사적이다. 통신기술과 금융기술이 테러리즘의 위험의 토대가 되었다. 가장 위협적인 것은 앞에서 언급한 세가지 위험, 즉 환경위험, 경제위기, 테러리즘 등이 서로 상호작용하며, 위험 갈등의 잠재력을 극대화시킬 수 있다는 점이다. 유전자 조작이나 나노테크놀로지 등이 테러리스트의 도구로 활용될 수도 있는 '판도라의 상자' 역할을 할 수 있게 되었다. 따라서 재난영화의 대본이 현실화할 가능성이 높아졌다. 예를 들면 한 개인이 집에서 조립한 원자폭탄으로 전세계를 위협하는 공상소설이 현실화하는 것을 상상할 수 있게 된 것이다.

4) 결 론

한국사회 재난의 성격도 변화하고 있다. 또한 앞으로 미래 한국의 재난은 과거 재난과 같은 유형(단순·증폭형)뿐만 아니라 현대적 재난의 유형(복합·돌발형, 복합·증폭형)과 같은 매우 다양한 성격을 가진 재난일 것이라는 추측을 가능하게 한다. 더 나아가 한국 사회는 과거의 단편일률적인 형태가 아닌 보다 복합적이고 다양한 위험이 동시다발적으로 공존하는 복합적 위험사회로 진입하게 되고 있음을 알 수 있다.

1. 한국사회에서 단순돌발형 위험은 지속적으로 감소하고 있다.
2. 고도성장의 후유증으로 발생한 위험은 단순 증폭형 사고로서 삼풍백화점 붕괴는 그 전형적 사례다.
3. 점차 한국사회에서도 복합–돌발형 사고의 가능성이 커지고 있으며, 대구지하철 사고나 KT 혜화동 사고가 그러한 특징을 잘 드러낸다.
4. 향후 복합–증폭형의 환경재난의 가능성이 커지고 있고, 이는 기존의 시간, 공간, 사회적 분업의 경계를 넘어서 발생하는 '위험사회형 재난' 이 될 것이다.

2. 발표자료에 대한 소견과 제안

이필원(티씨엠씨 건축사사무소 부회장)

1) 본 추념 토론회의 개최의미가 큼, 왜냐하면 우리사회의 시설물의 안전관리현황과 과제를 점검하는 계기가 될 수 있음. 민간전문가중심의 cvf의 노력에 경의를 표함. 공단, 협회, 정부등 공공부문과 함께 개최했으면 더욱 내실있는 토론이 됐으리라 고 봄

2) 홍성태교수의 삼풍붕괴사고의 사회적 교훈과 과제에 대한 토론의견은 다음과 같음.

- 교훈 6가지와 4대과제를 신랄하게 지적했는데, 10년이 지난 현시점에도 대부분 유효한지, 상당수의 과제는 해소된 것으로 보이므로 과제별로 선별할 필요가 있음 (예, 제도적과제중 재난행정체계의의 지속적 혁신, 개선된 법령등의 집행장치의 보강등 일부 보완해야할 사항을 제시하고, 문화적 과제의 안전문화운동과 안전의식의 생활화, 주체별로 노동자와 시민운동가가 안전사회 구현의 감시자이고 실천자 역할이 중요한 현안과제라 할 수있음)
- 삼풍붕괴사고를 역사적사건으로 평가하고 건설안전차원을 넘어 사회안전차원으로 보는 시각에 동의함, 다만 박정희정권의 폭압적 근대화의 붕괴와 사고공화국의 개

념적용은 지나친 논리적 비약으로 보며, 토론자는 단기간내 고속의 경제성장과 산업화 및 자본주의화에 의한 국민소득 5천불에서 1만불사이단계에서 위험사회의 돌입과 이에 대한 사회안전대응체계의 미비에서 터진 총체적 부실에 의한 상징적 대형사고로 보는 시각이 보다 적절한 평가로 봄(앞으로도 유사사고가 재발하거나 또한 다른 취약분야-교통안전, 가스안전, 화학물질등 환경사고와 아울러 폭력과 범죄등 우리사회가 갖고 있는 위험문제를 재인식하고 대응하는데도 유용하다고 봄)

3) 안홍섭교수의 사고원인의 재조명에 대한 토론의견은 다음과 같음

- 간접적 원인에 대한 규명과 대책의 미흡함(특히 건축주)에 대한 지적은 동의함 대안으로서 시설발주자나 소유자의 과욕과 무지에 따른 문제방지를 위해 책임체제의 확립방안을 영국등 산업재해 선진국의 예와 같이 제시한 점은 적극 도입할 필요가 있음

- 직접적 원인중에도 아직 해결되지 못한 일부 사항에 대해서는 지적이 필요함
  (예) 기존 건축물의 불법용도 변경 및 무단개조등 유지관리체제 강화
  신규건축물의 구조설계의 부실방지문제
  일선의 건축행정조직과 기능의 대폭적인 보강문제

- 아울러 우리 산업재해율이 선진국의 30년-70년 수준임을 지적한 점은 안전관리가 선진화를 위한 국가적 과제의 한 축임을 상기시켜 주며 갈길이 멀다는 것을 재인식하도록 해줌.
  특히 건설산업의 경우는 재해율(천인율 기준)을 볼 때 사고당시 수준보다 악화되고 있음.
  ('95.10.06, '96.08.06, '03.08.01임, 도수율,강도율도 동일항 추세임)

4) 박홍신 본부장의 제도개선 성과와 과제에 대한 의견은 아래와 같음.

- 그동안 제시된 많은 대책에 대해 상세하게 검토해 주었으나 총괄적으로 이행 실적

과 미결 등으로 제시했으면 더 좋았을 것임

– 이미 개선되어 시행중인 과제이나 철저한 집행이 필요한 사항은,

① 중대건설/시설안전사고발생시 전문가에 의한 사고조사 규정의 적극 시행을 요함 (시특법 2002 신설)

② 기존 민간관리시설물의 안전 및 유지관리계획서작성보고규정의 철저집행과 정밀안전진단결과에 따른 보수보강규정의 철저집행

– 제안한 8개의 향후과제중 적극반영이 필요한 사항은,

① 민간건축공사의 책임규정 명확화
(다만, 새로운 규제의 도입/벌칙등 엄격한 법집행을 통해 할 것인가 신중히 검토 요함)

② 설계등 용역업체의 손해배상보험제도의 도입 적극 검토
(강제화할 것인가/보험시장의 신상품 개발지원, 촉진 등을 통해 추진할지 신중한 검토 요함)

③ 건축허가시 구조관련 도서의 제출 및 검토강화 필요. 이를 위해 일선의 건축행정조직의 보강과 전문가구의 활용도 병행되어야 함

건축물 안전성능평가제 도입은 동의하기 어려움 (시장원리에 따르도록함) ,

–앞으로 추가적으로 개선할 과제를 아래와 같이 제안함

① 안전관리계획서와 유해위험방지계획서가 중복되니 완전통합 검토
(중복규제 성격이며, 건축주가 택일하도록 하는 등 일선에서 혼란이 큼.)

② 책임감리자의 현장안전관리업무에 대한 역할의 명확화가 필요함

3. 이제는 그간 대책의 실효성을 다시 한번 짚어 볼 때

윤명오(서울시립대학교 건축공학과)

삼풍사고의 긍정적 측면은 이 사건이 개발지상주의의 폐해와 이른바 '불량재고시설'에 내재된 위험의 실체를 보여줌으로써 유래없는 경각심을 불러 일으켰다는 것이다. 모든 분야에서 자신들의 안전환경을 의심하기 시작하였으며, 그 필요성 유무는 차치하고라도 '안전'에 관한 '표제어'만 눈에 띄면 무조건 자료로서의 구입을 결정할 정도였다.

그러나 그 충격이 너무나 컸기 때문에 오히려 부작용을 남기기도 하였다. 당장 근본적인 대책을 수립한다는 것은 불가능한 것이 당연한 현실이였음에도 불구하고, 우선 극도로 심화된 국민적 불안감을 단시간 내에 불식시켜야 했던 정부는 재발방지노력의 상당부분을 본질적 또는 구조적 개선책에 쏟기 보다는 전시적인 수습책과 선무적 대책에 분산투입할 수 밖에 없었다.

재난방지가 국가적인, 종합행정적인 접근을 필요로 한다는 공감대는 형성되었으나, 막상 그 세부적인 틀을 잡는데 있어서는 졸속과 비전문성을 피해갈 수 없었다. '안전의 중요성'은 부각되었으나 그 책임의 위중함만 일방적으로 강조된 나머지 공공·민간의 조직에서 '안전' 은 기피업무가 되어 버렸다. '안전' 을 고집하면서 '관' 에서나 '민' 에서나 안전조직을 급속도로 키워 나가되, 막상 실무역량을 키우는 것이 아니라 옥상옥만 창출한 것이다. 그 결과 '삼풍' 이후 오늘날까지 '안전' 이라는 관련부서는 증강과 감량이라는 구조적 변화를 번갈아 가며 가장 극심하게 강요받아 왔다. 우수한 사람이 배치되기 보다는 힘없는 사람의 막장이 되어버린 곳도 있다. 그러나 어쨓든 삼풍의 결과는 이후 대책의 확립여부를 떠나 수많은 과제를 도출해 주었다는, 무엇인가를 수면 하에서 끌어내어 노출시켜주었다는 점에서라도 이제까지 그 어느 재난과도 다른 의미있는 사례가 된 것이다.

십년이 지난 오늘의 발표회에서 펼쳐진 내용들은 이러한 삼풍의 긍정 부정적 영향과 현시점의 과제를 냉철하고 종합적인 관점에서 잘 조명해 주고 있다. '안전불감증' 이라는 만병통치식의 처방전을 걷어치우고 기술적 실패의 내재적 구조를 직시하고 대형사고의 논리를 수용하고 있는 점도 크게 진전된 부분이다. 과연 이러한 기술구조적인 복잡화나 사회적 분화, 지체 등 수많은 문제를 울리히벡이나 피터버거 등의 위험론적 시각에서 어떻게 보아야 할 것인가에 대해서는 아직도 적지 않은 고찰이 요구될 것이다. 그러나 피해의 대형화가 초래되는 과정이나, 확률론적으로 받아들어야 할 발생방지의 한계 등은 오늘의 발표과 같이 '정상사고론' 적인 입장에서 해석되어야 한다.

대형사고가 '정상사고론' 적 입장에서 접근되지 않는 한 위선과 전시행정을 피해 갈 길이 없으며, 누구나 책임지지 않아도 되는 겉모습만 그럴듯한 발생방지에 매달리게 될 것이다.

시설물의 기술적 관리체제에 대한 발표도 매우 충실한 내용으로 짜여져 있다. 발표자에게 감사드린다. 우리가 체험하였듯이 기술관리는 사명감과 또는 양심, 공학적 지식만으로 할 수 있는 것이 아니다. 기술문화와 산업이 건전한 기반 위에서 균형을 잡고서 전세계 시장을 활용무대로 하는 선진 강대국의 경우와는 달리, 우리는 안전을 감수하고라도 당장의 부도를 막아야 하는 불안정한 기업을 상대로 하는 안전시장에서 수많은 진단·감리업체가 난립하고 있다. 그러한 가운데 개별계약 위주의 용역형태로 진단이나 감리을 시행하는 것은 '덤핑' 으로 수주하여 굴욕감과 불안감의 댓가로 생을 영위해야 하는 최악의 구조로 기술자를 내모는 결과가 되어 버렸다. 일방적 기업권력과 관치적 구조 앞에서 경제적 이익과 위선을 견제할 수 있는 안전권이 보장되어야 한다.

만약 2005년 오늘 12.12와 같은 상황이 발생된다면 우리는 의연히 문민통치의 국가체제를 지켜낼 수 있을까. 오늘날 또다시 붕괴사고가 일어난다면 이제는 표준절차와 전문성을 위주로 재난의 피해를 최소화시키면서 최단시간 내에 도시기능을 회복시킬 수 있을 것인가. 아니면 오늘 들은 쇼핑센터의 에스컬레이터가 자주 고장나거나 엘리베이터가 계속 잡음을 내거나 벽의 균열이 심상치 않다고 느꼈을 때 어디에 연락을 하면 될 것인가. 그 연락을 받은 누군가는 제대로 무엇인가를 해 줄 것인가. 이렇게 모르는 나는 어디서 교육을 받아야 하나.

오늘 좋은 내용 발표해 주신 분들의 어렵고도 끈기있는 역할이 앞으로도 계속되기를, 그리고 그 모임이 더욱 상정할 수 있기를 기대한다.

5

세미나 지상중계

삼풍백화점 붕괴사고 10주기 추념 세미나
- 삼풍사고의 교훈과 건설안전의 과제 -
■발표자 : 안홍섭 교 수 - 군산대학교 건축공학과
박홍신 본부장 - 한국시설안전기술공단
홍성태 교 수 - 상지대학교 교양과
■좌 장 : 이태식 원 장 - 한양대학교 산업경영대학원
■패 널 : 이성구 국 장 - 국무총리실 규제개혁기획단
이재열 교 수 - 서울대학교 사회학과
윤명오 교 수 - 서울시립대학교 건축공학과
이필원 부회장 - 티씨엠씨건축사사무소
안순철 전 무 - 대림산업주식회사
■사 회 : 김예상 교 수 - 성균관대학교 건축학과
일 시 2005년 6월 24일(금) 13:30~17:30
장 소 한국프레스센타 국제회의장(20층)
주 최 건설산업비전포럼
주 관 한미파슨스
후 원 중앙일보

사회자

패널토론에 들어가겠습니다

저도 10년전에 사고광경을 떠올려보면 사고가 난 다음에 자원봉사자라는 명찰 하나 붙히고 현장에 달려들었던 분들이 도움은 되었습니다만 그분들이 안전의식은 어떠했는가 그런 생각이 들고, 그 콘크리트 더미속에 묻혀있던 사람들을 구해내는 광경을 찍기위해 다 쓰러져가는 건물위에서 카메라를 설치하던 기자분들의 안전의식은 과연 어떤차이가 있는가 하는 그런생각을 잠깐 해봤습니다

자 이제 준비가 된 것 같습니다. 패널여러분은 단상으로 오르시기 바랍니다.

저는 오늘 참석하신 좌장분들과 위원분들을 소개하고 좌장께 진행을 넘기도록 하겠습니다

먼저 한양대학교 산업경영대학원장으로 계신 이태식교수님께서 좌장으로 수고해주시겠습니다. 다음 패널토론자는 국무총리실 규제개혁기획단에 이성구 국장님 나오셨습니다. 다음으로는 서울대학교 사회학과 이재열 교수님 나오셨습니다. 서울시립대 건축공학과 윤명오 교수님 나오셨습니다. TCMC 건축사사무소 부회장님으로 계신 이필원 부회장님 나오셨습니다. 마지막으로 한국산업안전공단 심의위원으로 계신 대림산업의 안철순 전무님 나오셨습니다. 이상 좌장과 패널여러분을 소개해 드렸습니다. 좌장께 진행을 넘기겠습니다 감사합니다.

좌 장

오늘 수고해주신 사회자 김예상 교수께 뜨거운 박수 부탁드립니다. 시작하기 전에 제가 훌륭한 시를 발견해서 읽어드리고자 합니다. 「위험에 처하지 않게 기도하지말고 위험에 처해도 두려워하지 않게 해달라고 기도하게 하소서. 고통을 멎게 해달라고 기도하지 말고 고통을 이겨낼 가슴을 달라고 기도하게 하소서. 생애 싸움터에서 함께 싸울 동료를 보내달라고 기도하는 대신 스스로의 힘을 갖게 해달라고 기도하게 하소서. 두려움속에서 구원을 갈망하기 보다는 스스로 자유를 찾는 인내심을 달라고 기도하게 하소서. 내 자신의 성공에서만 신의 자비를 느끼는 겁쟁이가 되지 않게 하시고 나의 실패에서도 신의 손길을 느끼게 하소서.」 타고르 시인의 '기도' 라는 시입니다.

오늘 우리가 평소에 다루기도 어렵고 우리 스스로도 말하고 싶어하지 않은 자리를 마련했습니다. 지금 우리는 10년을 되돌아보려고 합니다. 1905년도에 미국의 토목 기술자인 홀드인도 '엔지니어 인생에는 NG 가 없다' 라는 그의 책에서 다음과 같은 얘기를 했습니다. 우리의 마음을 제대로 표현했길래 여러분들이 설계를 했든 시공을 했든 감리를 했든 여러분들이 매일매일 느끼는 심정이 아닌가 하는 생각이 듭니다.

"자려고 침대에 누워서도, 아침까지 불편한 심정으로 설계도를 그리고 계산한다. 이럴때 꾸는 최악의 악몽은 끙끙매고 있는 어려운 일들이 실패하는 꿈이다. 다리가 무너지고 건물이 무너지는 꿈일 것이다 그러면서도 꿈속에서 우리는 계산을 한다." 이런 내용입니다.

과연 실패란 무엇일까요? 우리가 스스로 알아서 하는 실패도 있고 몰라서 하는 실패도 있을 것입니다. 물론 오늘의 주제인 삼풍사고는 우리가 원치 않은 무지의 소산일 것입니다. 때로는 미지의 실패가 있을때가 있습니다. 우리가 고의적으로 한 것이 아니라는 확신을 가지고 다시는 이런 일이 생기지 말아야 할 것이라는 취지에서 오늘 이런 자리가 마련된 것 같습니다.

패널토론 순서를 정해봤습니다. 전반적인 문제를 서울대 사회학과 이재열 교수님이 풀어주시고, 실질적으로 현장에 있으시면서 안전시설공단 심의위원으로 계신 대림산업의 안순철 전무께서 두 번째로 말씀해주시고, 서울시립대 윤명오 교수님이 발표해주시고, 이필원 부회장님 경력은 여러분들이 잘 아시겠지만 건설교통부에서 실제로 이 상황을 제일 잘 아시는 분이시라 생각이 되어 네 번째로 발표해주시고, 마지막으로 국무총리실에 규제개혁기획단에 이성구 국장을 모시도록 하겠습니다. 하실 말씀이 많으실 것으로 예측됩니다. 그래서 10분씩 다섯분께 시간을 드리고 발표자에게 질문을 하시거나 제안을 하실분이 있으시면 말씀해 주시기 바랍니다. 약 7분정도 말씀해주시면 되겠습니다.

이제 서울대 사회학과의 이재열 교수님을 뜨거운 박수로 모시겠습니다.

이재열

의미있는 자리에 초청을 해주셔서 대단히 감사합니다.

오늘 세분 발표 인상깊게 들었습니다. 그리고 심층적인 분석과 좋은 대안들을 제시해 주셔서 큰 재난을 겪었지만 10주기를 의미있게 보낸다는 느낌으로 이 자리에 왔습니다. 오늘 논의가 되고 있는 삼풍백화점 붕괴사고에 대해 좌장께서 제가 처음에 토론을 하라고 하신 이유는 사회학자로서 가장 거시적인 역설적인 우리 사회에서의 사건의 의미에 대해 예기해달라고 하는 의도인 것으로 파악됩니다.

삼풍백화점 사고는 한국사회에서의 다양한 위험의 특징을 보여주는 역사가치성을 가지고 있다고 생각합니다. 물론 어느 사회나 위험은 복합적으로 발생하지만 특히 우리사회는 굉장히 빠른 속도로 급속하게 근대화가 되는 과정에서 겪게된 여러 가지 문제점이 있습니다. 전세계적으로 놀라운 고도성장을 한 양지가 있었다면 그래서 생겨난 음지의 성향이 있었는데 그 사례가 바로 이러한 사고가 아니었나 생각합니다. 발표자들이 말씀해 주셨지만 우리는 세계에서 가장 빠른 단기간내에 가장 저렴한 비용으로 경부고속도로를 건설했습니다 그렇지만 그 이후 엄청난 비용이 보수, 유지하는데 들었습니다. 우리나라에 건설기술은 세계적인 수준입니다. 그래서 '중동 등의 해외에 나가서도 외국감리제도와 결합하여 세계적인 수준의 건축물이 완성했지만 정작 국내에서는 왜 이러한 대형사고들이 일어난 것일까?' 하는 질문을 해 볼 수 있겠습니다. 저는 여러분들이 잘 지적을 해주신 것처럼 우리가 빨리 성장하는데에만 가치의 초점을 두었던 것이 큰 실수였다고 생각합니다.

국가발전전략 자체가 고위험 추구였고 안전보다는 속도를 중시했고 내실보다는 외형을 중시했고 과정보다는 결과를, 미래에 부과될 비용보다는 당장 절약할 수 있는 비용이 얼마냐 하는 것에 몰두했습니다. 속도에 대한 강박관념을 가지고 있던 사회였습니다. 그러다보니 오늘 눈 앞에서 절약한 비용이 사실 눈덩이처럼 커져 나중에는 우리가 감당할 수 없을 정도로 폭발했는데 그게 삼풍사고로도 터졌고 똑같은 구조로 외환위기를 경험하기도 했습니다. 그런 의미에서 우리는 지불유예시킨 청구서들이 나중에는 훨씬 큰 규모로 돌아온다고 하는 굉장히 비싼 수업료를 내고 학습을 했습니다.

두 번째로는 여러 가지 부실들은 공학적인 결함만이 아니었습니다. 대형사고 이면에는 조직이나 시장실패가 자리잡고 있었고 복잡하게 얽힌 하드웨어들을 관리해야하는 정부나 지방자치단체나 감리기관, 건설회사, 시공회사 등등 다양한 주체인력 노하우들이 서로 뿔뿔히 흩어져 조율되지 못하는 조정의 실패가 있었습니다

예를들어 지하철을 타게 되면 남태령을 넘어서부터는 지하철에 불이 꺼지더군요. 관리의 주체가 달라 같은 정부기관이라고 하더라도 직류를 주장하는 기관과 교류를 주장하는 기관이 다르기 때문에 경계선을 넘는 지하철은 모듈을 바꿔야 하는 이런식의 조정의 실패가 자리잡고 있었다고 많은 사람들이 공통적으로 지적해 주고 있습니다.

세 번째로 이렇게 조정의 실패가 이루어져 있는 상황에서는 합당한 긴급구조체제가 없었다라고 하는게 특징입니다. 삼풍사고를 계기로 우리사회에서 본격적으로 재난대비시스템이 체계화되어 궁극적으로 소방방재청의 설립으로 이어지는 계기가 되었다고 생각합니다.

여러분이 공통적으로 지적한 너무나 비현실적인 법률체계, 모든 사람들이 지킬 수 없는 굉장히 높은 기준의 규칙을 만들어 법을 집행하는 사람들에게는 상당한 자율성을 자의적인 판단의 가능성을 만들어 과도한 규제와 임의적인 적용 사이에서 온갖 종류의 부패나 문제점들이 발생하는 사회적인 현실이었습니다. 건설공사뿐만 아니라 사회 전반이 그러했고 이는 투명사회로 가기 위한 절박한 경험의 계기가 되었습니다. 결국은 조금 더 현실적인 규제, 명백한 감독, 예측 가능한 법률의 집행의 중요성을 예기하고 있습니다. 문화적으로 보자면 이러한 과정들은 시스템 자체의 오류에 기반한 것도 있고, 조직재난이라고도 예기합니다. "삼풍사고가 전형적인 조직재난이다." 라고 말할 수 있겠습니다. 베리 터너라는 영국학자는 이렇게 정의했습니다. "재난 이라고 하는 것은 사전에 여러 경고들이 있는데 그 경고들을 무시하거나 간과해가는 문화 속에서 축적되어있는 요소들이 한꺼번에 집중되어 나타나는 것이다." 라고 예기했습니다. 오랜기간에 인큐베이션의 기간을 거치고 계속적인 신호들을 무시하게 되면 이는 나중에 한꺼번에 터지는 것입니다. 결국은 앞으로는 이러한 문제들을 풀어나가는데 여러가지 형태의 학습내용을 가지고 다양한 제도로 구체화시키는 계기가 되어야 한다는 것입니다.

네 번째는 '문화적인 문제다. 구체적 일상생활에서의 실천의 문제다.' 라는 것을 강조해야 한다고 생각합니다.

그리고 마지막으로 간단하게 말하자면 그 동안의 유형의 추세들을 종합해보면 구조물이 붕괴하는 이런 형태의 위험은 이제는 감소하기 시작하고 있지만 또 다른 형태의 위험들이 우리 앞에 새로운 얼굴로 등장하고 있고 '우리 사회가 갖고 있는 위험의 총량은 절대 감소하고 있지는 않다' 는 이러한 것들이 지난 2년 전에 대구지하철참사와 같은 복합적이고 돌발적인 형태의 사고들이 많아지고 있습니다. 건축물과 연관해서 본다면 과거에는 짓기만 하면 됐지만 이제는 '그 다중이용시설들에 어떤 사람들이 들어오는지', '이것이 악의에 의한 공격의 대상이 될 때는 얼마나 최악이 될 수 있는지' 하는 것 까지 고려를 하는 아주 복합적인 위험의 특성들이 강해지고 있는 사회가 되고 있습니다.

그 이후에는 당장 눈 앞에는 보이지 않지만 공간과 시간을 뛰어넘어서 우리의 생명과 안전을 위협하는 전혀 새로운 형태의 보이지 않는 위험들이 등장하고 있다는 것입니다. 예를들면 기후변화나 유전자 조작, 오존층 파괴 등은 기존의 공간적 경계, 시간적 경계, 사회적 경계를 넘어서 전혀 새로운 형태의 위험들로 대두되고 있는 것입니다.

간단히 결론을 말씀드리겠습니다

한국사회의 재난의 성격들은 계속 변화하고 있습니다. 삼풍사고같은 과거의 단순증폭형 사고에서 앞으로는 돌발적이며 복합증폭형의 다양한 형태의 사고들이 증가할 것이라고 예측이 됩니다. 우리는 복합적인 위험사회로 지금 돌입을 하고 있습니다. 이러한 부분들에 대한 과거의 경험을 통해 학습하고 다가오게 될 위험에 대해 나름대로 대비하고 준비하는 계기가 되길 바랍니다. 감사합니다.

좌 장

네. 대단히 감사합니다. 어떻게 보면 기술자의 답답한 심정을 대변해 주시면서 사회전반적인 문제를 진단해 주셨습니다. 특히 기술의 잘못보다는 조직이나 국가전체의 문화, 시스템 자체의 오류, 또한 미래에 대해 제안을 해주셔서 감사합니다. 두 번째로는 대림산업의 안순철 전무님 모시겠습니다

안순철

안녕하십니까. 처음에 홍성태 교수님은 저희가 쉽게 접하기 어려운 사회학적 시각으로 사고원인과 한국사회에 미친 영향에 대해 철저하게 분석을 해주셨습니다. 그리고 안홍석 교수님은

사고원인을 우리가 간과하기 쉬운 역할과 책임에 대해 재조명을 해주신 것 같습니다. 그리고 박홍신 본부장님은 그 원인과 개선성과와 방안에 대해 구체적으로 분석과 제안을 잘 해주셨습니다.

지금까지의 발표하신 교수님들이 광범위하게 지적해 주셔서 저는 건설회사에서 근무하다보니 좀더 현장에서 실질적이고 구체적인 부분을 말씀드리고자 합니다.

삼풍사고 이후에 규모는 다르지만 유사한 사고 사례를 보면 96년도 대현중학교 건물붕괴, 같은 해에 안양시 만안구에 연립주택이 붕괴되었고, 그 다음 해에도 대구에서 빌라주차장이 붕괴되었고, 6층짜리 공장건물이 붕괴되었고, 2001년도에는 은평구에 대저동 상가가 붕괴되었고, 2002년도에는 종암동 근생건물이 붕괴되었고, 2003년도에는 화양동 목화연립이 붕괴가 되었습니다. 지금까지 삼풍사고 이후에 붕괴된 사례를 보면 대체로 규모가 작은 건물이 많이 붕괴되었습니다. 이 사고들에서도 사망사고가 있었습니다.

아까 박홍신 본부장님도 지적해 주셨지만 사고원인중에 구조계산서와 구조설계도의 비교확인절차를 확인하는데에 실패했다는 지적을 해주셨는데 건설현장에서는 공사를 할 때 구조설계도면을 보고 구조설계도면에 의해 공사를 수행하고 있습니다. 계산서를 보고 하지 않습니다. 건축법시행령 32조에 보면 '구조안전의 확인' 이 명시되어 있고 91조에 보면 구조기술사가 계산을 해야되는 부분을 언급하고 있습니다. 구조계산을 기술사가 해야 하는 부분은 구조계산과 더불어 구조기술사가 구조도면에 날인을 합니다. 일단 구조기술사가 날인한 부분은 구조계산서와 비교확인이 되었다고 현장에서는 인식을 해도 됩니다. 그런데 16층 미만이거나 기둥과 기둥사이가 30미터 미만인 경우 구조계산을 구조안전에 대해서 확인해야한다고만 되어있지 구조계산을 해야하는 주체에 대한 명확한 자격규정이 현재 없습니다. 또한 '지진에 대해서도 안전여부를 확인해야 된다 ' 라고만 되어있지 확인주체가 명확히 되어있지 않습니다.

그래서 지금까지 붕괴사고 사례를 보면 구조기술사가 하지 않아도 되는 중소규모에서 해마다 끊임없이 사고가 나고 있습니다. 그래서 중소규모의 건축물에 대해서 좀더 제도적인 보완이 필요하다고 생각됩니다.

그리고, 대체로 구조계산서를 보고 구조도면을 설계사무소에서 그립니다.

그런데 구조도면을 그리는 사람들이 대체로 설계경험이 부족한 신입사원등 경험이 별로 없는 사람들이 그리게 됩니다. 그러다보니 구조도면에 에러가 많이 발생할 개연성을 항상 가지고 있습니다. 경험이 많으신 분들이 확인을 하지 않으면 에러를 발견하지 못한채 현장에 나가게 되고 건설 현장에서는 계산서와 구조도면을 비교하는 과정이 거의 없습니다. 도면만 보고 공사를 하기 때문에 현장에서는 에러를 발견하기 상당히 어렵습니다. 이러한 시스템을 보완해야한다고 생각합니다.

그리고 또 하나는 인허가 제도에 관한 문제입니다. 이 부분이 건축심의를 할 때 계산서와 구조도면이 들어가게 되어있습니다. 그때 들어가는 부분은 기본설계수준이며 기본시스템 검토수준이지 구조의 안전성을 판단할 수 있는 정도의 수준은 아닙니다. 또 하나는 심의의원의 문제인데 서울시 같은 경우 심의위원이 52명입니다 그 중 구조분야는 2명밖에 안됩니다. 그리고 각 구청의 심의위원이 열두, 세 명정도 계십니다. 각 구마다 비교해보면 건축심의 위원이 한 명 내지 두 명 정도입니다. 그분들이 건축 심의할 때 참석을 안하면 그냥 통과 되게 되고 비디오에서 보셨듯이 시공무원들은 한두 명이 그 구에 전 행정을 보기 때문에 인력이 부족하고 또한 전문지식도 없고 시간적으로도 구조도면이나 안정성을 확인할 수 있는 능력과 시간이 없습니다. 이런 부분들을 개선해야 할 것입니다. 그래서 저는 구조안전의 확인이 지금은 구조계산만 하면 구조안전 확인이 모두 된 것처럼 보게 되어있는데 이 부분을 구조설계, 즉 구조계획, 계산, 설계도면, 구조시방서 작성까지 연계하여 구조설계부분의 영역과 책임을 명확히 할 필요가 있다고 생각합니다.

그리고 기술사가 해야 할 부분을 하향조정해야 할 필요가 있습니다. 이것은 30년 전에 제정된 법으로 알고 있습니다. 지금은 구조기술사의 수도 많이 늘어났고 구조기술사가 계산을 하고 도면에 날인을 해야 하는 그 범위를 대폭 하향조정해야 할 필요가 있습니다. 구조기술사가 계산이나 날인을 하지 않는 경우는 구조설계의 감리제도를 도입할 필요가 있다고 생각합니다. 독일에서는 이러한 제도가 있는 것으로 알고 있습니다.

또 하나는 비디오에서도 나왔습니다만 상주감리부분입니다. 삼풍백화점 상주감리자가 10개월동안 감리일을 못 받았다고 하는데 지금도 상주감리 대상인데 건축주가 비용을 절감하기 위해 서류상은 상주감리라고 하고 실질적으로는 비상주감리를 하는 경우가 간혹 있습니다. 이런 경우는 철저하게 상주감리를 하도록 감리감독을 철저하게 하든지, 골조공사가 끝날 때 까지만 이라도 상주감리를 철저히 하도록 제도장치를 현실적으로 바꿀 필요가 있습니다.

감사합니다.

좌 장

하향조정이라는 말이 소규모에도 구조기술사가 확인을 할 수 있어야 한다는 말씀이셨습니다. 세 번째로 서울시립대학교의 윤명오 교수님을 모시겠습니다.

윤명오

윤명오입니다. 오늘 훌륭한 발표를 해주신 분들께 감사드립니다.

엊그제 일어난 사고 같은데 십년이 지나고 나서 지금보니 그때는 조사해서 결과발표하고 토론한 것이 진실인줄 알았는데 지금와서 보니 시각도 더 냉정해지고 비교분석대상도 매우 포괄적으로 바뀌고 범위도 넓어져 '침묵의 10년' 이라 하지만 그동안 이 사고가 재난을 바라보는 시각 또 재난에 대한 구조를 이해하는데에 10년의 세월이 많은 도움이 되었구나 하는 생각이 들게됩니다. 저는 주로 건축과 재난에 대한 연구를 하고 있습니다. 주전공 분야는 건축의 화재입니다. 다 같은 생각이겠습니다만, 제가 느낀 말씀을 드리자면 첫 번째로 이제 삼풍사고 10년이 지난 상태에서 오늘도 간접적으로 지적이 되었습니다만 사고에 대해 좀더 냉정하게 대처해야 한다는 생각입니다. 저는 그런 의미에서 정상사고론적인 입장에 동의합니다. 이를테면 사고가 났을 때 '어떻게 이런 사고가 날 수 있을까?' 가 아니라 '사고는 나는 것이다' 예를 들어, 단지 모기향불이 잠자다 넘어져서 이불에 불이 붙을 수 있지만 비상벨 울리고 스핑쿨러가 터져 살아나야지 모기향 하나 때문에 놀러갔던 유치원생 5~60명이 떼죽음을 당한다면 말이 되겠습니까? 그러나 대형사고로 발전되지는 말아야 할 텐데 항상 사고가 나면 결국은 중간과정은 없어지고 "모기향불 찬 놈이 잘못한 것이냐? 전기줄에서 불이 난 것이냐?" 로 싸우다가 결론은 전기안전, 모기향불 안전교육 해야겠다로 끝나다 보니 사고는 대형화가 되는데 뭔가 대책이 겉도는 느낌이라는 것입니다.

또 한가지는 그동안 사고가 많이 났습니다. 이탈리아, 대만에서도 건축물 붕괴사고가 났었고, 교량붕괴 사고도 일어났었고, 오스트리아에서는 164명이 탄 기차에 불이나 160명이 죽었고, 얼마전 일본에서 열차사고로 120명 사망 했고, 짜르 비행기가 추락해서 518명중 514명

죽었고 선진국 후진국 할 것 없이 엄청난 사고가 많이 일어났습니다. 대구지하철참사가 일어남과 동시에 펜실베니아주의 나이트클럽에서 불이나 120명이 죽었습니다. 그런데 이상하게도 대한민국에서 난 사고가 어떻게 그럴수 있을까 하는 식으로 악의적으로 크게 보도가 됩니다. 독일의 뒤셀도르프라는 국제공항에서 94년도에 80명이 사상한 화재가 발생하여 터미널이 모두 shut down 됐습니다. 선진국에서는 있을 수 없는 사고라고 하는데 전세계적으로는 모르고 지나가는 사람도 많습니다. 영국 수퍼마켓에서 불났을 때 사람들이 다들 줄서서 계산하느라고 도망가지 않은 것을 뻔히 보면서는 인간은 위험에 직면했을 때 의외로 안이한 경우가 있다고 보도하면서 대한민국에서 출발할 때까지 기다려달라는 방송을 듣고 도망가지 않고 가만히 앉아 있었던 대구지하철 시민들을 보고는 도대체 '저 나라 사람들은 어떻게 교육을 시켰길래 저 속에 가만히 앉아 있느냐' 라고 예기합니다. 여기에는 일본이 개입되어 있다고 생각합니다. 일본 매스컴이 대한민국에서 사고가 나면 항상 이런 식으로 보도합니다. 매우 크게 1면으로 보도하지만 일본에서 사고가 나면 대한민국 매스미디어는 보도 안합니다. 얼마전 120명 죽은 것은 큰 사고인데 그냥 지나가더군요.

줄여서 말씀드리면 병은 알리라고 했습니다. 잘못된 것이 있으면 고쳐야 합니다. 어떻게 그런 일이 있을까 하며 감추기만 하는 세상, 또 감춰야만 상황을 모면해서 이익을 얻는 세상이라는 게 사회적으로 빨리 변화되어야 하고 특히 대한민국만 그렇다고 보는 생각은 없어져야 한다고 생각합니다. 그래서 안전재난사고에 대해 정서적인 강박관념, 위선적인 완전주의를 떨쳐버려야 합니다.

두 번째는 시스템에 관한 문제입니다. 다른 발표자분들도 원인이 아닌 시스템에 대해 언급하셨듯이 시스템이 바뀌어야 합니다. 국가의 시스템이 어찌 되었는지 몰라도 길을 가다 현수막을 보게 되면 '축, 안전진단 통과', 다른 누가 보더라고 '아주 건물이 안전하다라고 좋아하는 구나' 라고 느낄 것 입니다. 그러나 알고 보면 '와~ 우리건물 이제 무너져서 못쓰는구나!' 하고 안전진단을 합격시켜준 건설회사한테 고맙다고 해야 할 판입니다. 단적인 사례인데 재난에 관해 각종 제도들을 연결시켜보면 대부분의 경우 말은 그럴싸하지만 불량을 생산하는 사람들이 대부분 이익을 보게 되어 있습니다. 그리고 건축주는 탐욕스럽다는 것을 인정하고 시스템 만들어야 하는 것이지 그 사람 마음 좋게 교화하자는 것은 국가가 할 일이 아니라 교회가 할 일 이라고 생각합니다. 마지막으로 줄여서 말씀드리면 저는 소방방재청 설립에 개입을 했습니다만 아직 후회하고 있는 것이 많은데 총체적으로 느낀 점은 아무리 작은 일이라도 여러 부처가 개입을 하게 됩니다. 건물하나에도 보험부터 따지면 재정경제부, 소방방재청, 건설교통부, 환경부, 보건복지부 까지 다 개입을 하게 되는데 그러다 보니 이슈 중심으로 즉 '안전'을 중심으로 모든 부처를 다 포괄해야만 대책이 나옵니다. 따라서 동네 술집이 안전하도록 만들기 위해서는 궁극적으로 식약청까지 포함하는 전 부처가 개입해야하는 되는 것 입니다.

그럼 결재는 대통령이 해야 합니다. 동네에 음식점 안전하게 하기 위한 결재를 대통령이 하지 않는 한 절대로 정책이 완성되지 않습니다. 그런데 사고가 나면 가장 유관한 부서만 나와서 얘기하다보니 자꾸 부처이기주의로 가게 되고 통합적인 대책이 서지 않고 가다보면 기형이 되고 맴돈다고 생각합니다. 그렇다고 대통령께 결재서류 들고 갈수 없을 테니까 어떤 기관 하나는 전문성을 가지고 있으면서 위상을 가지고 있는 기관이 있어야 하는 것입니다. 오늘 이 자리에는 시설안전관리공단에 계신 분들이 많겠지만 시설안전관리공단에 대한 큰 불만은 구조체 안전진단에서 삼풍사고에 대한 답이 나온다고 생각하지 않습니까? 당장 안전을 권력으로 가질 수 있는 위상을 가진 기관이 많겠지만 안전에 대한 기능을 가진 기관들이 그 부처에만 얽매이지 말고 역할과 시각을 넓히고 발언권을 가져서 객관적인 입장에서 이런 문제에 대한 견해를 제시할 수 있는 사회적인 분위기와 기능이 필요하다고 생각합니다. 감사합니다.

좌 장

그 다음은 인천대 교수이시며 건축사사무소 부회장을 맡고 계신 이필원 회장님을 모시겠습니다.

이필원

네. 소개받은 이필원입니다.

우선 이 자리에 있다는 것이 착잡하여 개인적인 소감부터 말씀을 드립니다. 좌장께서도 잠깐 설명이 있었습니다만 삼풍사고가 났을 당시에 우리나라 건축물의 안전행정면에서 책임이 있는 자리에 있었습니다. 사고가 날 당시 그 전에 연속적인 사고가 나서 안전점검통제단이라는 기구를 맡게 되었는데 그 기구에 실무책임을 맡은 적이 있었습니다. 비상대기중이었던 사고날 5:55분에 TV에 보도가 나서 경악을 했습니다. 그 당시에 성수대교가 붕괴되고 나서 전반적인 시설물에 대한 안전점검을 하자고 하여 점검통제단을 만들어 부처별로 진행했습니다만 그 전해인 95년 6월 19일 발생했으니까 94년 10월 하순부터 계획을 세워 공공시설물 (국가나 지방자치단체가 관리하는)교량, 철도, 터널, 댐, 등 3만건에 대한 점검을 6개월간 1차적으로 했습니다. 그 다음해 6월쯤 재난관리법도 만들면서 민간시설물도 손을 보자던 차에 사고가 터졌습니다. 한발 늦엇던 것이죠. 제가 실무적인 책임이 있는 자리에서 좀 더 빨리 손을 썼더라면 사고예방이 되지 않았을까 피해를 조금은 줄일 수 있지 않았을까하는 후회를 가지고 있습니다. 이 문제에 대해서는 개인적으로 괴로웠는데 이번 세미나를 계기로 공개적으로 다시 한번 돌아보고 앞으로 사회안전에 디딤돌이 될 수 있는데 기여할 수 있으면 좋은 일이 아닌가 생각되어 나오게 되었습니다. 이 자리에 혹시 유족이나 부상자가 계시다면 개인적으로 죄송하다는 말씀을 올리고 앞으로 이 세미나가 이런 의미에서 의의가 있다고 생각합니다. 10주년이 되면 차분하고 더 넓게 세세하게 볼수 있도록 정부기관이나 공공기관의 역할을 대신해 민간전문가가 모인 건설산업비전포럼에서 했다는 자체도 의미가 있다고 생각합니다. 그런 의미에서 건설안전관리가 만족스럽진 못하지만 성숙된 의식의 표현이라 생각되어 흔쾌히 참여하고 몇 말씀드리겠습니다.

우선은 세 분 발제자에 대해 감사드리며 특별히 건설분야에만 한정되지 않고 사회전반에 대해 홍성태교수님께서 좋은 발표를 해주셨습니다. 사고에 대한 심도있는 연구와 노력에 경의를 표하고 후속적인 연구들이 계속 나오기를 바랍니다.

위험이 형태만 바뀔 뿐이지 계속 존재하며 오히려 위험도는 증가되고 있습니다. 사회가 발전하면 할수록 위험도는 높아가고 위험의 양상이 달라져 단순증폭형에서 복합증폭형으로 전환되기 때문에 사회안전이나 안전관리망은 좀더 정교하고 세련되어져야 한다는 시각이 필요합니다. 그런 의미에서 건설안전도 큰 사회안전의 일부분으로 보아야 할 것입니다.

다만 홍교수님 표현중에 제가 생각하기에 논리적인 비약이 있다고 생각합니다. 왜 문제제기를 하냐고 하면 '사고공화국이다, 후진적 근대화의 산물이다.' 라고 너무 크게 확대해서 올라가다보면 일제강점기 대한제국 단군조선까지도 올라갈 수 있는 너무 문제를 확대한 것이 아닌가 생각됩니다. 그래서 저는 이것을 고도성장사회에서 우리가 5000불에서 10000불사이로 진입할 때는 이러한 유사한 인진사고들이 많이 일어난다는 것은 선진국의 동세에도 있듯이 우리사회가 발전하는 단계에 있어 너무 대형적이고 집중적으로 발생한 것입니다. 특히 삼풍사고의 경우는 몇 년 전부터 증후가 있었고 당일의 경우에도 위험신호가 왔었는데 방치했던데에 비중을 두어야 하지 않을까 생각합니다. 그래서 이러한 사고는 총체적인 부실에 의한 상징적인 사고로 보고 문제를 축소하고 구체화해서 해결하는데 좀 더 효과적인 시각이라 생각합니다.

그리고 제안하신 내용 중에 전문가주의가 퇴색이 되었다. 우리 고도사회발전에 비례하여 뒷받침 되지 못했다는 시각에 동의하며 아울러 안전문제에 있어 시민사회의 역할 노동운동의 역할도 정부역할에 못지않게 중요하다는 말씀에 전적으로 동의합니다. 아시는대로 정부의 기본적인 역할임에는 틀림이 없지만 보안과 감시가 필요합니다. 다른 분야에 비해 건설안전분야는 상대적으로 미약하므로 보안이 필요합니다. 이런 의미에서 저도 회원의 한사람이지만 건설산업비전포럼이 문제제기를 잘 했다고 생각합니다.

안홍섭 교수님은 사고원인 재조명 이라는 주제 하에 아주 다양하고 심층적이고 폭넓게 제안해주셨습니다. 원인조명 뿐만 아니라 앞으로 사고발생의 근본적인 대책 등 건설안전에 책임있는 제안을 해주셔서 감사하고 이런 내용들이 지난 10년을 정리하고 앞으로의 10년을 준비하는데 큰 계기가 될 것 이라 생각합니다. 그중에서도 '책임체제의 확립방안' 이 중요한 시사점이라고 생각합니다. 건설행위자는 크게 건축주나 발주자, 시공자, 설계자, 사용자, 정부 중에 안전뿐만 아니라 부실문제 등 건설에 관련된 많은 문제에 궁극적인 책임은 발주자, 건축주로 돌아가는데 그동안의 여러 가지 이유 때문에 그 부분이 소홀이 되었다고 생각합니다. 그런데 삼풍사고가 그나마 건축주를 엄벌에 처한 계기가 된 사건이었습니다. 그 이후로 책임있는 사람에게 책임을 엄하게 묻겠다는 원칙이 상징적 의미를 가졌으나 그 이후 계속되진 않아서 아쉬웠는데 다시 한번 안홍섭교수님이 문제제기를 해주셔서 앞으로 지향하고 심층적으로 연구해야 할 바라고 생각합니다.

다만 안교수님 발표 중에 95년 기준에서 산업재해율, 건설안전분야의 재해율은 별로 달라진게 없는 것 같습니다. 10년 동안 통계적으로만 보면 제도개선, 기술발전, 투자의식향상 등 통계적으로는 건설안전이라고 하는 것은 현장에서의 산업재해면에서는 사고 당시에 대해 개선되지 않았다고 지적하셨는데 앞에서 예기했던 제도개선과제 등등 정부와 민간기업의 노력들이 크게 실효성을 거두지 못한 게 아닌가 하는 아쉬움을 느꼈으나 이는 좀 더 심도있게 분석을 해봐야 할 것이라 생각합니다. 다만 시설안전에 있어서 건설안전은 제가 볼 때 공사중안전과 기존시설물 안전으로 크게 나눌 수 있다고 생각합니다. 기존시설물 안전은 상당부분 개선이 된 것 같습니다. 사용하던 건물이 붕괴되어 사망에 이르는 사고는 많이 감소했으나 공사중인 건축물들, 중소형 민간용 건축물들의 시공과정에서의 안전사고들은 아직도 계속 이어져 있다는 것입니다.

박홍섭 본부장님의 말씀과 중복 되지만 인·허가시에 구조관련 도서의 검토 확인은 10년 전에도 문제가 되어 그 후 제도보완을 했지만 허점이 있어 시행이 잘 안되고 있다고 느낍니다. 이와 관련하여 국회 쪽에서 다음 주에 공청회를 하는 것으로 알고 있습니다. 좀 더 명확하게 구체적으로 논의가 될 것으로 기대하고 있습니다.

마지막으로, 안전관리를 위해 보완된 사항 중에 안전관리계획서와 유해위험방지계획서가 있습니다. 이원화로 되어 있어 제가 제도정비를 할 때도 이를 통합하여 선진형으로 만들어 보려고 노력했으나 하지 못했습니다. 택일하도록은 되어 있으나 이런 계획서를 택일해서 운영한다고 하는 것이 실질적으로 무리가 있고 효과가 적습니다. 이를 통합하여 단일화한 선진국의 안전계획서들을 참고하여 빠른 시일 내에 정비가 되면 우리 건설안전에 큰 보탬이 될 것이라고 생각합니다. 감사합니다.

좌 장

항상 마지막 패널이 어렵습니다. 공정거래위원회에서도 활동을 하셨고 현재 국무총리실 규제개혁기획단에 계신 이성구 국장님 모시겠습니다.

이성구

제가 건설이나 안전관련 전문가도 아닌데 저를 불러주신 것은 제가 건설산업이나 입찰제도

관련 규제개혁을 하니까 안전문제에 관해서도 충분히 알고 제대로 하라는 좋은 말씀들을 듣는 것으로 충분히 소명을 다했다고 생각을 하지만 말씀을 드리자면 제가 발표를 들으면서 느낀 것은 삼풍사고 자체가 엄청난 대형사고이고 비극이었지만 실질적으로 여러 가지 규제절차를 거치고 일어났던 사고라는 것입니다.

규제를 강화한다고 어떤 문제가 해결된다는 것이 아니라 사실 그 규제를 거치는 과정에서 제대로 보지 못한 것들의 문제이기 때문에 중요한 것은 합리적인 규제시스템을 만들고 준수율을 제고하는 것이 더 중요한 것이지 규제를 강화하는 것이 반드시 중요한 것은 아니다. 물론 지적해 주신 구조설계부분에서 생각해보면 규제가 비합리적인 부분이 있다는 것은 검토하여 보완할 수 있겠고, 또 어떻게 하면 규제의 준수율을 높이기 위해서 규제를 준수하지 않은 것을 발견해내는 노력을 강화하느냐 등의 문제는 부실신고보상제 등의 여러 가지 장치가 있겠지만 '규제의 강화로 안전이 제고되는 것은 아니다' 라고 생각합니다.

경우에 따라서는 규제를 완화하는 것이 안전에 도움이 될 수 있는데 이재열 교수님께서도 말씀하셨듯이 과도한 규제가 때론 규제를 안 지키는 것이 일반화되어 그저 재수 나쁜 사람이 걸리는 정도가 되면 규제강화가 오히려 안전문제에 둔감하게 만들 수 있다고 생각합니다.

삼풍사고에 대한 일지를 보다보니 여기서 4층을 5층으로 변경하고 일반상가를 백화점으로 변경하고 하는 과정에서 여러 가지 편법이 자행되었던 것으로 나타나는데 이 부분이 왜 그렇게 되었는지 명확한 분석은 없지만 규제가 너무 번잡했기 때문에 편법을 하려고 하는 요인이 작용했었다고 하면 규제를 완화하여 그러한 번잡성을 없애줬다면 제대로 규제를 지키면서 안전을 검토할 수 있는 기회가 있지 않았을까 하고 생각됩니다. 물론 저는 실질적인 분석을 해보지 않았지만 그런 생각이 들었습니다. 전체적으로 발표내용을 들으면서 느낀 점은 우리가 안전문제에 있어서 규제와 시장주의적인 관점으로 생각해보면 시장주의적인 관점에서 접근할 필요도 있다고 생각합니다. 왜 안전문제에 둔감해 질까 하고 생각해보면 우리가 급속한 경제성장을 하는 과정에서 과거에는 국민소득도 낮다보니 사람의 값을 낮게 평가하여 기업의 이윤추구를 위해 한사람의 값은 일억이다. 사고가 날 확률은 1만분의 1이다. 그러면 안전투자는 이윤추구자의 입장에서보면 사실 만원정도가 일종의 손익분기점입니다.

안전을 강화하기 위해서는 차라리 사람의 값을 높여서 시장의 인센티브에 의해 안전사고에 대한 의식을 강화하는 것은 어떨까 하는 생각이 들었고, 책임확보문제에 대해 여러 가지 문제들이 많이 나왔는데 바로 책임확보문제 때문에 안전문제에 대해 과도하게 정부의 어떤 조직을 통해 해결하는 것이 적절하지 않다고 생각합니다. 전국 시설물의 규모는 모르지만 전부 공무원의 손을 빌어 안전점검을 하려고 한다면 공무원의 숫자가 안전점검만을 위한다고 해도 수만 명이 필요할지도 모르겠고, 공무원들은 실제로 피해가 났을 때 책임을 질 수 없습니다. 기껏해야 자리를 떠나는 정도이지 그 사고에 대한 피해를 보상해 줄 수 있는 경제적인 재력도 없고 단순히 그 점검을 잘못했다는 과실 때문에 수억원의 책임을 공무원에게 묻는 것은 여러 가지 법제원리상 적절하지 않을 것 입니다. 그래서 공무원 내지는 정부의 기능을 이용해 모든 안전문제를 책임지게 하는 것은 적절하지 않고 가능하지도 않다고 생각합니다.

그래서 시장원리를 도입하면서 예를 들어 보험제도를 더 활용하면 어떨까 합니다. 삼풍사고의 경우만 보더라도 백화점이 무너졌을 때 그 재산을 다 빼앗더라도 피해자에게 전부 보상을 해 줄 수 없어서 제가 알기로는 삼풍백화점 자리의 용적률을 약 200~300% 되던 것을 약 800~900%로 올려서 땅값을 오르게 한 다음 보상이 가능하게 했던 것으로 알고 있습니다.

그렇다면 보험을 통해 이러한 보상을 가능하게 한다면 보험사들이 평소에 안전을 관리하고 보험료를 차등하게 하겠지요. 이를테면 소방시설이나 구조안전 등이 불안한 건물에 대해서는 보험료를 높이고 이런 요소들이 잘 되어있는 경우는 보험료를 낮추어 미래의 위험에 대해 보험사들이 현실적인 위험으로 사업자들에게 경고를 주게 될 것입니다. 그래서 보험제도나 사람의 값에 대한 평가를 높여 시장의 원리를 통해 상당부분 안전문제를 해결해 나갈 수 있다고 생각합니다. 그러면 불필요하게 규제를 강화하는 것을 막을 수 있겠고, 박홍신 본부장님의 발표자료 에서도 보듯이 정부에 대한 규제를 강화했다 완화했다 하는 움직임들이 사고 났을 때 규제를 강화하다가 알고 보니 비합리적이라 완화하는 이러한 반복적인 실수가 있었다고 보입니다. 끝으로 이러한 여러 가지 안전장치를 수요자 중심으로 바꿔야합니다. 삼풍사고의 일지에서도 보면 계속 귀금속점에서 어떤 싸인이 있었고 사용자나 수요자가 신고했을 때 재빨리 조치를 취했으면 이를 막을 수 있었던 사고라고 생각이 됩니다.

우리의 여러 가지 안전장치들이 공급자 중심으로 만들어 질것이 아니라 건물을 사용하는 사용자, 임차인의 사람들이 경고를 해줬을 때 정부나 관련된 제 3의 공적기관들이 재빨리 개입하여 정부에 책임있는 사람들에게 조치를 하도록 하게 하는 연결장치 부분을 강화하면 사전적인 정부의 과도한 규제는 하지 않아도 지금보다 훨씬 더 안전성은 제고될 것이라고 생각합니다. 이상입니다.

좌 장

혹시 말씀하실 분들은 소속과 성함을 말씀해 주시고 요점만 말씀해주시고 시간을 잘 지켜주시기 바랍니다.

청 중

오늘 여러 토론자께서 좋은 말씀해주셔서 감사합니다.

저는 말씀 중에 어떤 면을 얘기하는 것보다 우리가 이러한 기회를 만들었다는 것이 큰 사건을 10년 후에 돌아보면서 사회적으로 무엇을 지향해야 하겠는가 하는 것이 더 큰 명제라고 생각합니다. 그래서 우리가 각자가 처해져 있는, 피부에 닿는 면도 있지만 실제로 우리가 오늘 얘기했던 것 중에 조금 더 보완했으면 하는 생각은 '사고는 우리 생활 주변에 항상 있는 것이기 때문에 이것을 어떻게 대국민적으로 교육할 수 있는 방법은 없겠는가' 하는 것이 더 중요한 문제라고 생각합니다. 그래서 가능하다면 과거를 돌이켜보는 이러한 기회에 국가나 어떤 단체에게 어떻게 하면 범국민적으로 우리 주변에서 항상 일어날 수 있는 사건들에 대비함으로써 최소의 희생을 할 수 있는 그러한 방안을 교육하는 것도 기술자나 건설인의 입장이 아니라 우리사회 시민의 입장으로서 제안을 하는 기회가 되었으면 하는 바램입니다. 감사합니다.

좌 장

다른 분 또 계십니까?

청 중

건설산업연구원의 이복남입니다.

토론자분께서 말씀 중에 한쪽은 규제를 강화해야 한다. 다른 한쪽은 정작 규제를 담당하시는 분은 규제가 문제를 해결하지는 않는다 하시고, 윤명오 교수께서 사고는 일어날 수 있다는 인정을 하자는 것에 동감을 합니다. 그런데 제가 원자력 발전소를 설계와 일반건축이나 시설물을 설계를 하면서 느끼는 가장 큰 차이는 원자력발전소는 사고가 일어날 수 있다는 전제를 합니다. 전제하에 그 사고 여파를 줄이기 위해 노력합니다. 그런데 우리는 100% 안전하다고 전제를 하고 설계를 합니다. 이제는 우리의 시각도 돌려야 할 때가 되지 않았나. 사고자체가 일어날 수 있다는 가정과 사고의 여파가 어디까지 미칠수 있는가에 대한 기준을 일반시설물에도 확대해야 할 때가 되었다고 제안하고 싶습니다.

사회자

토론자 중 보완이 필요하신 분은 말씀해 주시기 바랍니다.

홍성태

간단히 말씀을 드리겠습니다. 아까 역사적 분석에 대해 어느 선까지를 봐야할 것인가가 분석적으로 접근하기 곤란하다 생각되지만 단군까지 거슬러 올라갈 필요는 없다고 생각합니다. 글에 쓰고 있듯이 저는 우리 구조문제를 제대로 이해하기 위해서는 당연히 역사적 뿌리를 봐야 한다고 생각되고 그 뿌리는 60년대 이래의 본격적 근대화에서 찾아야 된다고 생각합니다. 유사한 시대적 변화를 일제에 의해서 찾을 수 있는데 일제 시대 때와 비교해보자면 오히려 안전문제에 있어서는 60년대 이후의 본격적 근대화가 훨씬 더 퇴보한 감이 있습니다. 그렇게 때문에 그 시기를 "고도성장기일 뿐만 아니라 질적으로는 졸속 성장의 시대다." 라고 얘기하게 되는 것인데요. 삼풍이 무너지자 신세계가 장사가 잘 됐습니다. 신세계가 그중 젤 안전하다는 예기가 널리 퍼졌기 때문에 사람들이 신세계를 찾게 되었다는 것이죠.

이영희 선생님이 성수대교가 무너지자 이렇게 얘기합니다. "일제 때 지은 다리는 아무렇지도 않은데 왜 최근에 지은 다리가 무너지느냐. 우리 민족에게는 근대화를 달성할 수 있는 역량이 유전적으로 부족한 것이 아니냐"라고 탄식을 합니다. 그런 점에서 봤을 때 졸속성장의 역사적 배경에 대해 잊지 말아야 될 것입니다. 그를 똑바로 이해해야 구조적 문제도 개혁을 할 수 있다고 봅니다.

그리고 규제에 관한 논의가 있었습니다만 규제의 완화냐 강화냐에 대한 논법은 잘못된 것이라고 생각합니다. '규제합리화' 가 중요하죠. 규제개혁의 방향은 합리화입니다. 그 중에서는 강화와 완화가 모두 필요합니다. 안전에 대해서는 강화가 필요하고, 불필요하게 2~300 가지 법에 의존해야 건물을 지을 수 있도록 하는 것에 대해서는 완화가 대폭적으로 이뤄져야할 것입니다. 우리가 추구해야 할 것은 규제의 완화나 강화의 이분법적인 논의가 아니라 '합리화' 라고 하는 시대적 요청을 담고 있는 명제가 되어야 할 것이라고 생각합니다.

안홍섭

모두 말씀하셨듯이 삼풍이란 과제에 대해 가능한한 지역적으로 다루는 것을 자제했습니다. 느끼시기에 너무 추상적인 부분은 많이 걸러낸 결과이니 양해를 해주셨으면 좋겠습니다. 아까 조감도, 상세도 말씀하셨는데 저희는 나무보다는 산을 보려고 노력을 했습니다.

안전전담자나 부서의 위상문제가 굉장히 중요합니다. 위험이 생겼을 때에는 안전전담부서에 브레이크를 걸 수 있어야 하는데 우리는 이에 많이 소홀합니다. 이는 정부차원에서 거론이 되어 모든 항공기나 현장이든 공사든 간에 safety가 뜨면 중지를 시킬 수 있어야 합니다만 지금은 하수인으로서 역할이 제한되어 있기 때문에 안전 확보가 안된다고 생각됩니다. 예를 들면 핵잠수함은 안전수칙을 함장이 위반하면 사병도 함장을 처벌할 수 있도록 되어있습니다. 그 이상의 강력한 제재요청이 있어야 할 것이라고 생각됩니다.

마지막으로 규제 강화와 완화문제에 있어서 규제의 방법은 민간인에게 완전히 위임을 하고 달성할 목표만 제시하는 것이 요즘 추세입니다. 최종적으로 안전을 확보했는가 그렇지 않았는가만 따져서 벌칙수준을 확실히 하고 목표를 제시하되 수단은 맡기는 방향으로 바뀌어야 하고 그런 차원에서도 시설물의 안전문제도 정부에서 규제감독이 필요 없을 정도로 발주자와 참여자 사이에 해결이 되고 견제가 되어야 합니다. 그 견제개념이 구현이 되면 굳이 정부에서 규제감시하려고 노력할 필요가 없게 됩니다. 궁극적으로 그런 시스템이 구현되기를 기대합니다.

박홍신

저는 간단하게 말씀을 드리고자 합니다. 제가 다루고 있는 부분이 어찌보면 현실에 와닿는 테마를 다루고 있으면서도 결론은 좀처럼 손에 잡히지 않아 보입니다. 그 이유는 '앞으로의 개선방안을 구체적으로 얘기하기 보다는 크게 가능성의 폭을 넓히자' 라는 의도에서 였습니다. 그리고 '패러다임을 바꾸자' 라고 하는 대목을 더 어필하려다 소견정도로 마쳤는데 안전에 관한 것은 공급자중심에서 생각하면 '규제강화' 입니다. 그러나 '각 건축주나 참여자들에 대한 책임을 명확히 해주자' 라는 얘기는 사용자 입장에서 그 사람들이 제대로 할 수 있는 범위를 정해주자는 얘기입니다. 따라서 이는 규제가 아니라고 생각합니다. 과거의 고도성장정책에 필요했던 제도 말고 이제는 '사용자 중심의 안정성장정책' 으로 가자는 말씀입니다.

좌 장

이상으로 마치겠습니다.

실패에는 법칙이 있습니다. 하나의 큰 사건이 일어나려면 29번의 작은 사고들이 순차적으로 일어난다고 합니다. 거기에 300건의 실수가 동반되어야 한다고 얘기를 합니다. 아까 어느 분이 말씀해주신 "쿵쿵쿵" 하는 세 번의 소리는 그 작은 실수 중에 하나가 될 것 같습니다. 오늘 이런 자리를 어찌 생각하실지 모르겠지만 매우 중요한 자리입니다.

왜냐하면 성수대교사고가 10년이 되었을 때 토목학회에서 모임을 가지려 했지만 많은 분들이 반대하셔서 결국 갖지 못했습니다. 두 번째로 대구지하철참사에 대해 토목학회 행사도 이뤄질 수 없었습니다. 그래서 아까 말씀드린 것처럼 실패는 일단 스스로 숨으려고 노력합니다.. 어떤 의미에서 매우 중요한 기술의 발전과 사회의 발전에 시작 단추를 끼웠다는 생각을 합니다. 제가 사회자로서 세 가지만 말씀드리겠습니다.

하나는 성수대교사고가 났을 때 10년 전에 부산에서 토목학회 행사가 있었습니다. 기술조사단을 급히 서울에 보냈으나 사고현장에 기술조사단들은 한달 동안 전혀 들어가 볼 수 없었습니다. 마찬가지로 삼풍사고 역시 정치인 등 각종 여러 분야의 사람들이 들락날락 했지만 기술에 대한 조사는 바로 이뤄지지 않았습니다. 반면에 미국에 챌린저호가 떨어졌을 때 대통령이 8개월이라는 조사기간을 허용했고, 일본에서 지진이 일어났을 때 6개월 이상 조사기간을 허용했습니다. 사고당시에 조사기간을 충분히 허용하지 않으면 정확한 사고이유를 10년 이후에도 발견할 수 없다고 강조하고 싶습니다.

두 번째로 규제완화에 대한 얘기도 나왔고 이재열 교수님께서 시스템의 문제이지 기술의 문제가 아니다라는 중요한 말씀을 해주셨는데 지금 대한민국의 모든 건축과, 토목과, 관련학과를 나오는 졸업생들은 무기징역가능자입니다. 건설기술관리법에 '모든 기술에 잘못이 있을 때는 무기징역까지도 줄 수 있다' 라고 명시되어 있습니다. 이를 제도의 규제완화의 문제 형법이나 행정법 민사법보다도 더 강력한 법이 있을 때 우리 풀어나가는 기술자들은 그런 노력을 할 수 없습니다.

마지막으로 우리들은 성수대교 사고를 사례로 거론하는데 이제는 얘기할 때가 된 것 같습니다. 기술적으로 얘기하면 성수대교는 당연히 칼로 자른 것 같은 모양으로 절단되어질 구조로 기술적으로 얘기하면 핀아치형 설계입니다. 그 당시의 정치적 불안으로 인해 설계되었던 것입니다. 그 당시 대형 5대 일간지에서도 이 내용에 대해 거론하기 어려웠습니다. 중요한 것은 모든 사건에는 그 당시의 역사적 배경과 밝혀내야할 사실들이 있습니다.

오늘 이 모임을 준비해주신 건설산업비전포럼에 감사드리며 발표자 세 분 패널 토론자 다섯 분 및 사회자 등 참여자 모든 분들게 감사드리며 뜨거운 박수로 오늘 모임을 마치겠습니다.

대단히 감사합니다.

집필진(내용순)

■ **홍성태(洪性泰)** rayhope@chol.com
서울 청량리 출생
철학박사(서울대, 1990)
현: 상지대학교 교수, 참여연대 정책위원장
〈저서〉
지식사회 비판(문화과학사, 2005)/
생태문화도시 서울을 찾아서(문화과학사, 2005)/
생태사회를 위하여(문화과학사, 2004)/
서울에서 서울을 찾는다(궁리, 2004)/반미가 왜 문제인가(당대, 2003)/
현실 정보사회의 이해(문화과학사, 2002)/
사이버사회의 문화와 정치(문화과학사, 2000)/
위험사회를 넘어서(새길, 2000)

■ **안홍섭(安泓燮)** hsahn@kunsan.ac.kr
전남 보성 출생
공학박사(서울대, 1994), 기술사(건축시공, 건설안전)
현: 군산대학교 건축공학과 교수
〈주요 경력〉
前) 대림산업(주) 기술연구소 건축연구과장/산업안전보건연구원 책임연구원/
서울특별시 건설기술심의위원/전라북도건설기술심의위원
現) 노동부 정책자문위원/전라북도건설기술심의위원
〈저서〉
건축구조(기문당, 2000)/건축구조(기문당, 2000)/
건설안전경영가이드북(한국산업안전공단, 1999)/건설경영공학(기문당, 1999)/
미장공사핸드북(대한전문건설협회 미장방수공사협의회, 1997)/
건축시공(기문당, 1997)/건물안전(한국산업안전공단, 1995)/
빌딩건축안전계획수립(한국산업안전공단, 1995)

■ **박홍신(朴弘信)** hngshnp@kistec.or.kr
전북 익산 출생
공학박사(건축구조)
현: 한국시설안전기술공단 진단2본부장(이사)
〈주요 경력〉
前) 전북대 강사/호원대 겸임교수/인천대 겸임교수/중앙건설기술심의위원
現) 한국콘크리트학회 이사/한국구조물진단학회 감사/한국면진협회 이사/
정밀안전진단평가위원/건설교통기술평가위원/건설신기술심사위원/
소방방재청 민간공보전담위원 등